长江三角洲区域一体化发展下的生态环境形势与规划政策跟踪研究

刘　冬　邹长新　徐梦佳　杨　悦　编著

中国环境出版集团·北京

图书在版编目（CIP）数据

长江三角洲区域一体化发展下的生态环境形势与规划政策跟踪研究/刘冬等编著. —北京：中国环境出版集团，2022.7

ISBN 978-7-5111-5204-6

Ⅰ. ①长… Ⅱ. ①刘… Ⅲ. ①长江三角洲—生态环境保护—研究 Ⅳ. ①X321.25

中国版本图书馆 CIP 数据核字（2022）第 121513 号

出 版 人　武德凯
责任编辑　雷　杨
责任校对　薄军霞
封面设计　宋　瑞

出版发行　中国环境出版集团
（100062　北京市东城区广渠门内大街 16 号）
网　　址：http://www.cesp.com.cn
电子邮箱：bjgl@cesp.com.cn
联系电话：010-67112765（编辑管理部）
发行热线：010-67125803，010-67113405（传真）

印　　刷　北京中科印刷有限公司
经　　销　各地新华书店
版　　次　2022 年 7 月第 1 版
印　　次　2022 年 7 月第 1 次印刷
开　　本　787×960　1/16
印　　张　18.5
字　　数　395 千字
定　　价　86.00 元

《长江三角洲区域一体化发展下的生态环境形势与规划政策跟踪研究》编委会

主　　编：刘　冬　邹长新　徐梦佳　杨　悦

副 主 编：孙　杰　张文慧　林乃峰

主要成员：高月香　陈　飞　龙　涛　孔德洋　焦少俊
张　慧　陈　婷　孙　丽　王国庆　张悦清
邵　翔　叶　飞　赵　珅　胡梦甜　张　鹏
丰　玉　阎路宇　程宝栋　王　会　司　伟
陈海江　杨树旺　易　明　孙　杰　张文慧

前　言

推动长三角一体化发展是以习近平同志为核心的党中央作出的重大战略布局。为贯彻落实党中央、国务院关于推动长三角一体化发展的决策部署，长三角区域不仅要在经济发展上走在前列，也要在生态保护和生态建设上带好头。近年来，江苏省、浙江省、安徽省、上海市把保护和修复生态环境摆在重要位置，通过打破行政壁垒、创新环境协同治理等方式，逐渐建立起生态环境共保联治常态化机制，生态环境共保联治能力显著提升，区域环境质量持续向好。

本书由生态环境部南京环境科学研究所生态保护与修复研究中心编写，集成了研究所内有关学者近年来对长三角一体化的研究成果。本书从长三角区域一体化发展的战略意义、自然地理与社会经济现状和生态环境保护研究热点等角度分析，详细阐释了现阶段推进长三角区域生态环境保护的核心理念与研究热点。在对长三角区域生态空间格局、水环境、大气环境、土壤环境、固体废物产生与处置、化学品行业管理等生态环境质量数据分析的基础上，研判了长三角区域生态环境保护现状与形势。梳理了近三十年来长三角区域相关环保规划、政策制度、体制机制建设的有关情况，重点详细阐述了生态补偿机制、环境污染第三方治理机制、生态风险一体化管控、一体化发展示范区生态绿色协同发展四种制度机制模式，并以此透视长三角区域的共同保护、高质量发展进程，可以为践行落实习近平总书记提出的“结合长三角一体化发展面临的新形势、新要求，坚持目标导向、问题导向相统一，紧扣一体化和高质量两个关键词抓好重点工作”精神要求提供积极的参考与借鉴。

本书在中央级公益性科研院所基本科研业务专项基金项目“长三角区域生态环境现状评价与规划跟踪评估研究”、生态环境部预算项目“长三角生态环境保护体制机制研究”的资助下，由生态环境部南京环境科学研究所主持编写完成，其中部分数据得到了中国环境监测总站、北京林业大学、中国农业大学、中国地质大学的支持，在此一并表示感谢。其中，第 1 章由杨悦执笔；第 2 章由张鹏、阎路宇执笔；第 3 章由张文慧执笔；第 4 章由徐梦佳、高月香、陈飞、龙涛、孔德洋、焦少俊执笔；第 5 章由刘冬执笔；第 6 章由徐梦佳执笔；第 7 章由刘冬、程宝栋、王会执笔；第 8 章由邹长新、司伟、陈海江执笔；第 9 章由杨悦、杨树旺、易明执笔；第 10 章由孙杰执笔。刘冬、徐梦佳、张文慧完成统稿和定稿。本书成稿于 2021 年 12 月，由于编写仓促，书中难免存在诸多不足之处，敬请各位专家与读者批评指正。

作　者

2021 年 12 月

目　录

第 1 章

长三角一体化发展战略意义

长三角区域区位条件优越、自然禀赋优良，是我国综合实力较强的区域。该区域时空一体、山水相连，生态环境休戚相关。1982 年，“以上海为中心建立长三角经济圈”的设想正式提出，开启了长江三角洲地区共同发展的篇章。2010 年，国务院批准发布《长江三角洲地区区域规划》。2016 年，国家发展改革委和住建部发布《长江三角洲城市群发展规划》，长三角区域从江苏省、浙江省、上海市扩大到江苏省、浙江省、安徽省、上海市（以下简称三省一市）。2016 年 3 月，中共中央政治局审议通过《长江经济带发展规划纲要》，确立了长江经济带“一轴、两翼、三极、多点”的发展新格局，长三角区域作为“三极”中的重要一极，不会进行更大的开发，而是更多地强调环境保护。2017 年 7 月，环境保护部、国家发展改革委、水利部编制印发了《长江经济带生态环境保护规划》，再次明确了长江经济带生态优先、绿色发展的总体战略。近年来，长三角区域作为长江经济带的龙头，已经成为提升国家综合实力、带动全国经济发展的重要引擎，是全面建成小康社会、率先实现现代化的优先示范区。2019 年《国务院政府工作报告》提出，将长三角区域一体化发展上升为国家战略。从经济社会发展来看，长三角区域经济发达，基础设施完善，发展理念先进，应该成为践行生态文明理念的表率；从地理空间上看，长三角区域既是开放的社会经济共同体，也是大型河口三角洲复合生态系统，生态环境互相依存，生态服务共同分享，结构与功能相互关联。

长三角作为“长江大保护”的关键地区，推动生态环境的共建、共治、共享，是长三角一体化战略的主要任务之一。2019 年 12 月 1 日，中共中央、国务院印发《长江三角洲区域一体化发展规划纲要》（以下简称《纲要》），这是国家层面对长三角一体化发展的顶层设计，为长三角一体化发展绘就了宏伟蓝图，是当前和今后一段时期长三角一体化发展的根本遵循。《纲要》聚焦“一体化”和“高质量”两个关键词，在第 6 章“强化生态环境共保联治”中明确提出“坚持生态保护优先，把保护和修复生态环境摆在重要位置，加强生态空间共保，推动环境协同治理，夯实绿色发展生态本底，努力建设绿色美丽长三角”。

改革开放 40 多年来，长三角区域在经济高速发展的同时也走着事实上的“先污染后治理”之路。上海市、江苏省的土地开发强度已居全国各省（自治区、直辖市）前列，上海市建设用地规模已触“天花板”，现状土地利用带来了巨大的环境压力。当前长江流域开发和生态安全保护之间也存在非常尖锐的矛盾，生态环境保护面临着巨大的挑战。产业结构偏重，钢铁、石化、化工、建材、有色、纺织六大传统高耗能、高排放、高污染行业密集，布局性环境风险问题严峻，长三角区域有化学品生产企业 1 758 家，占全国的 36.37%，致癌化学品生产量和使用量分别高达 4 657.2 万 t 和 3 800.5 万 t，污染物排放压力巨大。此外，长三角区域绿色转型也正面临着区域性、累积性、复合性等一系列的严峻挑战。三省一市绿色发展水平存在较大落差，据《长江经济带绿色发展报告（2017）》，上海市、浙江省、江苏省绿色发展水平居长江经济带 11 个省（市）的前三名，安徽省为第十名；区域内城市间绿色发展水平也不平衡，据《长江经济带绿色发展报告（2017）》绿色城市评价结果，在绿色增长度上，上海、杭州居高，其他城市较低。

在共抓大保护的长江经济带总体格局下，长三角三省一市紧抓落实生态环境保护重点工作，区域大气环境治理、流域水资源保护取得一定成效。然而，长三角生态环境保护与修复仍面临着诸多困难，如流域生态环境保护形势严峻，生态环境协同保护体制机制不健全，环保能力发展不平衡、不协调等问题，使得长三角生态环境保护仍然是一场前所未有的绿色攻坚战。推动长三角向更高质量一体化发展，生态环境保护是重要的前提。深化长三角区域生态环境协作，也是生态环境保护的一项重点工作。为贯彻落实党中央对长三角区域的发展战略，三省一市积极响应并行动，省际之间也签订协议、开展合作，但仍处于分割状态，未形成一体化的大保护协调机制。旧格局的“不破”与新机制的“未立”必将制约长三角区域生态环境保护与治理。

1.1　深刻认识推进长三角一体化发展的重大意义

长江三角洲区域一体化发展（以下简称长三角一体化发展）是习近平总书记亲自谋划、亲自部署、亲自推动的重大战略，是着眼于实现“两个一百年”奋斗目标，推进新时代改革开放形成新格局而作出的重大决策。

1.1.1　推进长三角一体化发展的重大历史意义与现实意义

1.1.1.1　提升长三角区域在世界经济格局中的能级和水平，引领我国参与全球合作和竞争

改革开放以来，我国经济深度融入世界经济大循环，我国至今已成为全球第二大经济体。回溯改革开放以来走过的辉煌历程，从 40 多年前打开国门搞建设到新时代改革开放再出发，迫切要求我国在更广领域和更高水平上参与全球合作和竞争。长三角区域一直以来都处于我国改革开放的最前沿，勇当全国改革开放先锋，在全国经济发展大局和对外开放格局中具有举足轻重的战略地位。当前，世界面临百年未有之大变局，在中美经贸摩擦一波三折、我国经济发展加快新旧动能转换的背景下，推动长三角区域向一体化方向发展，有利于通过深入推进区域一体化实现高质量发展，通过高质量发展促进更深层次的一体化，努力提升全球配置资源能力，引领发展更高层次的开放型经济，为我国开拓更加广阔的发展空间。

1.1.1.2　深入实施区域协调发展战略，探索区域一体化发展的制度体系和路径模式，引领长江经济带发展，为全国区域一体化发展提供示范

早在浙江、上海工作时，习近平同志就开始谋划长三角区域协调发展，提出了长三角一体化发展的构想。在浙江工作期间，习近平同志将推动长三角区域交流合作列为“八八战略”的重要内容，发起建立了长三角区域主要领导定期会晤机制；在上海工作期间，又进一步丰富了长三角一体化发展的思想内涵，强调上海的发展必须放在国家对长三角区域发展的总体部署中来谋划。2018 年 4 月，习

近平总书记明确了长三角一体化发展新方位，提出上海要进一步发挥龙头带动作用，苏浙皖要各扬所长，使长三角区域实现更高质量的一体化发展。从现状来看，长三角区域合作基础好，是最有条件实现一体化的区域。长三角区域率先探索创新区域一体化发展体制机制，有利于为促进全国区域协调发展积累经验、提供示范。

1.1.1.3 充分发挥区域内的比较优势，提升长三角区域整体综合实力，在全面建设社会主义现代化国家新征程中走在全国前列

实现社会主义现代化和中华民族伟大复兴是坚持和发展中国特色社会主义的总任务，将是人类历史上前所未有的伟大变革。在全面建设社会主义现代化国家的新征程中，全面用好我国发展重要战略机遇期，一定要在空间承载上找准战略性区域，充分发挥重大区域战略的引领作用。长三角经济社会发展取得了举世瞩目的成就，是我国经济发展最活跃、开放程度最高、创新能力最强的区域之一，也是最有能力率先实现现代化的区域之一。一体化发展有利于推动长三角区域打破行政樊篱，发挥三省一市比较优势，加快要素自由流动，建设统一开放的市场体系，系统集成全面深化改革成果，强化跨区域共建、共享、共保、共治，进一步提升整体实力和综合竞争力，努力在全面建设社会主义现代化国家新征程上走在全国前列。

1.1.2 推进长三角一体化发展面临的重大机遇

1.1.2.1 全球治理体系变革为长三角一体化发展提供新契机

当今世界正处于百年未有之大变局，国际形势发生复杂深刻的新变化。发展中国家在全球治理体系中的话语权不断上升，对全球经济增长的贡献率已经达到80%。长三角既是金砖国家新开发银行总部、国际海事组织亚洲技术合作中心、联合国教科文组织教师教育中心等多边和国际机构所在地，又拥有中国国际进口博览会、世界互联网大会、世界人工智能大会、世界智能制造大会等具有国际影响力的全球性平台，参与全球合作竞争的广度和深度在日益扩展，有利于在全球治理体系变革中抢占机遇，分享变革红利，发挥更大的国际影响力，为长三角一体化发展提供广阔的国际空间。

1.1.2.2　新时代新要求为长三角一体化发展增创了新优势

我国经济已由高速增长阶段转向高质量发展阶段，市场环境、供求关系和区域分工正发生深刻变化，明显表现为经济增长对传统产品的需求下降，对科技含量高、绿色和个性化的中高端产品的需求上升。长三角产业结构总体处于国内价值链的中高端，提供的产品能够较好地满足国内消费升级带来的中端和部分高端需求。我国转向高质量发展阶段后，长三角一体化发展在全国经济发展中的新优势将得到充分彰显。

1.1.2.3　新一轮扩大开放为长三角一体化发展拓展新空间

长三角区域是我国对外开放的前沿阵地，随着“一带一路”建设、长江经济带发展国家战略的实施、长三角区域与“一带一路”沿线国家和我国中西部地区的开放合作空间不断拓展，陆海内外联动、东西双向互济的开放格局正在加快形成，为长三角一体化发展提供了腹地空间和广阔市场，将有力提高长三角吸引外贸和高质量对外投资的竞争力，提升开放型经济发展水平。

1.1.2.4　全面深化改革为长三角一体化发展带来新红利

党中央推进全面深化改革力度空前，密集出台重要改革措施，为长三角一体化发展提供了坚实的制度保障。例如，国家已先后赋予自由贸易试验区更大改革创新自主权，增设上海自由贸易试验区新片区，在上海证券交易所设立科创板并试点注册制等。一些重大改革创新举措和科技创新、对外开放等重大平台将在长三角区域优先落地、改革红利不断释放，将有力助推长三角一体化发展。

1.1.2.5　为长三角一体化发展上升为国家战略赋予了新的使命

将长三角一体化发展上升为国家战略，标志着地方自发探索进入国家自觉推进的新阶段，意味着长三角一体化发展不只是三省一市的事，也是国家大事，长三角一体化发展的目标任务与国家发展大局和社会主义现代化建设全局紧密联系。

1.2　深刻认识长三角区域生态环境共同保护的重大意义

近年来，长三角区域作为长江经济带的龙头，已经成为提升国家综合实力、带动全国经济发展的重要引擎，是全国率先全面建成小康社会、基本实现现代化的优先示范区。2018 年 11 月，在首届中国国际进口博览会开幕式上，习近平总书记宣布“支持长江三角洲区域一体化发展并上升为国家战略”。此后，以习近平同志为核心的党中央以强烈的使命担当，为推动长三角一体化发展按下了“快进键”。从经济社会发展来看，长三角区域经济发达，基础设施完善，发展理念先进，应该成为践行生态文明理念的表率；从地理空间上来看，长三角区域既是开放的社会经济共同体，也是大型河口三角洲复合生态系统，生态环境互相依存，生态服务共同分享，结构与功能相互关联。长三角作为“长江大保护”的关键地区，推动生态环境的共建、共治、共享是长三角一体化战略的主要任务之一。2020 年 8 月 22 日，习近平总书记在合肥主持召开扎实推进长三角一体化发展座谈会并发表重要讲话，再次强调要紧扣“一体化”和“高质量”两个关键词抓好重点工作，积极探索形成新发展格局的路径。2021 年 5 月 12 日，国务院批准同意在原长三角区域大气和水污染防治协作小组基础上成立长三角区域生态环境保护协作小组，这是区域生态环境保护协作机制的进一步深化，也体现了长三角三省一市各级党委、政府对生态环境保护工作的高度重视和齐心协力推动长三角区域生态文明建设和生态环境保护再上新台阶的坚定决心。

1.2.1 长三角区域生态环境治理的发展历程

生态环境治理一体化是推动长三角区域一体化发展的基础和保障，体现了绿色环境发展和可持续发展的理念，更体现了以人为本、人民至上的价值观，是促进生态文明建设和增进人民健康福祉的关键所在。长三角区域山水相连、河湖相通，是我国极其重要的跨省级行政经济区域，除经济发展的密切关联外，长三角区域的生态系统在国家生态空间格局中具有独特地位，各省级行政区的生态环境系统也存在紧密联系，生态环境互动频繁且强烈，可以说达到了“唇齿相依”的程度。从生态环境视角来看，长三角区域生态环境治理必须采用一体化的思路、原则和方法，这是长三角各省级行政区遵循生态环境规律的必然选择，也是该区域实现可持续发展的必要基础。近年来，随着更高质量一体化的推进，长三角三省一市深入贯彻全局观念，采用“共商共享共治”的方式，围绕生态环境治理一体化进行了诸多积极有益的实践和探索，并取得了阶段性成果。

1.2.1.1 长三角区域生态环境治理一体化的阶段演变

生态环境治理是一项系统工程，具有涉及面广、矛盾多、运作机制复杂的特点。尽管区域生态环境受行政壁垒的影响，其整体性遭到分割，但生态环境资源在参与经济活动时表现出很强的经济学意义上的公共物品属性、外部性和空间不可分割性，这就要求必须从区域整体性出发来处理生态环境问题。特别是现阶段随着区域经济一体化的推进，生态环境问题的“脱域”性质越发突出，跨区域扩散时有发生，亟须各地方政府摒弃原来单一主体的生态环境治理与风险防范模式，树立一体化的发展理念，积极开展跨区域协作。长三角区域生态环境治理一体化是一个从探索到逐步建立完善的过程，经历了从理念到行动、从局部到整体、从共识到务实的转变。

（1）早期雏形：打造绿色长江三角洲

尽管自 2000 年开始，长三角区域就开始尝试进行跨区域的生态修复合作努力，但早期开展的工作大多呈现出碎片化、局部化的特点。2002 年 2 月，浙江嘉兴和江苏苏州召开政府联席会议，提出建立边界水污染防治制度和水环境信息通报机制，旨在解决苏浙两省交界地区水质恶化、水污染纠纷等问题。2002 年 4 月，在扬州召开的第二次沪苏浙经济合作与发展座谈会上明确提出要以优化环境为突破口，深化区域经济合作，提出要建设“绿色长江三角洲”，建立三省（市）生态建设和环境保护的合作框架以及环境违法行为联防机制，重点抓好联合执法检查。“绿色长江三角洲”的提出打开了三省（市）在生态环境治理方面朝一体化方向发展的新局面。2003 年 3 月，沪苏浙三地签订的《经济合作和发展协议》和《经济技术交流与合作协议》进一步深化了联合开展污染控制与综合防治工作的措施。同年 8 月，上海市发布的《关于“世博会与长江三角洲经济共同发展”的若干建议》明确提出借助世博会机遇，打造绿色长三角，这标志着三省（市）各自开始向一体化方向发展。随后，在同年的 11 月，由中国科学院南京土壤所、浙江大学以及上海市农业科学院联合共建了“长江三角洲地区环境安全与生态修复研究中心”，该组织旨在为长三角区域的生态环境治理献计献策。

（2）初步发展：签署一系列合作协议

2004 年 6 月，长三角两省一市环境保护主管部门在召开的“区域环境合作国际论坛”上，与中国、美国以及欧盟的专家联合形成了《长江三角洲区域环境合作倡议书》，该倡议书指出长三角区域应率先在全国建立起长期有效的区域环境合作对话机制、信息交流机制和相互合作机制，将环境合作融入区域经济一体化的整体战略，运用市场手段改进环境管理新模式。

2004 年 11 月，在杭州召开的第四次沪苏浙经济合作与座谈会上确定了包含区域生态环境治理在内的沪苏浙三地需要统筹协调的五个方面，并达成了《沪苏浙“长三角”海洋生态环境保护与建设合作协议》，提出制订“长三角海洋生态环境建设工程行动计划（规划）”，这是沪苏浙三地首次将加强海洋生态环境保护列入区域生态环境治理中，并提出要建立海洋生态环境保护与建设信息共享机制、加强赤潮灾害防治合作、建立近岸海域重大海洋环境污损应急机制和平台等。

2005 年，沪苏浙三地经过一年多的时间联合修订完成《长三角近海海洋环境保护与建设行动计划》，并作为国家项目申请上报。该行动计划提出要建设沪苏浙海洋生态环境保护信息共享机制，为海洋环境检测预报、灾害防治和生态修复提供信息服务。2006 年，上海市政府印发了《上海海洋经济发展“十一五”规划》，其提出加强与长三角区域在海洋生态环境建设和污染治理方面的合作。2007 年，党的十七大提出要建设生态文明，长三角区域也将生态文明理念渗透到区域生态环境治理中。

2008 年 12 月，沪苏浙在苏州共同签订了《长江三角洲地区环境保护工作合作协议（2009—2010）》，旨在发挥区域联动效益，共同提升长三角区域环境质量，提出从 2009 年起，三地将分别在水体、发电厂、尾气等领域统一开展行动，并确定建立两省一市环境保护合作联席会议制度，定期研究区域环保合作的重大事项，审议、决定合作的重要计划和文件。

（3）实质性启动：行动务实

2009 年 4 月，在上海召开了长三角区域环境保护合作第一次联席会议，该会议围绕上海牵头开展的“加强区域大气污染控制”、浙江牵头开展的“健全区域环境监管联动机制”、江苏牵头开展的“完善区域‘绿色信贷’政策”三项行动进行了深入探讨，确立了 2009 年两省一市环保合作的具体方案，标志着长三角区域环境保护合作工作进入实质性启动阶段。同年 7 月，上海、江苏、浙江共同签订跨界环境应急联动方案。2010 年 9 月，浙江和安徽共同签订浙皖跨界联动方案。

2012 年 5 月，在浙江龙泉召开了长三角区域环保合作联席会议，三省一市共同签订了《2012 年长三角大气污染联防联控合作框架协议》，该协议提出要加强完善区域大气污染联防联控机制、完善跨界污染应急联动机制、完善区域危险废物环境监管联动机制、探索创新区域环境经济政策、重点流域区域环境治理和信息交流、重点流域区域环境综合治理等方面的合作。

2013 年 4 月，在合肥举行的长江三角洲城市经济协调会第十三次市长联席全体会议上，参会的 22 个城市首次通过并签订了《长三角城市环境保护合作（合肥）宣言》，提出共同构建区域环境保护体系、共同推进区域环境质量改善、共同提高区域环保科技交流水平、共同创新多主体参与的环境保护模式、共同促进生态文明建设。

2013 年 5 月，在马鞍山市召开的 2012 年度长三角区域跨界环境污染纠纷处置和应急联动工作总结会议上，三省一市共同签订了《长三角地区跨界环境污染事件应急联动工作方案》，该方案确定了应急联动 7 个方面的工作：建立各级跨界环境污染纠纷处置和应急联动机制、开展联合执法监督和联合采样监测、协同处置应急事件、妥善协调处理纠纷、做好信息互通共享、加强预警工作、开展后督察工作。此外，该会议还通过了《长三角地区环境应急救援物资信息调查工作方案》。

2014 年 1 月，由长三角三省一市和国家八部委组成的长三角区域大气污染防治协作机制启动，并在上海召开了第一次会议，会议明确了“协商统筹、责任共担、信息共享、联防联控”的协作原则，建立起会议协商、分工协作、共享联动、科技协作、跟踪评估 5 个工作机制。此外，会议还深入讨论了《长三角区域落实大气污染防治行动计划实施细则》，对长三角区域大气污染防治重点工作进行了协调和部署。

2018 年 1 月，在苏州召开了长三角区域大气污染防治协作小组第五次工作会议暨长三角区域水污染防治协作小组第二次工作会议，审议通过《长三角区域空气质量改善深化治理方案（2017—2020 年）》《长三角区域水污染防治协作实施方案（2018—2020 年）》《长三角区域大气污染防治协作 2018 年工作重点》《长三角区域水污染防治协作 2018 年工作重点》，这些协议的发布为长三角跨区域生态环境治理提供了制度和政策保障。

（4）开启新阶段：战略提升

2018 年 11 月，习近平总书记在首届中国国际进口博览会上宣布，支持长江三角洲区域一体化发展并上升为国家战略，这意味着长三角生态环境治理与风险防范一体化上升到了国家战略层面。

2019 年 12 月，中共中央、国务院正式印发了《长江三角洲区域一体化发展规划纲要》（以下简称《纲要》），《纲要》提出要共同加强生态保护，推进环境协同防治，特别是推进跨界水体环境治理、联合开展大气污染综合防治以及加强固体废物、危险废物污染联防联治等方面的工作。此外要推动生态环境协同监管，加快完善跨流域跨区域生态补偿机制和健全区域环境治理联动机制。

2019 年 11 月，生态环境部、国家发展和改革委员会、工业和信息化部等 14 部门联合印发了《长三角地区 2019—2020 年秋冬季大气污染综合治理攻坚行动方案》，该行动方案设定了稳中求进，推进环境空气质量持续改善，长三角区域全面完成 2019 年环境空气质量改善目标，协同控制温室气体排放的主要目标，提出了要加强区域大气污染联防联控和协同执法、加强区域应急联动等的治理思路，确保主要目标的完成。

2020 年 12 月，推动长三角一体化发展领导小组办公室印发《长江三角洲区域生态环境共同保护规划》，该规划指出要坚持生态环境保护优先、绿色发展，突出三省一市生态共同保护的要求，强化区域性、跨界性和示范性目标与任务设计，系统谋划共推绿色发展、共保生态空间、共治跨界污染、共享环境设施、共创协作机制等重点任务，为长三角区域生态环境共同保护提供了行动指南。

2021 年 5 月 12 日，国务院批准同意在原长三角区域大气和水污染防治协作小组的基础上成立长三角区域生态环境保护协作小组，进一步深化区域生态环境保护协作机制。

1.2.2 长三角区域生态环境共同保护的重要意义

1.2.2.1 贯彻落实长三角一体化国家战略、践行习近平生态文明思想的重要体现

长三角区域作为我国经济社会最发达、人口和产业最密集、发展最具活力的

地区之一，堪称中国经济的发动机和增长极。现阶段长三角区域经济已经由高速增长阶段转向高质量发展阶段，正处在转变发展方式、优化经济结构、转换增长动力的攻关期，必须坚定不移地贯彻“创新、协调、绿色、开放、共享”的发展理念。长三角区域是习近平生态文明思想的重要萌发地，是“绿水青山就是金山银山”理念的发源地。绿色发展共享是习近平生态文明思想的本质要求，是人类命运共同体的本质特征与价值理念。2021 年 4 月 30 日，习近平总书记在主持中央政治局第二十九次集体学习时指出，“十四五”时期，我国生态文明建设进入了以降碳为重点战略方向、推动减污降碳协同增效、促进经济社会发展全面绿色转型、实现生态环境质量由量变到质变的关键时期。习近平总书记强调，要完整、准确、全面贯彻新发展理念，保持战略定力，要站在人与自然和谐共生的高度来谋划经济社会发展，形成节约资源和保护环境的空间格局、产业结构、生产方式、生活方式，统筹污染治理、生态保护、应对气候变化，促进生态环境持续改善，努力建设人与自然和谐共生的现代化。

1.2.2.2　聚焦关键生态环境问题、加大科技攻坚力度的必然需求

长三角区域因经济高速发展而带来的生态环境问题具有工业化中后期的特征，加上特殊的自然地理条件，许多问题还有待进行深入科学研究。如农业面源污染及水体富营养化的过程与机理，痕量气体污染、细粒子污染危害机制与防治，固体废物资源化安全利用与污染治理，持久性微量毒害物的环境行为、生态毒理及人体健康危害，污染物质的跨界运移、富集规律与控制，污染土壤、地表水和地下水环境的生物修复，大尺度定量化信息技术的环境应用，环境污染检测、监测及风险评价的方法、标准和管理法规体系等。此外，在一体化发展的背景下，跨区域的生态环境问题日益凸显，如江苏昆山、吴中和吴江，浙江的嘉兴、嘉善和平湖，上海的青浦和松江等交界地区的上下游、左右岸间在排污治污上的矛盾依然存在，跨界水污染现象日益突出。开展跨界水环境联保共治，$PM_{2.5}$与臭氧协同治理，固体废物、危险废物联防联治，在生态保护一体化修复等领域，对长三角区域突出生态环境问题开展科技攻关与关键技术研究，可以为实现长三角一体化、精细化的生态环境保护提供科技保障。

1.2.2.3　探索绿色发展模式、实现长三角区域高质量发展的重要保障

从全国来看，当前生态环境保护结构性、根源性、趋势性矛盾总体上尚未得

到根本缓解，最突出的问题是三个“没有根本改变”，即以重化工为主的产业结构、以煤为主的能源结构和以公路货运为主的运输结构没有根本改变，污染排放和生态破坏的严峻形势没有根本改变，生态环境事件多发频发的高风险态势没有根本改变。在长三角区域，这些普遍性、根本性问题在一定程度上存在，生态环境保护与更高质量一体化发展的目标要求相比仍有不少短板。三省一市绿色发展水平存在较大差异，区域内城市间绿色发展水平也不平衡，未来长三角要实现生态绿色一体化发展，就要根据区域内自然资源本底和生态环境现状，淘汰、清退各种落后产能和高污染企业，引入以高科技、高端制造业为主的各种新兴产业，最终在实现长三角区域产业升级的同时保持区域内生态环境的和谐，探索出一条“绿水青山就是金山银山”的高质量绿色发展之路。

第2章

长三角区域概况

2.1 自然地理

长三角地处长江中下游平原，位于亚热带季风气候区，气候温和、地势平坦、土壤肥沃、河川纵横、湖荡棋布、水资源充足，是我国资源环境承载能力较强、开发适宜性较高、人居环境优良的区域。

地形地貌。长三角位于中国东部沿海，濒临黄海与东海，地处江海交汇之地，是长江入海之前形成的冲积平原。长三角地形以平原为主，主要由苏南平原、江淮平原、太湖平原、杭嘉湖平原及宁绍平原等组成，适宜农业生产的土地面积比例较高。区域内地势低平，海拔多在10 m以下，零星散布着一些低山丘陵，主要集中在苏南及浙西南等地区，有南京紫金山、常州溧阳南山、无锡惠山、苏州天平山、常熟虞山、松江佘山和天马山等，海拔为200～300 m。其中常州溧阳南山海拔为508 m，该山为吴越第一峰。

水文。长三角区域内河湖众多，水网密布，是我国河网密度最高的地区，平原上共有湖泊200多个，平均每平方千米的河网长度为4.8～6.7 km。区域水系以淮河、长江、钱塘江、京杭大运河为主，湖泊群以太湖、西湖为主。

气候特征。长三角位处太平洋西岸中纬度地区，主要为中、北亚热带季风气候。区域内气候温和湿润，四季分明，季节分配较均，年均温为 13～18℃；1 月均温为−2～6℃；7 月均温为 26～29℃，绝对最高温可达 38℃以上。夏季高温多雨，冬季温和少雨，光照充足，但受梅雨和台风影响较大，雨季较长，降水较多，年降水量为 800～1 600 mm。区域雨热同期的气候条件十分适宜农作物生长，物产丰富。

水土资源。长三角包括三角洲平原及周边丘陵山地，天然的水环境良好，多年平均当地水资源量达 537.79 亿 m^3。根据国家统计局数据，2020 年上海、江苏、浙江、安徽的水资源总量分别为 58.6 亿 m^3、543.4 亿 m^3、1 026.6 亿 m^3、1 280.4 亿 m^3，三省一市水资源总量为 2 909.0 亿 m^3，占全国水资源总量（31 605.2 亿 m^3）的 9.20%。但长三角区域人均水资源量较低，约为 1 235.87 m^3/人，略高于全国人均水资源量（2 239.8 m^3/人）的 50%。区域内建设用地扩张较快，2020 年上海、江苏、浙江、安徽建设用地面积分别为 1 944.96 km^2、4 681.89 km^2、3 054.63 km^2、2 321.27 km^2，三省一市建设用地总面积达 12 002.75 km^2，占全国建设用地面积的 21%，较 2004 年增长了 165%。2020 年上海、江苏、浙江、安徽农作物总播种面积分别为 2.552×10^5 hm^2、$7.478\ 4\times10^6$ hm^2、$2.014\ 5\times10^6$ hm^2、8.818×10^6 hm^2，三省一市农作物总播种面积达 $1.856\ 61\times10^7$ hm^2，仅占全国农作物总播种面积（$1.674\ 87\times10^8$ hm^2）的 11.09%。此外，本地区土地后备资源以滩涂、丘陵缓坡地等为主，占全区土地面积的 5%，远低于全国平均水平，区域土地后备资源相对较少，人地矛盾较为突出。

植被与土壤。长三角区域地带性植被为北亚热带常绿落叶阔叶混交林和中亚热带常绿阔叶林，但破坏较为严重，现状以天然次生林和人工林为主。平原地区土壤大部分已培育为肥沃的水稻土和旱地耕作土，滨海潮滩为潮土和滨海盐土，山地则以黄壤、红壤和紫色土等为主。

动植物丰度。长三角区域光热水土条件好，局部小气候多样，孕育了种类繁多的动植物资源。目前，长三角区域维管束植物有 3 200 多种，分属 205 科，1 006 属，约占中国维管束植物科的 60.3%、占属的 31.7%、占种的 11.7%。其中蕨类植物 34 科、71 属、240 种，种子植物 171 科、938 属。种子植物中裸子植物 7 科、17 属、21 种，被子植物 164 科、921 属、2 900 余种，约占中国种子植物科的 51.4%、占属的 31.8%、占种的 12.2%。特别在皖南丘陵山区中保存了丰富的古老科、属、种子遗植物。长三角淡水水生动物资源丰富，存在中华鲟、扬子鳄、白鳘豚等国家一级保护动物，孕育着静水性的鳊、鲴、鲢、鲤、鲫、青、草鱼，还有鲚、鲥、香鱼、银鱼、鳗鲡、花鲈和松花鲈等多种河口洄游性鱼类。此外，长三角区域农副物产十分丰富，生产稻米、桑蚕和棉花等。太湖流域自古以来就是农、林、牧、渔各业全面发展的综合性农区，素有“鱼米之乡”之称。水产资源充裕，浙江海域的舟山渔场是中国四大渔场之一。

矿产和能源资源。三省一市区域差异显著。上海矿产资源较为贫乏，基本无一次常规能源，主要以较高质量的电力、石油油品、焦煤和煤气（包括液化石油气）等二次能源生产为主，风能、潮汐能及太阳能等可再生清洁能源较为丰富。江苏、安徽地区矿产资源相对丰富，以黏土、建材、冶金辅助原料和有色金属、贵金属等为主，另有一定数量的非金属矿产及较为充裕的煤炭、石油、天然气等能源矿产，已发现金属、非金属和能源矿产近百种。浙江地区矿产资源以非金属矿产为主，多用于建筑材料的生产等，也蕴藏铁、铜等一般金属矿产，其东海大陆架盆地石油和天然气开发前景较好。

旅游资源。长三角区域山清水秀，历史文化遗存丰厚，拥有众多世界遗产及国家自然保护区、地质公园、森林公园和多座国家历史文化名城、古镇和古村落等。截至 2021 年 6 月，区域内共有 50 多个国家 5A 级景区（点），上海、南京、杭州、苏州、绍兴等城市被评为中国优秀旅游城市，其中杭州、南京等城市是我国著名古都，也是中国最佳旅游目的地城市。

2.2　经济发展

经济方面。2020 年，长三角三省一市地区生产总值为 244 712.95 亿元，占国内生产总值的 24.1%，实现年净增 7 460.39 亿元（图 2-1）。2012—2020 年，受全球经济深刻调整的影响，长三角区域生产总值变化较为平缓，年均增速为 8.60%，较 2006—2011 年年均增速降低 4.23 个百分点。长三角经济发展步入新常态，面临结构调整与产业转型升级，以谋求经济高速发展。

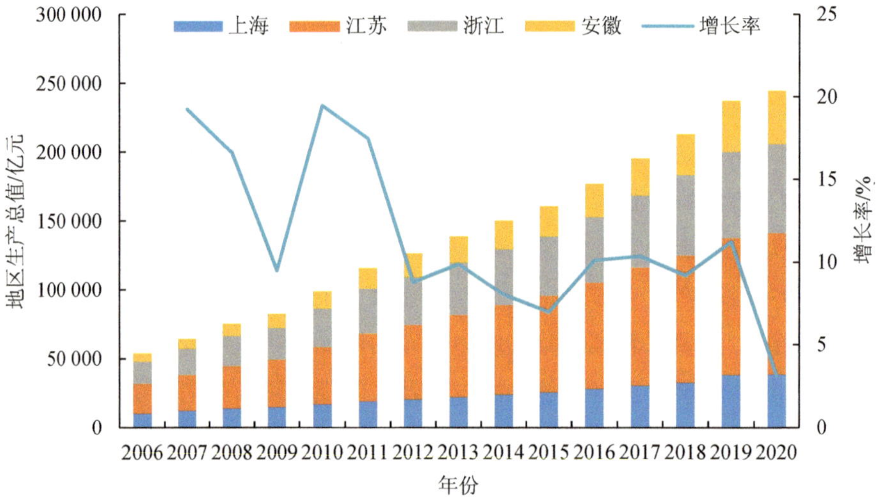

图 2-1　2006—2020 年长三角三省一市地区生产总值变化

将长三角与京津冀、珠三角进行对比来看，2020 年，长三角、京津冀、珠三角城市群地区生产总值分别为 244 712.95 亿元、86 392.97 亿元和 110 760.9 亿元。分别占国内生产总值的 24.1%、8.5%和 10.9%（图 2-2）。长三角城市群地区生产总值为其他两个城市群地区生产总值的和的 1 倍多。2012 年前，珠三角城市群增长率较其余两个城市群增长缓慢；2012 年后，京津冀城市群增长率远不及长三角、珠三角城市群。2019 年，京津冀城市群受新冠肺炎疫情影响，地区生产总值明显下降。从省（直辖市）级层面来看，上海经济运行总体平稳、稳中向好，2020 年地区生产总值达 38 700 亿元，较上年增长 1.43%；江苏经济运行稳中有进，2020 年地区生产总值达 102 718.98 亿元，较上年增长 3.10%；浙江经济运行持续稳中向好，稳的基础更加巩固、进的动力更加强劲、好的势头更加明显，2020 年地区生产总值达 64 613.34 亿元，较上年增长 3.63%；安徽经济运行走势稳健、质态良好，增速明显较高，2020 年地区生产总值达 38 680.63 亿元，较上年增长 4.22%，增长率位列三省一市之首。从地级市层面来看，2020 年，长三角 41 个地级市地区生产总值前十名分别为上海（38 700.58 亿元）、苏州（20 170.5 亿元）、杭州（16 106 亿元）、南京（14 817.95 亿元）、宁波（12 408.7 亿元）、无锡（12 370.48 亿元）、合肥（10 045.72 亿元）、南通（10 036.31 亿元）、常州（7 805.3 亿元）、徐州

（7 319.77 亿元），经济总量呈现出明显的区域差异，不同城市经济规模和发展速度差异较大（图 2-3）。除合肥外，安徽其余 15 个地级市 GDP 均排在长三角区域生产总值末 20 位以内；上海地区生产总值增速明显放缓，但总量仍独占鳌头，约为黄山的 45 倍，占区域总量的比重从 2000 年的 28.6%降至 2015 年的 22.1%，再至 2020 年的 15.8%；苏中、苏北地区的地区生产总值增速均在 5%～8%。这在一定程度上反映出苏浙沪区域经济发展绝对差距逐渐减小，而合肥发展较传统长三角区域苏浙沪三地而言较为落后。从人均 GDP 来看，2020 年长三角 41 市人均 GDP 排名前十分别为无锡（246 017 元/人）、苏州（187 633 元/人）、南京（174 329 元/人）、杭州（170 110 元/人）、常州（164 808 元/人）、上海（159 383 元/人）、南通（137 146 元/人）、扬州（132 960 元/人）、镇江（132 667 元/人）、舟山（129 461 元/人），其中，安徽合肥人均 GDP 为 114 900 元/人，位列第 13，安徽其余地级市均排名后位，长三角区域发展仍存在不平衡、不充分的问题。

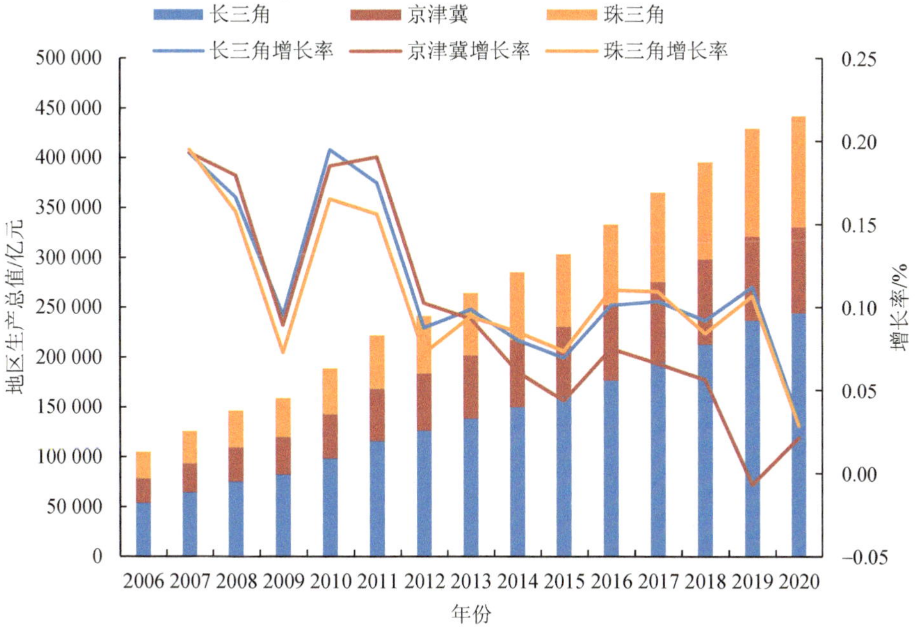

图 2-2　2006—2020 年长三角、京津冀、珠三角地区生产总值变化

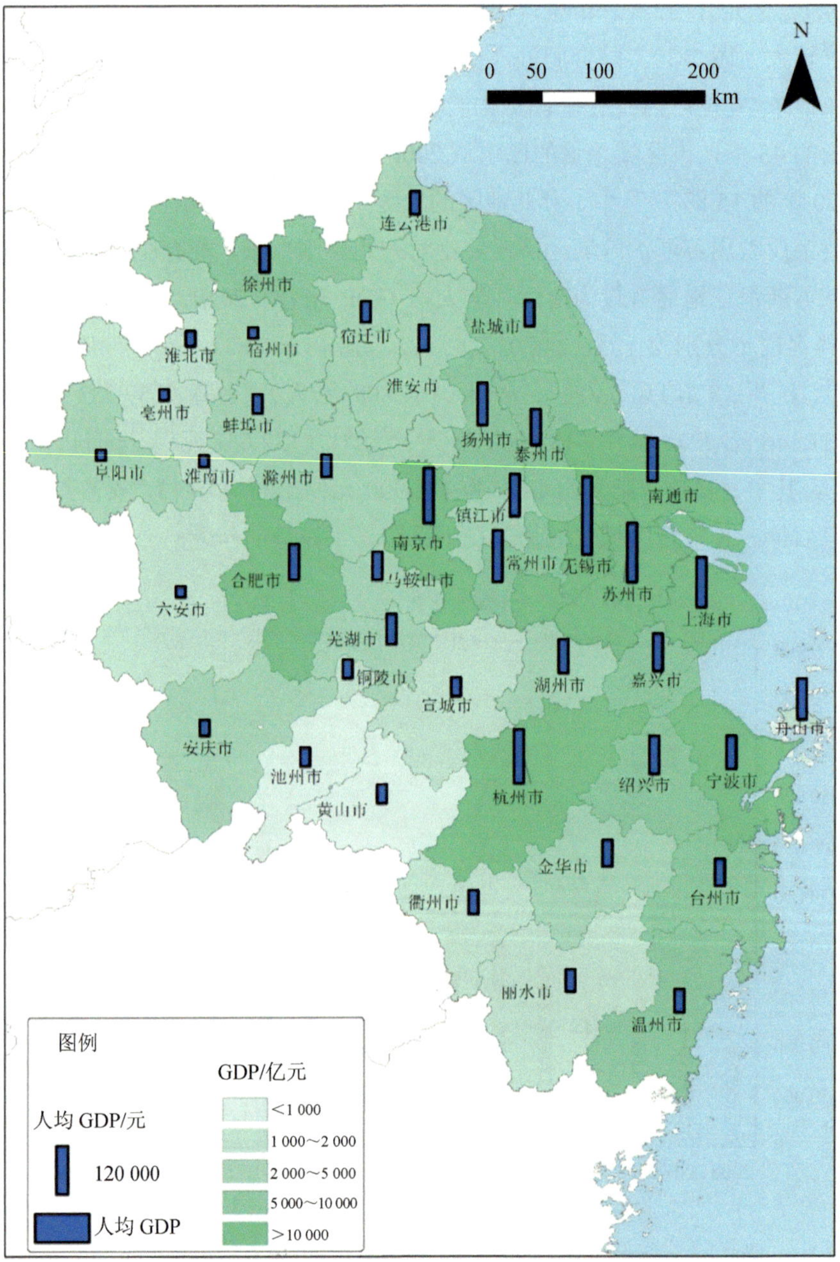

图 2-3　2020 年长三角各市 GDP 与人均 GDP

政府财政收入。2020 年，长三角 41 个地级市财政收入总额达 39 339.26 亿元，占全国财政收入的 21.51%；增长率均值为 1.4%，较全国平均值约高 5.3 个百分点（−3.9%），各个地级市政府财政收入增长态势趋于平缓，增长率为 1%～7%。2020 年，浙江省除台州市为负增长（−8.5%）外，其余 10 个地级市增长率均为正，全省财政收入增长速度明显降低；江苏省 11 个地级市增长率均低于 10%；安徽除淮北、亳州、阜阳及安庆 4 市外，其余 12 个地级市均低于 10%，包括合肥，其中铜陵及安庆为负增长。上海市地方财政收入增长率虽为负增长（−1.66%），但财政收入达 7 046.3.亿元，略低于江苏财政收入（9 059 亿元），是安徽财政收入的 2.6 倍（2 707.5 亿元）。从区域内来看（图 2-4），2020 年长三角地方财政收入总额较高的区域仍集中在苏浙沪三地沿江沿海地带（上海、苏州、杭州、南京、宁波），安徽除合肥、芜湖及滁州外，其余地级市财政收入总额均低于 200 亿元，而上海和江苏所有地级市均已实现财政收入大于 200 亿元。

城乡居民收入。长三角区域城乡居民收入继续保持高速增长的态势。2020 年长三角区域城镇居民人均可支配收入平均值约为 5.79 万元，高出全国平均水平（4.38 万元）约 32%，较 2015 年（4.66 万元）增长 24%。2020 年长三角区域农村居民人均可支配收入平均值约为 2.39 万元，高出全国平均水平（1.71 万元）约 40%。总体来看，农村居民可支配收入增长快于城镇居民可支配收入，但 41 市之间城乡居民收入差距显著，且农村居民收入差异大于城镇居民（图 2-5、图 2-6）。上海城乡居民可支配收入（7.64 万元、3.49 万元）均约为安徽城乡居民可支配收入（3.94 万元、1.66 万元）的 2 倍；浙江地区城乡居民收入（6.27 万元、3.19 万元）均显著高于江苏地区（5.31 万元、2.42 万元）。同时，沿江沿海地市城乡居民收入均明显高于内陆地区；传统长三角区域苏浙沪三地城乡居民收入均明显高于安徽地区。苏浙沪三地城镇居民人均可支配收入均超过 3 万元，而安徽大部分地区则均低于 3 万元；浙沪两地农村居民人均可支配收入均高于 1.9 万元，安徽除合肥、马鞍山及芜湖外均低于 2 万元。

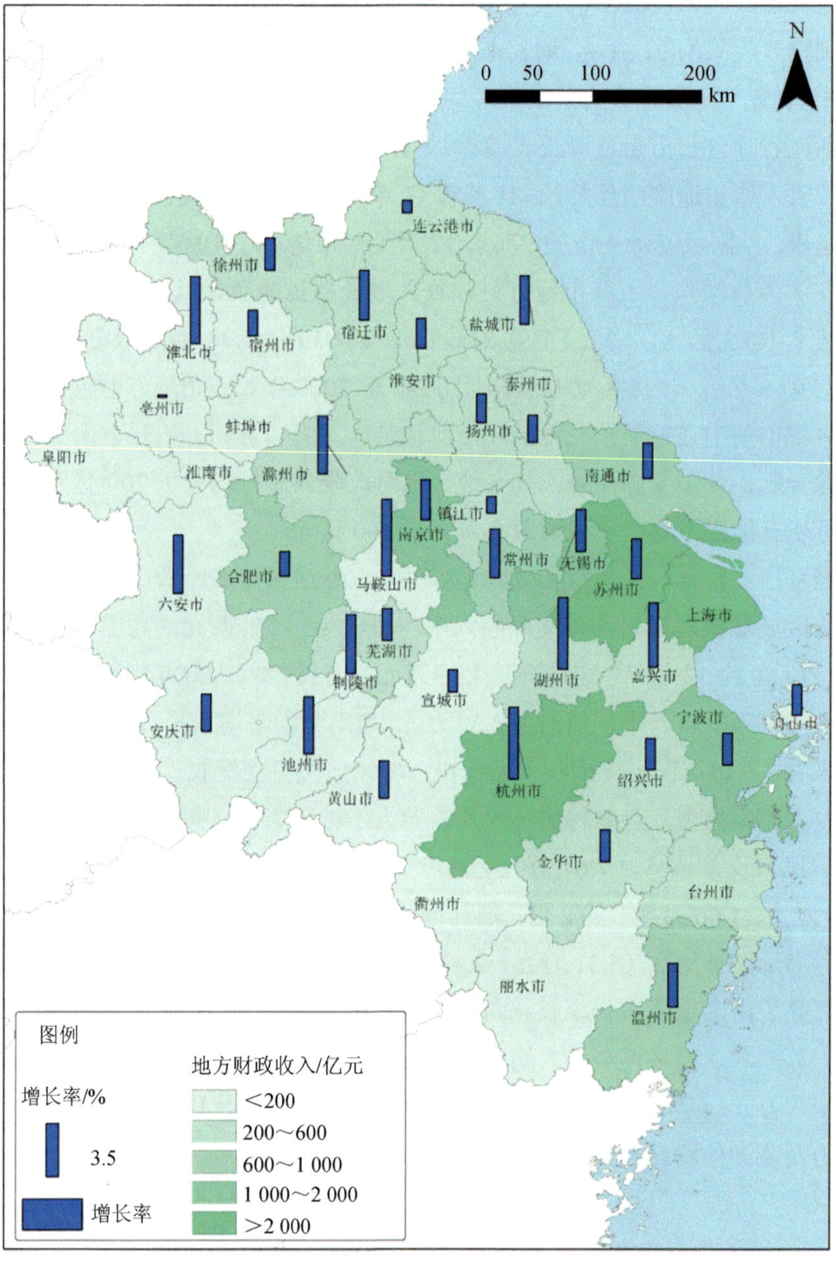

图 2-4　2020 年长三角各市地方财政收入与增长率

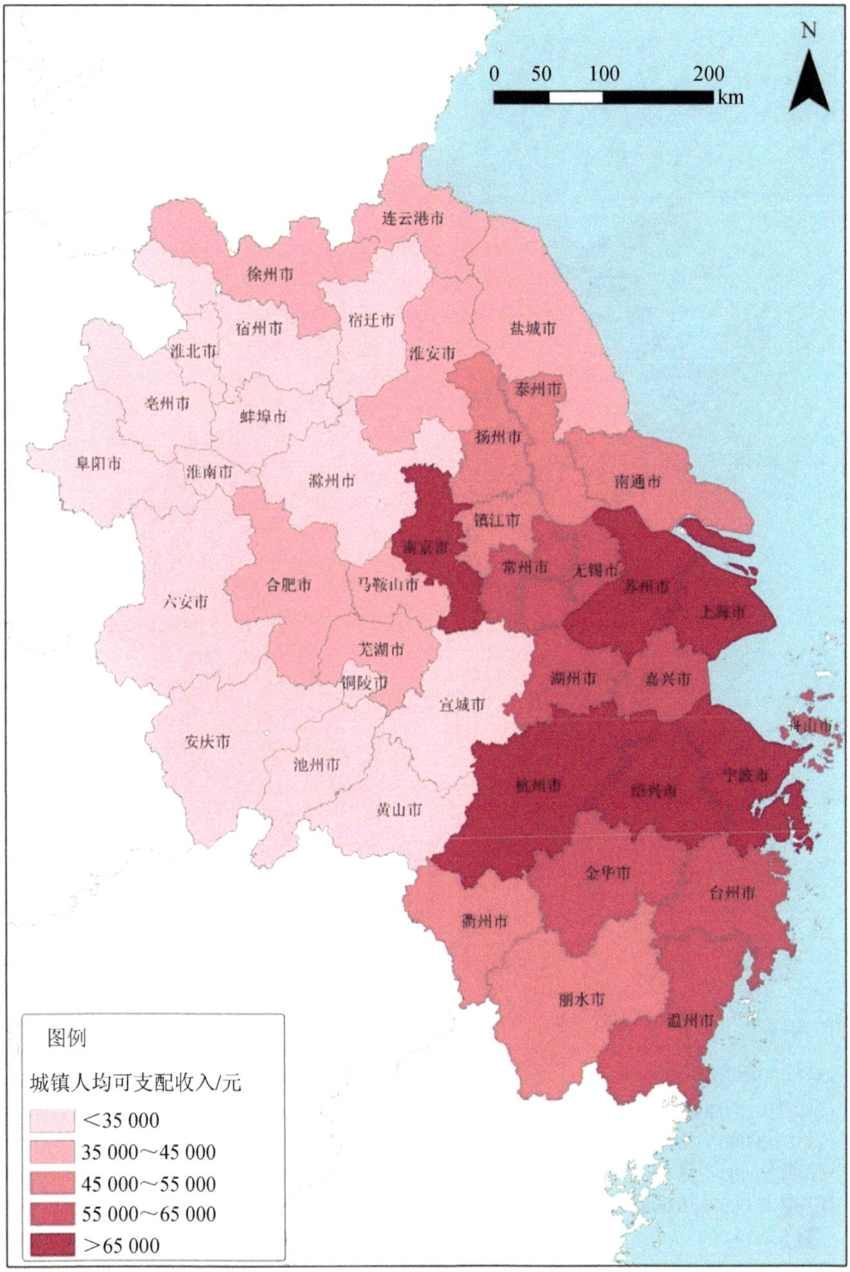

图 2-5　2020 年长三角各市城镇居民人均可支配收入

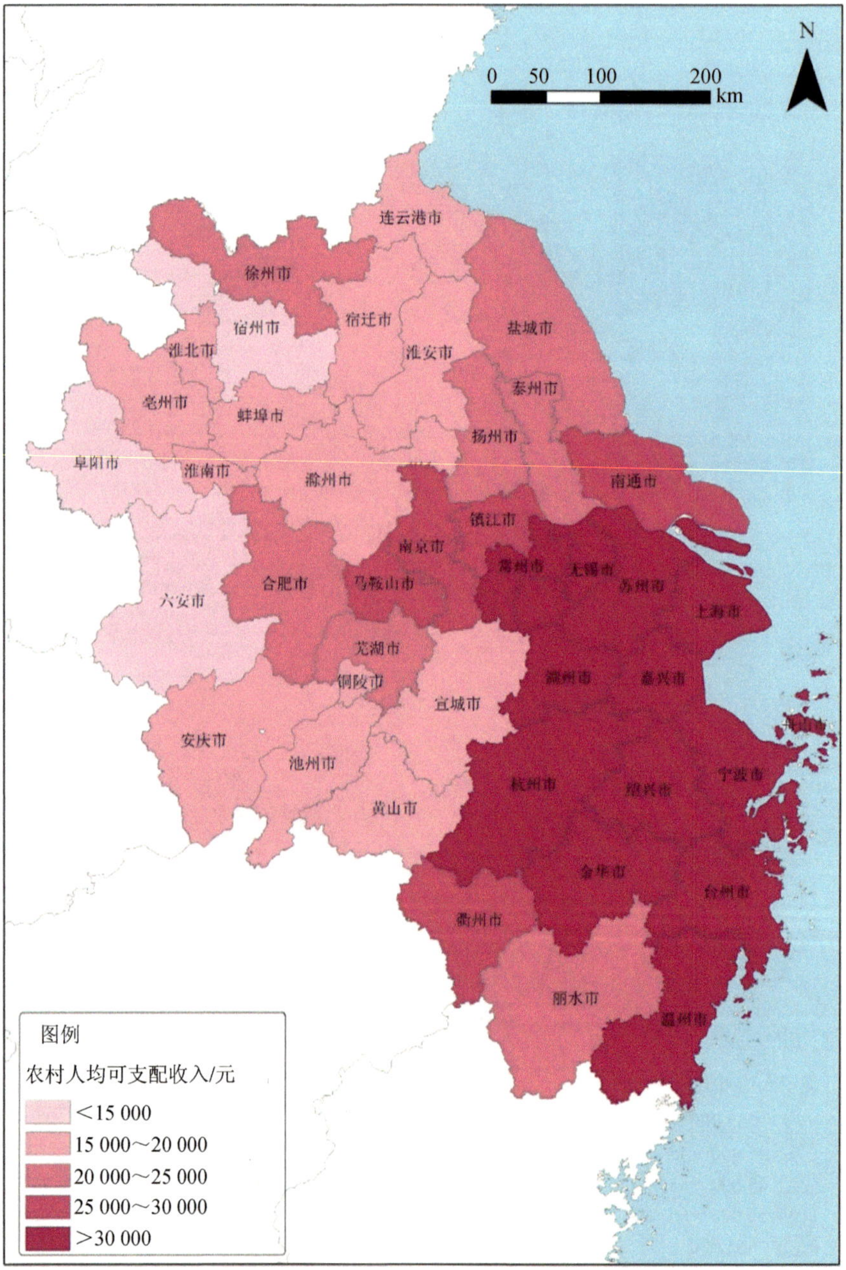

图 2-6　2020 年长三角各市农村居民人均可支配收入

2.3　社会状况

2020 年长三角区域总人口为 2.35 亿人，占全国的 16.6%。经过中华人民共和国成立后的两次人口生育高峰，长三角三省一市的人口再生产类型已经由高出生、低死亡、高增长逐渐过渡到低出生、低死亡、低增长的状况。总体而言，“十二五”时期以来，长三角人口集聚及城镇化速度在 2004—2010 年达到小高峰后趋缓（图 2-7），成为该地区人口增长新常态。其中，2007—2013 年安徽常住人口呈缓慢下降趋势，人口多流动至苏浙沪及其他经济发展快速地区，2014 年后人口总量缓慢回升，人口流失问题缓解。近年来区域人口老龄化趋势明显。由于计划生育政策的严格执行，以及生活水平的提高和医疗条件的改善，少儿人口的比重呈下降趋势，老年人口的比重上升较快，老龄化社会的形成有加快的趋势。

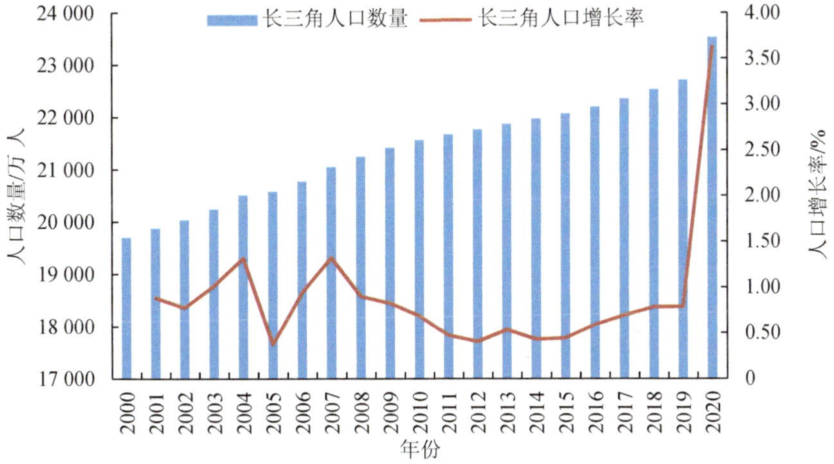

图 2-7　2000—2020 年长三角人口数量及增长率

将长三角人口与京津冀、珠三角进行对比来看（图 2-8），2020 年长三角、京津冀和珠三角地区总人口分别为 2.35 亿人、1.10 亿人和 1.26 亿人，分别占全国的 16.6%、7.8%和 8.9%。长三角人口数约为其余两城市群的 2 倍。总体而言，长三角人口集聚及城镇化速度在 2004—2010 年达到小高峰后趋缓。珠三角在 2006 年和 2010 年出现了两次高峰之后趋缓。京津冀人口聚集及城市化速度呈现先增后减的趋势，自 2013 年之后就一直呈下降趋势，在 2010 年增长率达最高值（3.29%）。

2020 年，长三角和珠三角人口聚集及城市化速度呈明显增长态势，增长率分别为 3.63%和 9.57%，并达到近 20 年的峰值，而京津冀也首次呈负增长（−2.36%）。

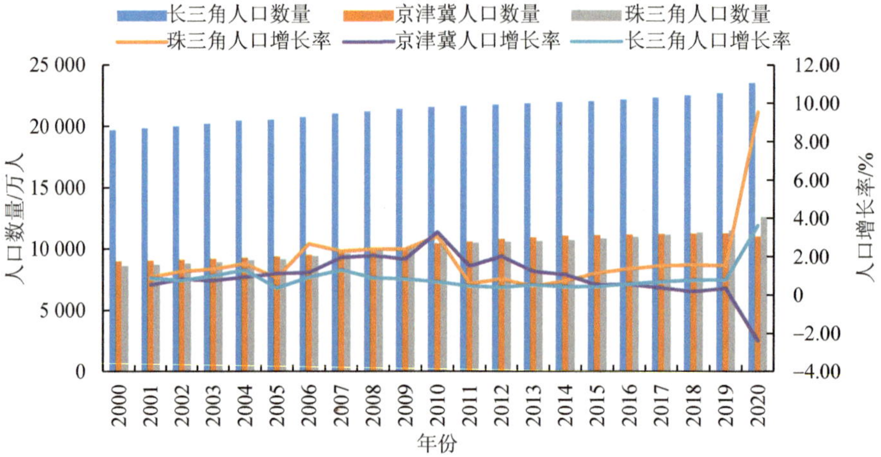

图 2-8　2000—2020 年长三角、京津冀、珠三角城市群人口数量及增长率

地域文化。长三角自然地理和资源禀赋条件得天独厚，孕育了多元化的文化体系，逐渐形成了以勤劳、务实、开放及富有市场观念和竞争意识等为特征的文化特质，培育了理性、创新和兼容并蓄的人文精神，对区域经济社会发展产生深远的影响。以江苏为例，经济长期以来在强势文化的影响下得到了长足发展，创造了“苏南模式”和经济增长奇迹。从语言—文化地理的角度来看，长三角是吴语、江淮官话两大汉语方言文化区的融合区，地域文化包含海派文化、金陵文化、吴越文化、淮扬文化、徽文化、皖江文化。此外，长三角文化具有典型的“经世致用”和“重商主义”色彩，自改革开放以来，先后涌现乡镇企业、浦东开发开放等经济社会发展奇迹。

社会事业发展。科技教育方面，长三角集中了大批科研机构和高等院校，科技发展的资源和潜力巨大。2020 年，拥有普通高校超过 450 所，其中上海、江苏、浙江、安徽分别占 63 所、167 所、109 所、120 所，平均每万人口在校大学生分别为 372 人、365 人、270 人、270 人；地方财政科学技术支出占 GDP 的比重分别为 1.05%、0.57%、0.73%、0.96%，三省一市的地方财政科学技术支出持平或高于全国平均水平（0.57%）。

医疗卫生方面，上海、江苏、浙江、安徽平均每万人拥有职业（助理）医师数分别为 32 人、32 人、34 人、27 人，其中安徽低于全国平均水平（29 人）；每万人拥有医疗床位数分别为 58 张、60 张、56 张、52 张，均低于全国平均水平（86 张），长三角医疗资源较为紧张。

公共文化服务方面，2020 年上海、江苏、浙江、安徽人均拥有公共图书馆藏量分别达到 3.25 册/人、1.24 册/人、1.53 册/人、0.58 册/人，除安徽外，均明显优于全国平均水平（0.84 册/人），安徽社会公共文化服务与苏浙沪三地差距较大，仍需加大投入。

2.4　产业结构

2020 年，长三角三省一市地区生产总值达 244 712.95 亿元，占同期全国经济总量的 24.1%，实现年净增 7 460.39 亿元。从三次产业产值来看，第一产业产值实现增加值 9 994.2 亿元，比上年增长 6.2%，占全国第一产业产值比重的 14.67%；第二产业实现增加值 96 600.54 亿元，比上年增长 0.1%，占全国第二产业产值比重的 26.88%；第三产业实现增加值 138 118.79 亿元，比上年增长 5.1%，占全国第三产业产值比重的 28.56%。从三次产业结构来看，2020 年长三角产业结构得到了进一步调整优化，三次产业结构调整为 4.1∶39.5∶56.4，与 2019 年相比，第二产业比重下降了 1.2%，而第一产业、第二产业比重则分别上升了 0.1%、1.1%（图 2-9）。

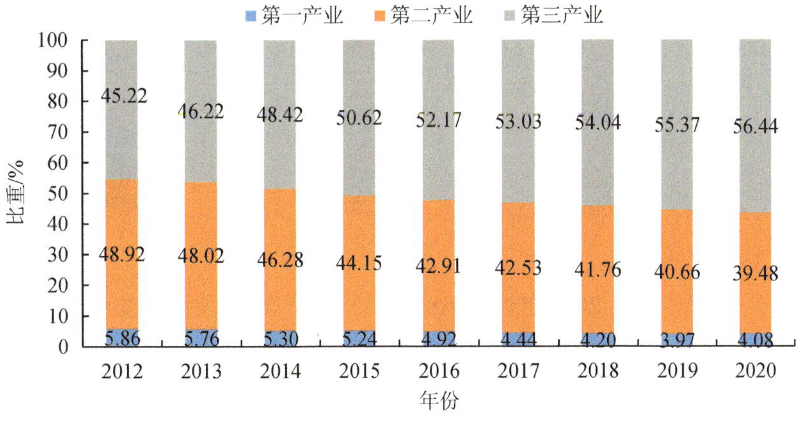

图 2-9　2012—2020 年长三角区域产业结构情况

从2020年三次产业结构数据来看，长三角区域间产业结构存在明显的梯度差异（图2-10、图2-11）。上海第三产业比重较其第二产业高40多个百分点，服务经济主导型的“三二一”型产业结构特征明显。上海市对长三角区域第三产业贡献率达20.5%，约为安徽的1.4倍。江苏和浙江第三产业占比均略高于第二产业占比，呈现服务业和工业基本并重的“三二一”型产业结构，其中第二产业主要集中于中高端制造业。安徽是三省一市里唯一的第二产业比重高于第三产业比重的地区，形成“二三一”型产业结构，工业（尤其是中低端制造业）依然是拉动安徽经济增长的主要部门。总体来看，上海与长三角其他三省之间的产业结构相似性较低，江苏、浙江与安徽三省之间的相似性相对较高，即苏浙皖同构现象较为严重，产业结构相似度高，产业梯度特征不明显，更多地表现为同质化竞争，尤其是在新能源汽车、高端制造、人工智能等领域竞争激烈。当前，长三角区域尚未充分发挥整体联动效应，生产力布局出现重复性，产业结构趋同化依然比较突出，产业同构发展造成竞争有余合作不足。

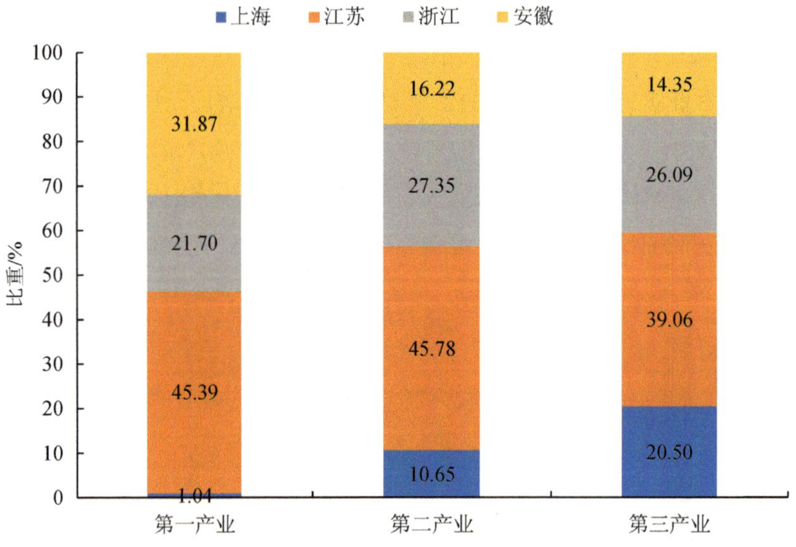

图2-10 2020年长三角区域三省一市产业结构贡献率情况

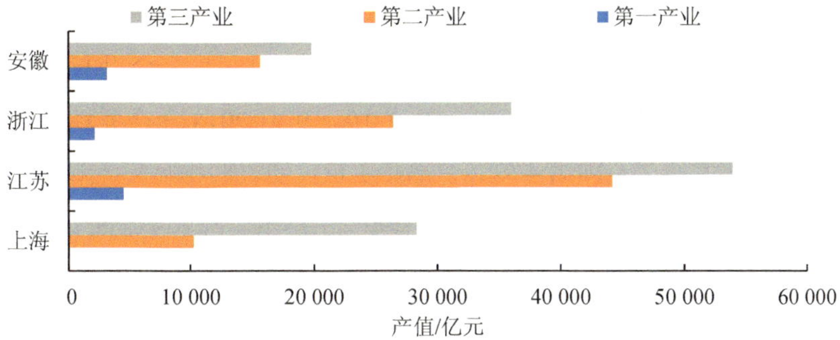

图 2-11　2020 年长三角区域三省一市产业结构情况

2.5　工业化和城镇化

工业化进程。长三角区域加快新旧动能转换，推动传统制造业转型升级，加快培育新兴产业，工业经济总量持续提升。2020 年，长三角三省一市工业增加值达到 81 717.76 亿元，较上年（81 791.38 亿元）波动不大，以占全国 2.2%的土地面积和全国 11%左右的人口，贡献了全国工业增加值（313 071.1 亿元）的 26.1%，比重较 2019 年下降了 1.6 个百分点，长三角区域工业化发展呈现明显的区域特色。2020 年上海工业增加值达到 9 656.51 亿元，位列全国城市工业增加值第二，仅低于深圳。近年来，上海重点推动汽车制造、钢铁等制造业向高端延伸，特斯拉超级工厂、上汽大众 MEB 工厂、积塔半导体生产线等一批重大产业项目开工建设，同时聚焦总部经济、金融、科创等功能推动新兴产业的培育发展。2018 年，上海战略性新兴产业的制造业部分产值增速快于全市规模以上工业 2.4 个百分点，其工业投资在电子信息、汽车等行业重大项目拉动下增长 17.7%，增幅创近十年新高。2020 年，江苏工业增加值达到 37 744.85 亿元，位列长三角区域第一，其中苏州工业增加值达到 8 240.37 亿元，全国工业增加值城市排名中仅次于深圳与上海。2020 年江苏城市轨道车辆、新能源汽车、3D 打印设备、智能电视产量分别增长 107.1%、139.9%、51.4%和 36.4%，深耕高端制造业，加快推动科技创新和新兴产业培育发展。2020 年，浙江工业增加值实现 22 654.39 亿元，其中以阿里巴巴为代表的数字经济核心产业增加值 5 548 亿元，比上年增长 13.1%，信息经济已经成为浙江工业经济发展的主引擎。2020 年，安徽工业增加值达 11 662.21 亿元，虽然数量绝对值上仅为浙江省的 1/2，但党的十八大以来，安徽省规模以上工业增加值年均增长 10.1%，增速居全国第 3 位、中部第 1 位。自 2013 年以来，安徽省每年规模以上工业增加值增速均位居全国前 10，其中 2018 年全省规模以上工业增加值以 9.3%的增速居全国第 4 位、中部第 1 位，创近四年新高，工业对经济增长的贡献率达 48.9%，是全国唯一一个自 2007 年以来工业化率不降反升的省份。近年来，安徽在发展家用电器和装备制造传统优势产业的同时，积极推动平板显示及电子信息从无到有并实现快速增长，合肥已成为世界最大的平板显示基地：智能手机液晶屏占全球的 20%、平板电脑显示屏占全球的 30%。

城镇化进程。2020 年长三角区域城镇人口达 16 677 万人（上海 2 222 万人、江苏 6 226 万人、浙江 4 668 万人、安徽 3 561 万人），占全国城镇人口的 18.5%，城镇化率达 70.85%，较全国平均水平（63.89%）高近 7 个百分点。长三角区域城镇化发展仍然存在较大的地区差异（图 2-12）。相较于安徽，高城镇化率城市主要集中在传统长三角苏浙沪三地，尤其集中在沿江沿海地区。自 2010 年以来，长三角区域城镇化率持续增长，其中上海城镇化率一直维持在 90%左右，稳居区域第一；由于经济水平的发展与产业结构的优化，以常州、嘉兴、芜湖等城市为代表的地区城镇化率增速较快；2015 年，苏浙沪三地全部城市已实现城镇化率大于 50%，而至 2020 年安徽仍有近 1/3 的地级市城镇化率低于 50%（图 2-13），主要集中在安徽与河南交界的内陆地区，安徽城镇化进程明显落后于苏浙沪三地。

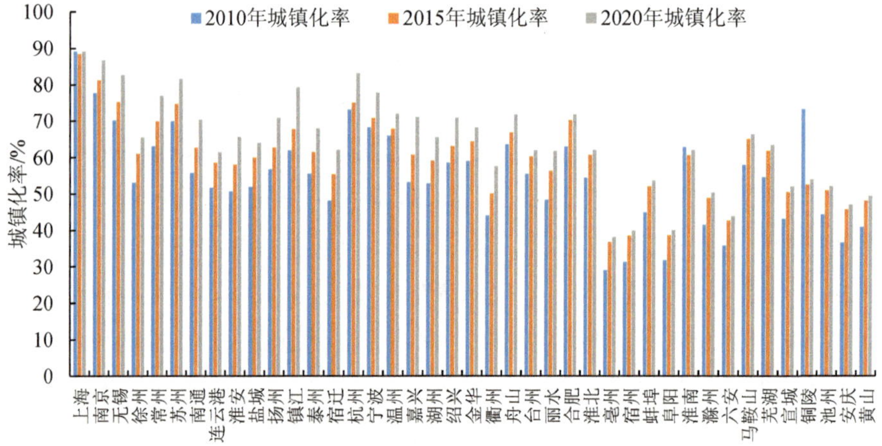

图 2-12 2010—2020 年长三角 41 个城市城镇化率

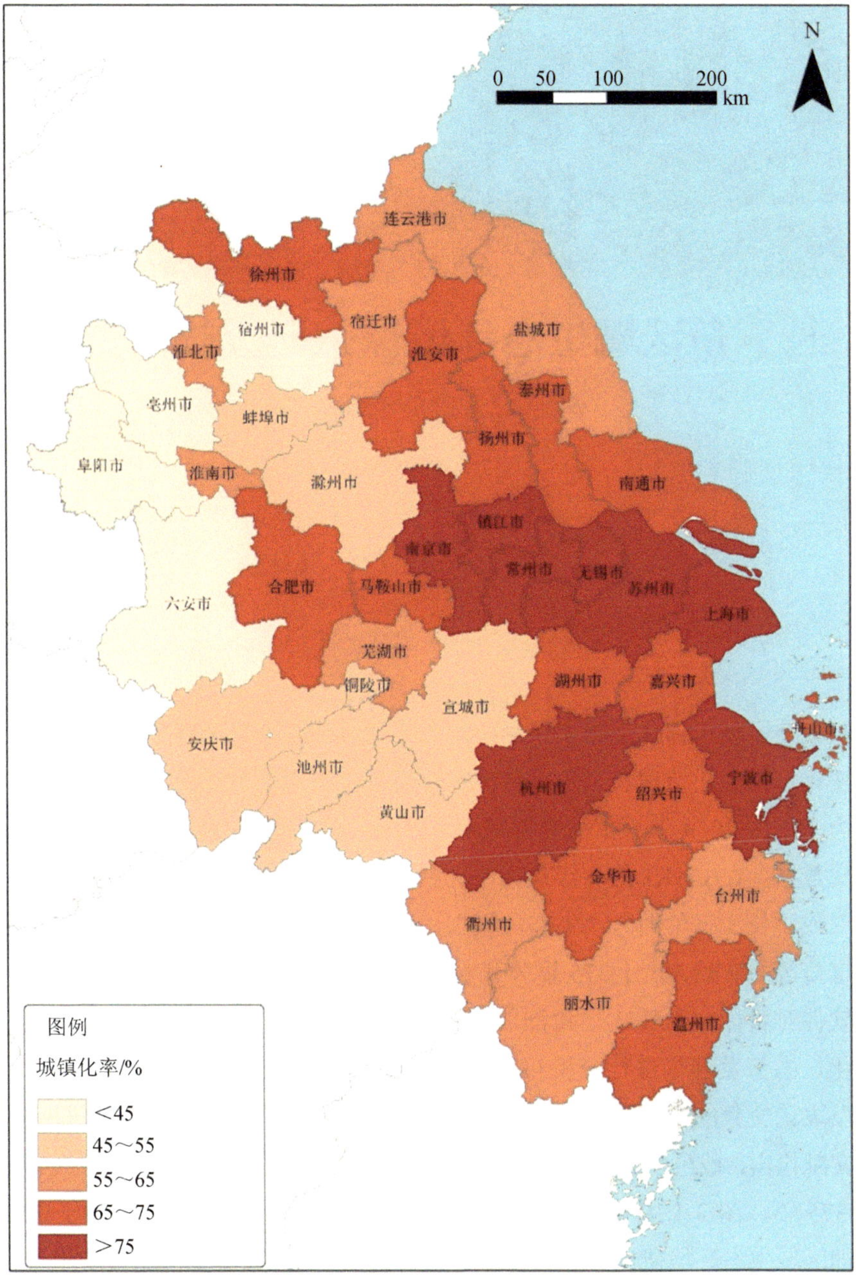

图 2-13　2020 年长三角区域城镇化率

第3章

长三角区域生态环境保护研究热点分析

3.1 研究文献分析

长三角区域一体化战略实施后，对长三角区域生态环境保护的研究重点有了较大变化。为全面梳理长三角区域生态环境保护方面研究热点及进展，文献选择时间为1995—2019年。本书数据来源于中国学术期刊网络出版总库（CNKI）文献全文数据。在CNKI的高级检索中选择“期刊”的主题检索，检索条件为“长三角”或“长江三角洲”、“生态环境”、“环境保护”，剔除重复文献、会议报告、新闻宣传等的文献，共计375篇公开发表的研究性文献。本书基于CiteSpace计量分析软件对目标文献长江三角洲区域生态环境领域的知识基础、前沿热点、路径演化、态势发展等进行分析与归纳，为未来研究提供思路和借鉴。

发表论文数的年度分布可以反映一定时期内该领域的研究热度和进展情况。通过文献检索，截至2019年，共检索到国内长三角区域生态环境的相关研究文献共计375篇，图3-1中显示相关文献随时间分布情况。总体来看，国内关于长江三角洲区域生态环境研究文献数量整体呈上升趋势，研究体系构建稳步推进。2005年、2009年和2013年3个年份为国内学者关于长江三角洲区域生态环境研究成果的小高峰，2012—2013年的发文量增幅364.7%，呈显著增长，2013—2019年呈波动式增长。

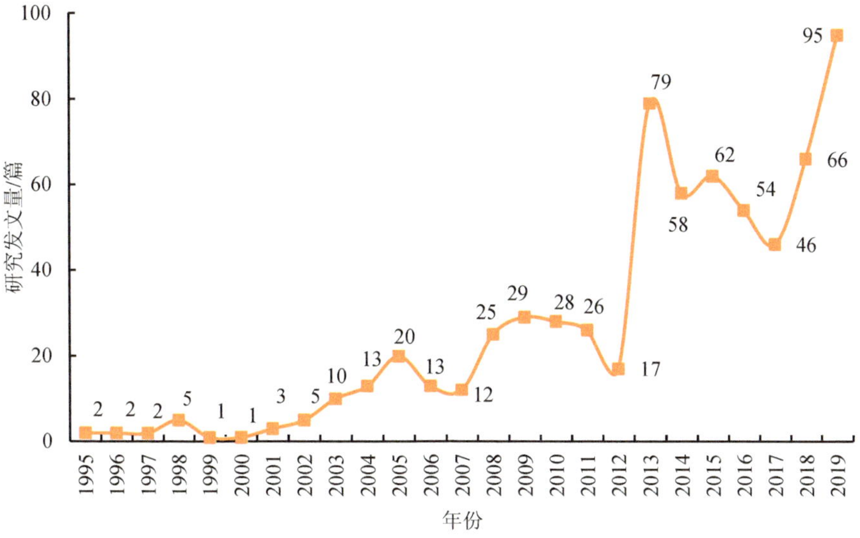

图 3-1　长江三角洲区域生态环境研究发文量年份变化

3.2　高产机构及核心作者群分析

运行 CiteSpace 对作者进行共现分析，时间跨度为 1995—2019 年，时间切片为 1 年，得到节点数 398 个、连线数 281 个、密度 0.003 6 的作者共现网络知识图谱（图 3-2）。从图中可以发现整个图谱的网络较为零散，只有几位高产作者之间存在学术交流与合作，且皆为两人之间的小规模合作，主要作者为段学军与邹辉、王勇与陈莉莉，其他大多数学者均为独立研究。图中联系形成的作者子网络结构中，以作者王腊春为首的网络结构最为明显。以上表明我国学者在长三角生态环境保护的研究方面尚缺乏紧密沟通合作，学术合作与交流亟待加强。

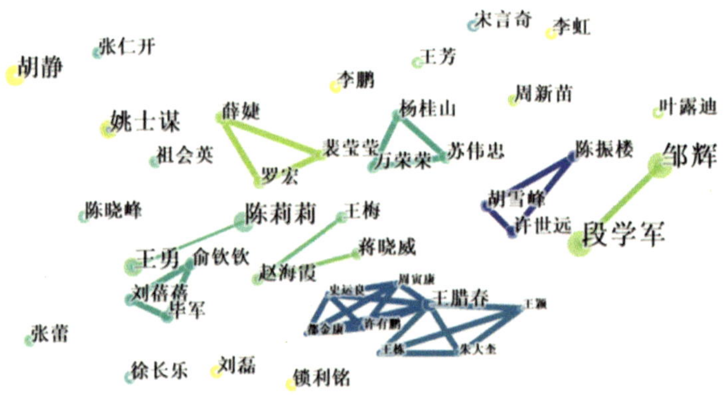

图 3-2 作者共现网络知识图谱

从发文机构可知（表 3-1），发文量最高的研究机构为中国科学院南京地理与湖泊研究所，发文量 11 篇；中国科学院大学次之，发文量 8 篇；中国科学院流域地理学重点实验室位列第 3，发文量 5 篇。这表明现阶段长三角生态环境研究领域的主力为中国科学院及高校。

表 3-1 发文量前 10 位机构 单位：篇

序号	科研机构	发文量
1	中国科学院南京地理与湖泊研究所	11
2	中国科学院大学	8
3	中国科学院流域地理学重点实验室	5
4	上海社会科学院生态与可持续发展研究所	4
5	南京航空航天大学经济与管理学院	4
6	浙江海洋学院管理学院	4
7	安徽师范大学国土资源与旅游学院	4
8	南京信息工程大学经济管理学院	3
9	上海理工大学管理学院	3
10	天津理工大学管理学院	3

在跨机构研究方面，由图 3-3 可知发文量前 3 的研究机构：中国科学院南京地理与湖泊研究所、中国科学院大学与中国科学院流域地理学重点实验室形成显著的网络结构，由此说明这三所机构在我国长三角生态环境的研究中学术科研能力较强，但其余各研究机构分布较为零散，节点之间的连线数较少，表明各机构之间的联系不够紧密。

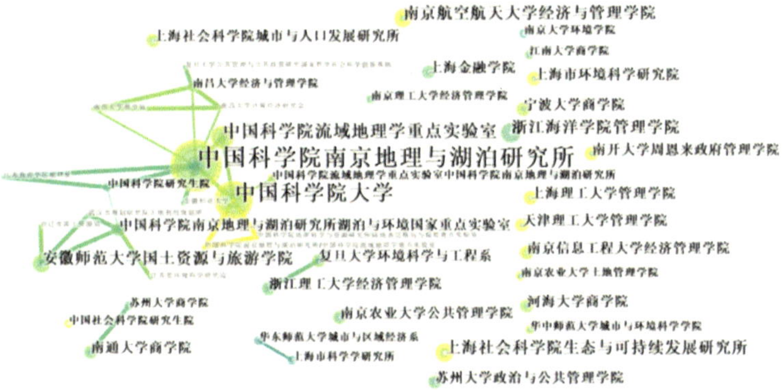

图 3-3　机构共现知识图谱

3.3　研究热点主题分析

运行 CiteSpace 软件，将聚类点设为“keywords”，阈值设为 g-index（k=25），进行关键词的聚类分析从而生成关键词聚类知识图谱（图 3-4）。从图谱的各项参数来看，模块性 Q 值（Modularity：Q）为 0.758，平均轮廓值（Mean Silhouette）为 0.556，两者数值均在合理的范围内，说明本研究聚类效果显著。图中显示了“长江三角洲”“长三角”“生态环境”“城市群”“环境污染”“生态文明”“产业转移”“区域经济”8 个聚类标签，反映了长三角生态环境领域的研究热点现状。

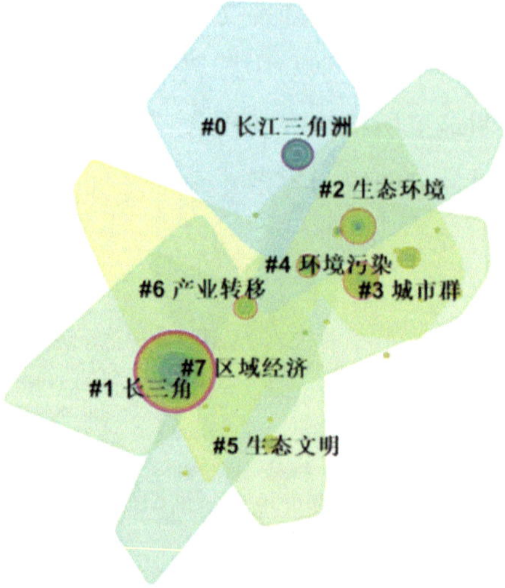

图 3-4　关键词聚类知识图谱

在关键词聚类知识图谱的基础上，使用对数似然率算法提取聚类标签，得到关键词共现网络聚类表（表 3-2）。由于从聚类名称中很难得到关键词所包含的具体信息，因此选取排名前 5 的标签词深入分析各聚类名称所包含的具体内容。

表 3-2　关键词共现网络聚类

聚类号	聚类大小	标签词
0	0.946	长江三角洲；环境治理；水桶模型；支付意愿；承载机制
1	0.974	长三角；生态保护；和谐；钢贸企业；环境基尼系数
2	0.900	生态环境；渔业振兴；水产品出口贸易；渔业资源污染；渔业经济
3	0.864	环境污染；环境库兹涅茨曲线；经济增长；污染天堂假说
4	0.885	城市群；城镇化；融合发展；农户庭院；途径研究
5	0.876	生态文明；创新发展策略；城市生态文明建设；实践；生态市
6	0.924	产业转移；高质量发展；长江经济带；东北地区；习近平
7	0.847	区域经济；环境保护；建设；农业生态

基于聚类信息，结合相关文献，现阶段长三角生态环境相关研究内容分为以下几个方面：

（1）“长三角生态环境污染”研究主题

“长三角生态环境污染”领域包含“长江三角洲”“长三角城市群”“生态环境”等关键词。自 2000 年长江三角洲地区进入快速经济增长期以来，长三角区域在成为我国区域经济一体化发展典范的同时，其生态环境面临巨大的挑战。过度消耗资源能源和粗放的生产方式，导致长三角区域生态破坏问题突出：空间格局变化剧烈、空气污染严重，水生态环境堪忧，土壤重金属污染严重，整体生态环境破坏等问题日益严重。诸如，长三角区域湖泊、流域均受到不同程度的污染，太湖流域污染最为严重。过度开采地下水使上海、江苏等地区造成大面积地面塌陷。随着城市群的扩张，长三角大气污染日益严重，区域 $PM_{2.5}$ 浓度居高不下，秋冬季节频发灰霾污染事件，夏秋季节臭氧污染现象严重。化肥农药超标，工业有害物质排放，导致土壤污染水平呈不同程度的加重。

（2）“长三角生态文明建设”研究主题

“长三角生态文明建设”研究主题领域包含“生态文明”“城市生态文明建设”等关键词。自生态文明建设被明确提出并大力推进以来，长三角区域响应中央部署要求，积极推进区域生态文明协同发展，但生态文明建设仍面临着严重的危机。由于自然、社会、经济长期不协调发展，经济发展与生态保护之间的矛盾成为长三角生态文明建设的主要矛盾。运用科技创新，提升资源利用效率，进行生态修复，从而推动生态文明建设。长三角城市群生态文明协调治理应不断改善城市群生态系统环境，实现协同治理中多主体行为的生态治理，从而有效促进区域生态文明的整体优化。

（3）“长三角高质量发展”研究主题

“长三角高质量发展”领域包含“高质量发展”“创新发展策略”等关键词。2019 年 7 月，中共中央、国务院印发《纲要》，突出强调要紧扣“高质量”和“一体化”两个关键词。区域生态一体化高质量发展是未来长三角区域一体化进程中的重要维度和内容。推进长三角区域生态一体化，要强化区域生态命运共同体意识。完善不同层次的区域生态保护措施；完善长江生态补偿机制；探索区域联防联控的生态治理模式；构建区域生态一体化要素支撑体系。

3.4 研究的前沿演进

运用 CiteSpace 软件结合高突现值的相关文献进一步分析长三角生态环境保护研究所关注的前沿问题及其演进趋势。从图 3-5 中可以看出，1999—2008 年的突现词“长江三角洲”强度较高，体现了长江三角洲这一概念随着国家战略转移的时序修正，贯穿区域发展的各个历史阶段。2015—2017 年的突现词为“长三角地区”和“长江经济带”；2017 年以后出现了“城市群”“生态环境”“长三角城市群”突现词，说明此为目前长三角区域研究的主要发展趋势，努力实现通过改善生态环境以打造和谐的资源节约型和环境友好型的城市群。

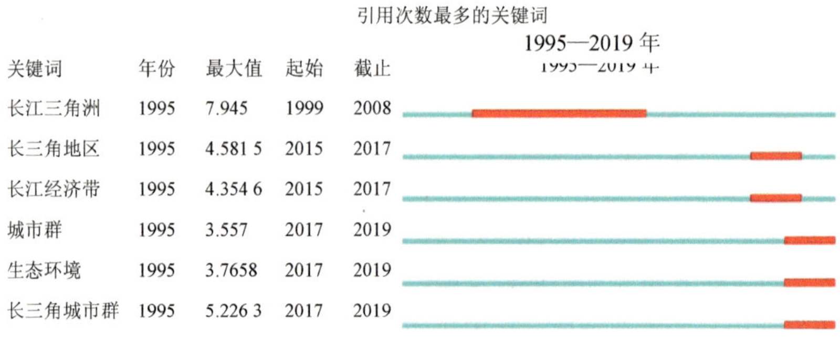

图 3-5 关键词突现

第 4 章

长三角区域生态环境现状

4.1 生态空间格局现状

4.1.1 生态空间格局构成

4.1.1.1 重点生态功能区

长三角区域共有 6 个县（市、区）纳入第一批国家重点生态功能区（图 4-1），分别为安徽省太湖县、岳西县、金寨县、霍山县、潜山县、石台县，总面积为 13 462.76 km^2，均位于大别山水土保持生态功能区。2016 年，全国国家重点生态功能区的县（市、区）数量由原来的 436 个增加至 676 个，长三角区域新增 20 个县（市、区），其中安徽省（9 个）为黄山区、歙县、休宁县、黟县、祁门县、青阳县、泾县、绩溪县、旌德县，浙江省（11 个）为淳安县、文成县、泰顺县、磐安县、常山县、开化县、龙泉市、遂昌县、云和县、庆元县、景宁畲族自治县，新增面积为 36 701.64 km^2。

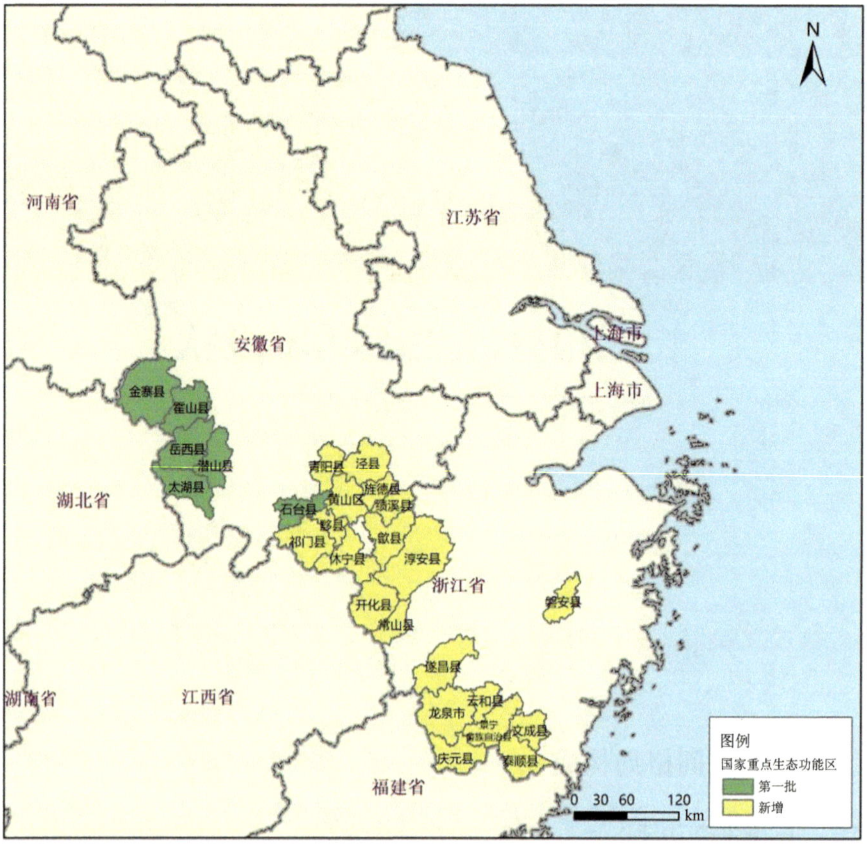

图 4-1 长三角区域国家重点生态功能区分布

4.1.1.2 重要生态功能区

2008 年，环境保护部和中国科学院发布《全国生态功能区划》，初步确定了全国 50 个重要生态服务功能区域，长三角区域共涉及 5 个重要生态功能区域，其中大别山水源涵养重要区涉及安徽省六安等 2 个市 6 个县，苏北滩涂湿地生物多样性保护重要区位于江苏省东部沿海滩涂地带，浙闽赣交界山地生物多样性保护重要区涉及浙江省 10 个县（市），淮河中下游湿地洪水调蓄重要区涉及安徽省 8 个县（市）和江苏省 6 个县（市），安徽沿长江湿地洪水调蓄重要区位于安徽省沿长江两岸地区。2015 年，环境保护部和中国科学院新修编《全国生态功能区划（修编版）》，确定了 63 个重要生态功能区，长三角区域共涉及 7 个重要生态功能区域，其中大别山水源涵养与生物多样性保护重要区涉及安徽省六安、安庆，天目山—怀玉山区水源涵养与生物多样性保护重要区涉及浙江省的杭州、湖州、衢州以及安徽省的宣城、黄山、池州，苏北滨海湿地生物多样性保护重要区位于江苏省东部沿海滩涂地带，浙闽山地生物多样性保护与水源涵养重要区涉及浙江省的温州、丽水、衢州，皖江湿地洪水调蓄重要区位于安徽省沿长江两岸地区，淮河中游湿地洪水调蓄重要区涉及安徽省阜阳、六安和合肥，洪泽湖洪水调蓄重要区涉及江苏省宿迁、淮安，如图 4-2 所示。

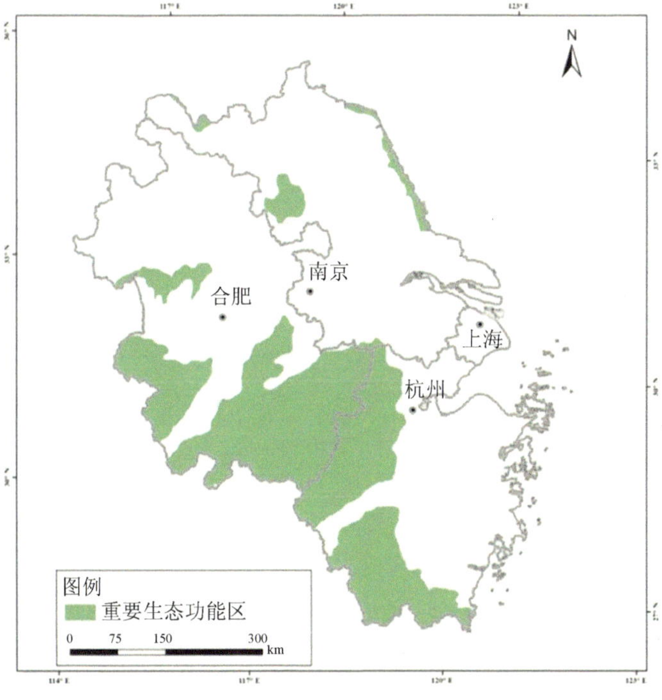

图 4-2　长三角区域重要生态功能区分布

4.1.1.3　自然保护地

长三角区域内各类自然保护地数量超 900 个，总面积超 47 352.22 km^2（表 4-1），占比约 13%，且呈碎片化分布。由于缺乏总体保护规划和科学、系统、规范的自然保护地管理体系，各类生态保护体系的管控与空间范围存在重叠、保护体系不一致，导致生态空间依然存在“保护空缺”，更有一些自然保护地被人为割裂，成为“生态孤岛”，破坏和影响了自然保护地整体生态功能和价值。特别是跨省域的丘陵山地、河湖水系以及各类保护地在保护管理与开发程度等方面不相统一，生态空间保护修复在短期内难以形成“一盘棋”，如长三角海岸沿线分布着众多国家级自然保护区和湿地公园，但相对分散，环境监测、管理措施各不相同，加之沿海经济开发强度大，海岸带地区生物多样性保护面临威胁，适宜生境面积呈下降趋势（图 4-3）。

表 4-1　长三角区域自然保护地面积

地区	上海市	江苏省	安徽省	浙江省	合计
面积/km^2	1 485.29	12 287.04	14 410.29	19 169.59	47 352.22

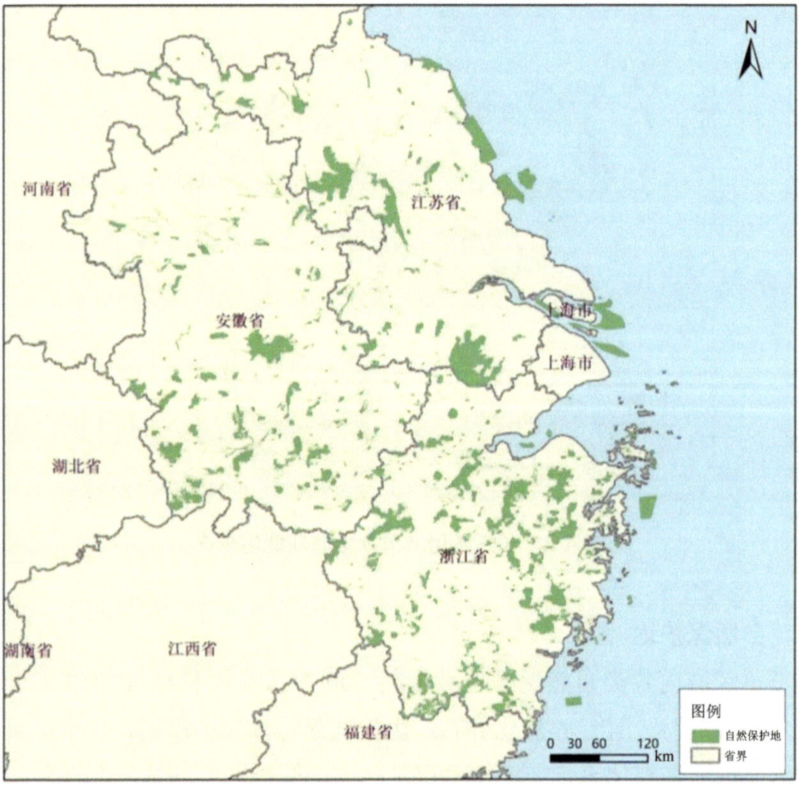

图 4-3　长三角区域自然保护地分布

（1）上海市

上海市目前现有自然保护区 4 处，其中国家级自然保护区（九段沙湿地国家级自然保护区、崇明东滩鸟类国家级自然保护区）和市级自然保护区（长江口中华鲟自然保护区、金山三岛海洋生态系统自然保护区）各 2 处，总面积为 136 819 hm^2（表 4-2）。

表 4-2 上海市自然保护区名录

序号	保护区名称	行政区域	面积/hm^2	主要保护对象	类型	级别	始建时间
沪 01	九段沙湿地	上海市浦东新区	42 020	河口型湿地生态系统、发育早期的河口沙洲地貌、重要经济水产动物种质资源	内陆湿地	国家级	2000 年 3 月 6 日
沪 02	金山三岛	上海市金山区	1 044	海岛生态系统及常绿阔叶林、常绿落叶阔叶混交林	海洋海岸	市级	1991 年 10 月 5 日
沪 03	崇明东滩鸟类	崇明区	24 155	湿地生态系统及珍稀鸟类	野生动物	国家级	1998 年 11 月 16 日
沪 04	长江口中华鲟	崇明区	69 600	中华鲟等珍稀鱼类	野生动物	市级	2002 年 4 月 27 日

为提升保护区监管能力，上海市加大了自然保护区基础设施和能力建设投入，共安排专项资金近 4 亿元。长江口中华鲟自然保护区新建了 5.6 万 m^2 的陆上保护基地。崇明东滩鸟类国家级自然保护区投入 11 亿元实施互花米草生态控制和鸟类栖息地优化项目，建成 26.9 km 围堰，开挖近百公里的各类河道、潮沟，灭除近 2 万亩互花米草，恢复了 3 000 多亩土著海三棱藨草及海水稻，营造了 3 万多亩优质、稳定、可持续管理的水鸟栖息地。长江口中华鲟自然保护区连续开展了 19 次长江口珍稀濒危物种增殖放流活动，累计放流各规格中华鲟 10 489 尾，淞江鲈 113 600 尾，胭脂鱼 132 920 尾，初步掌握了人工增殖放流中华鲟的生长、洄游路径、存活状况、资源贡献和野外生存能力等方面规律，有效地补充了野外中华鲟

等珍稀濒危物种资源，取得了良好的生态效益和社会效益。

（2）江苏省

截至2017年年底，江苏省拥有各级自然保护区31个，其中国家级自然保护区3个，省级自然保护区11个，市级自然保护区9个，县级自然保护区8个（表4-3）。

表4-3 江苏省自然保护区名录

序号	保护区名称	行政区域	面积/hm^2	主要保护对象	类型	级别	始建时间
苏01	南京长江	南京市	8 692	长江江豚及其生境	野生动物	省级	2014年9月10日
苏02	雨花台	南京市雨花台区	0.33	地质剖面	地质遗迹	市级	1984年12月6日
苏03	固城湖	高淳县	2 420	水产资源及湖泊生态系统	野生动物	县级	1987年3月6日
苏04	龙池	宜兴市	123	常绿落叶阔叶混交林及金钱松、天目玉兰等野生植物	森林生态	省级	1981年8月12日
苏05	大洞山	徐州市贾汪区	3 942.02	森林生态系统	森林生态	市级	2001年12月26日
苏06	泉山	徐州市泉山区	370	森林生态系统及野生动植物	森林生态	省级	1984年12月4日
苏07	圣人窝	铜山县	14 930	石灰岩丘陵山地森林生态系统	森林生态	市级	2005年3月23日
苏08	新沂骆马湖湿地	新沂市	22 591	湿地生态系统	内陆湿地	市级	2005年1月1日
苏09	艾山九龙沟	邳州市	1 390	森林生态系统	森林生态	县级	2000年6月29日
苏10	黄墩湖	邳州市	2 840	湿地生态系统	内陆湿地	县级	2005年6月1日
苏11	上黄水母山	溧阳市	40	中华曙猿及其伴生哺乳动物化石	古生物遗迹	省级	1998年11月13日
苏12	天目湖湿地	溧阳市	643.3	湿地生态系统	内陆湿地	县级	2005年3月15日

序号	保护区名称	行政区域	面积/hm^2	主要保护对象	类型	级别	始建时间
苏 13	光福	苏州市吴中区	60.67	北亚热带常绿阔叶林	森林生态	省级	1981 年 8 月 12 日
苏 14	海安沿海防护林和滩涂	海安县	9 113	条斑紫菜、文蛤等浅海水产品及沿海防护林	海洋海岸	县级	2001 年 10 月 23 日
苏 15	启东长江口北支	启东市	21 491	典型河口湿地生态系统及白鹳、中华鲟等珍稀野生动物	野生动物	省级	1989 年 1 月 1 日
苏 16	云台山森林	连云港市连云区	67	暖温带针叶落叶阔叶混交林、红楠	森林生态	省级	1981 年 8 月 12 日
苏 17	涟漪湖黄嘴白鹭	涟水县	3 433	黄嘴白鹭等鸟类	野生动物	省级	1993 年 1 月 1 日
苏 18	洪泽湖东部湿地	洪泽县、淮安市淮阴区、盱眙县	54 000	湖泊湿地生态系统及珍禽	内陆湿地	省级	2004 年 11 月 24 日
苏 19	陡湖湿地	盱眙县	3 341	湿地生态系统及鱼类繁殖地	内陆湿地	市级	2003 年 9 月 9 日
苏 20	铁山寺	盱眙县	2 180	天然次生林、河麂	森林生态	县级	1990 年 7 月 23 日
苏 21	金湖湿地	金湖县	5 800	湿地生态系统	内陆湿地	市级	2003 年 10 月 14 日
苏 22	盐城湿地珍禽	射阳县、东台市、大丰市、响水县、滨海县	247 260	丹顶鹤等珍禽及沿海滩涂湿地生态系统	野生动物	国家级	1983 年 2 月 25 日
苏 23	大丰麋鹿	大丰市	2 666.67	麋鹿、丹顶鹤及湿地生态系统	野生动物	国家级	1986 年 2 月 8 日
苏 24	运西	宝应县	17 500	湿地生态系统	内陆湿地	市级	1996 年 12 月 15 日

序号	保护区名称	行政区域	面积/hm^2	主要保护对象	类型	级别	始建时间
苏 25	高邮湖湿地	高邮市	46 667	湿地生态系统	内陆湿地	县级	2005 年 6 月 15 日
苏 26	高邮渌洋湖	高邮市	834	湿地生态系统及野生动植物	内陆湿地	县级	2003 年 9 月 5 日
苏 27	扬州渌洋湖	江都市	1 500	鸟类等野生动物、森林及湿地	野生动物	市级	1985 年 8 月 24 日
苏 28	镇江长江豚类	镇江市丹徒区	5 730	淡水豚类及其生境	野生动物	省级	2002 年 8 月 30 日
苏 29	宝华山	句容市	133	森林生态系统及野生动植物	森林生态	省级	1981 年 8 月 12 日
苏 30	宿迁骆马湖湿地	宿迁市宿豫区	6 700	湿地生态系统、鸟类及鱼类产卵场	内陆湿地	市级	2005 年 8 月 23 日
苏 31	泗洪洪泽湖湿地	泗洪县	49 365	湿地生态系统、大鸨等鸟类、鱼类产卵场	内陆湿地	国家级	1985 年 7 月 1 日

（3）浙江省

20 世纪 90 年代以来，浙江省自然保护区数量快速增长，类型日趋多样化。截至 2017 年年底，全省拥有各级自然保护区 37 个，其中国家级自然保护区 11 个、省级自然保护区 13 个、县级自然保护区 13 个（表 4-4），形成了类型较为齐全、布局较为合理、功能较为健全的自然保护区网络。

表 4-4 浙江省自然保护区名录

序号	保护区名称	行政区域	面积/hm^2	主要保护对象	类型	级别	始建时间
浙 01	杏梅尖	富阳市	75	森林生态系统及金钱松、穿山甲等野生动植物	森林生态	县级	1991 年 12 月 31 日
浙 02	临安清凉峰	临安市	10 800	梅花鹿、香果树等野生动植物及森林生态系统	森林生态	国家级	1985 年 8 月 7 日

序号	保护区名称	行政区域	面积/hm^2	主要保护对象	类型	级别	始建时间
浙 03	浙江天目山	临安市	4 284	银杏、连香树、金钱松等珍稀植物及森林生态系统	野生植物	国家级	1975 年 5 月 15 日
浙 04	花岙岛	象山县	5 490	海蚀地貌、卵石滩及沙滩	地质遗迹	县级	2002 年 6 月 12 日
浙 05	灵岩山	象山县	1 050	常绿阔叶林及千丈岩景观	森林生态	县级	2002 年 6 月 12 日
浙 06	檀山头岛	象山县	8 030	海洋海岸生态系统及人文景观	海洋海岸	县级	2002 年 6 月 12 日
浙 07	象山红岩	象山县	460	海蚀地貌、卵石滩及沙滩	地质遗迹	县级	2002 年 6 月 12 日
浙 08	象山韭山列岛	象山县	48 478	大黄鱼、曼氏无针乌贼、江豚、鸟类及岛礁生态系统	海洋海岸	国家级	2003 年 4 月 18 日
浙 09	南麂列岛	平阳县	19 600	海洋贝藻类、海洋性鸟类、野生水仙花及其生境	海洋海岸	国家级	1989 年 1 月 10 日
浙 10	承天氡泉	泰顺县	2 249	含氡硅氟复合型热矿泉	地质遗迹	省级	1992 年 9 月 29 日
浙 11	乌岩岭	泰顺县	18 861.5	中亚热带森林生态系统及黄腹角雉、猕猴等珍稀动植物	森林生态	国家级	1975 年 5 月 15 日
浙 12	大洋坑	瑞安市	555	次生常绿阔叶林及黄腹角雉、猕猴等珍稀濒危动植物	森林生态	县级	1995 年 6 月 8 日
浙 13	八都芥	长兴县	250	银杏及其生境	野生植物	县级	1994 年 6 月 22 日
浙 14	白岘洞山	长兴县	2 801	洞山罗岕茶、溶洞	野生植物	县级	1994 年 1 月 5 日
浙 15	顾渚山	长兴县	2 600	紫笋贡茶、人文历史遗迹	野生植物	县级	1993 年 10 月 12 日

序号	保护区名称	行政区域	面积/hm^2	主要保护对象	类型	级别	始建时间
浙 16	长兴地质遗迹	长兴县	275	全球二叠—三叠系界线层型剖面、长兴阶层型剖面及古生物化石	地质遗迹	国家级	1980 年 3 月 14 日
浙 17	长兴扬子鳄	长兴县	122.67	扬子鳄及其生境	野生动物	省级	1988 年 11 月 2 日
浙 18	安吉小鲵	安吉县	1 242.5	安吉小鲵以及银缕梅等珍稀濒危动植物	野生动物	国家级	1985 年 8 月 7 日
浙 19	大庙坞鹭鸟	绍兴县	100	鹭鸟及其生境	野生动物	县级	1999 年 8 月 5 日
浙 20	东白山	诸暨市	5 071.5	香榧种质资源	野生植物	省级	2003 年 12 月 17 日
浙 21	舜江源	绍兴市上虞区	4 852.6	库塘湿地生态系统，小天鹅、鸳鸯等水鸟	内陆湿地	省级	2016 年 1 月 19 日
浙 22	牛头山	武义县	3 000	中亚热带森林生态系统及珍稀野生动物	森林生态	县级	1995 年 12 月 26 日
浙 23	大盘山	磐安县	4 558	野生药用植物资源	野生植物	国家级	1993 年 4 月 20 日
浙 24	夹溪	磐安县	4 500	森林生态系统及野生动植物	森林生态	县级	1994 年 8 月 12 日
浙 25	清明尖	磐安县	6 000	森林生态系统	森林生态	县级	1997 年 12 月 14 日
浙 26	衢江千里岗	衢州市衢江区	1 275.88	森林生态系统及黑麂、白颈长尾雉	森林生态	省级	2015 年 12 月 18 日
浙 27	常山黄泥塘“金钉子”	常山县	2 012	黄泥塘“金钉子”界线层型剖面及西阳山组、华严寺正层型剖面	地质遗迹	省级	1983 年 8 月 1 日

序号	保护区名称	行政区域	面积/hm^2	主要保护对象	类型	级别	始建时间
浙 28	古田山	开化县	8 108	白颈长尾雉、黑鹿、南方红豆杉及常绿阔叶林森林生态系统	野生动物	国家级	1975 年 5 月 15 日
浙 29	江山金钉子地质遗迹	江山市	22.87	国际地科联和国际地层委员会批准的寒武系第九阶全球划分对比标准	地质遗迹	省级	2015 年 6 月 9 日
浙 30	仙霞岭	江山市	6 990	中亚热带常绿阔叶林、黑鹿、白颈长尾雉等	森林生态	省级	2016 年 5 月 3 日
浙 31	五峙山列岛鸟类	舟山市定海区	500	黄嘴白鹭、黑嘴端凤头燕鸥等鸟类	野生动物	省级	1988 年 5 月 23 日
浙 32	仙居括苍山	仙居县	2 701	低海拔沟谷常绿阔叶林和珍稀野生动植物	森林生态	省级	1991 年 1 月 21 日
浙 33	青田鼋	青田县	360.84	鼋及其生境	野生动物	省级	2000年12月11日
浙 34	浙江九龙山	遂昌县	5 525	黑鹿、黄腹角雉、伯乐树、南方红豆杉等野生动植物	森林生态	国家级	1983 年 9 月 3 日
浙 35	凤阳山—百山祖	庆元县、龙泉市	26 051.5	百山祖冷杉等珍稀野生动植物及森林生态系统	森林生态	国家级	1975 年 5 月 15 日
浙 36	大仰湖湿地群	景宁畲族自治县	2 131.2	高山湿地生态系统及珍稀野生动植物	内陆湿地	省级	2013 年 7 月 29 日
浙 37	望东垟高山湿地	景宁畲族自治县	1 194.8	高山湿地生态系统、次生常绿阔叶林及珍稀动植物	内陆湿地	省级	2002 年 2 月 4 日

（4）安徽省

截至 2017 年年底，安徽省拥有各级自然保护区 106 个，其中国家级自然保护区 8 个、省级自然保护区 30 个、市级自然保护区 2 个、县级自然保护区 66 个（表 4-5）。

表 4-5 安徽省自然保护区名录

序号	保护区名称	行政区域	面积/hm²	主要保护对象	类型	级别	始建时间
皖 01	和平鹭鸟	芜湖县	6 870	野生鹭鸟	野生动物	县级	2003 年 3 月 19 日
皖 02	陶辛水韵	芜湖县	3 270	水生生物及湿地生态系统	野生动物	县级	2003 年 3 月 19 日
皖 03	四方湖湿地	怀远县	10 054	湿地生态系统及珍稀水禽	内陆湿地	市级	2004 年 2 月 2 日
皖 04	沱湖	五河县	4 200	湿地生态系统及鸟类	内陆湿地	省级	1994 年 7 月 1 日
皖 05	怀洪新河浍河湿地	固镇县	6 000	湿地生态系统	内陆湿地	市级	2004 年 2 月 2 日
皖 06	石臼湖	当涂县	10 667	湿地生态系统及珍稀水禽	内陆湿地	省级	2001 年 4 月 6 日
皖 07	铜陵淡水豚	铜陵市、贵池市、枞阳县、无为县	31 518	白鱀豚、江豚等珍稀水生生物	野生动物	国家级	1985 年 9 月 15 日
皖 08	安庆沿江湿地	望江县、枞阳县、太湖县	50 332	珍稀水禽及湿地生态系统	内陆湿地	省级	1995 年 11 月 21 日
皖 09	板仓	潜山县	1 523.2	森林生态系统及珍稀动植物、水源涵养林	森林生态	省级	1995 年 11 月 21 日
皖 10	华阳河湖群	宿松县	50 496	珍稀水禽及湿地生态系统	内陆湿地	省级	2013 年 12 月 6 日
皖 11	古井园	岳西县	7 904.3	兰科植物及银缕梅、大别山五针松、白冠长尾雉等珍稀野生动植物	野生植物	国家级	2000 年 3 月 18 日

序号	保护区名称	行政区域	面积/hm^2	主要保护对象	类型	级别	始建时间
皖 12	鹞落坪	岳西县	12 300	北亚热带常绿阔叶林	森林生态	国家级	1991 年 12 月 29 日
皖 13	黄山天湖山	黄山市黄山区	2 174	中亚热带常绿落叶阔叶混交林及珍稀动植物	森林生态	县级	2007 年 10 月 11 日
皖 14	九龙峰	黄山市黄山区	2 720	森林生态系统	森林生态	省级	2001 年 4 月 6 日
皖 15	十里山	黄山市黄山区	1 936.8	中亚热带常绿阔叶林及珍稀动植物	森林生态	省级	1995 年 11 月 21 日
皖 16	西溪湿地	黄山市黄山区	4 710	湿地生态系统	内陆湿地	县级	2007 年 10 月 11 日
皖 17	黄山鸳鸯湖	黄山市徽州区	505	森林生态系统及野生动植物	森林生态	县级	2007 年 6 月 26 日
皖 18	龙门台	黄山市徽州区	196	森林生态系统及野生动植物	森林生态	县级	2007 年 6 月 26 日
皖 19	蜀源	黄山市徽州区	410	森林生态系统	森林生态	县级	2007 年 6 月 26 日
皖 20	天湖	黄山市徽州区	4 500	阔叶林及野生动植物	森林生态	省级	2000 年 3 月 18 日
皖 21	小容	黄山市徽州区	393	森林生态系统及野生动植物	森林生态	县级	2007 年 6 月 26 日
皖 22	白石岩	歙县	1 723	森林生态系统	森林生态	县级	2007 年 9 月 2 日
皖 23	天龙	歙县	2 485.3	森林生态系统	森林生态	县级	2007 年 9 月 2 日
皖 24	岭南	休宁县	2 771	森林生态系统及野生动植物	森林生态	省级	1995 年 11 月 21 日
皖 25	六股尖	休宁县	2 747	森林生态系统及野生动植物	森林生态	省级	2006 年 4 月 17 日

序号	保护区名称	行政区域	面积/hm²	主要保护对象	类型	级别	始建时间
皖 26	马金岭	休宁县	4 005	森林生态系统及野生动植物	森林生态	县级	2007 年 8 月 10 日
皖 27	五溪山	黟县	4 050	森林生态系统及珍稀动植物	森林生态	省级	2000 年 3 月 18 日
皖 28	黟县清溪	黟县	3 000	金头闭壳龟、黑麂、南方红豆杉	野生动物	县级	2007 年 8 月 22 日
皖 29	柏溪	祁门县	79.8	常绿阔叶林	森林生态	县级	2007 年 9 月 10 日
皖 30	查茗	祁门县	450.2	常绿阔叶林	森林生态	县级	2007 年 9 月 10 日
皖 31	查湾	祁门县	1 600	森林生态系统及珍稀动植物	森林生态	省级	2001 年 4 月 6 日
皖 32	朝山	祁门县	130.2	常绿阔叶林	森林生态	县级	2007 年 9 月 10 日
皖 33	赤岭	祁门县	399.8	常绿阔叶林	森林生态	县级	2007 年 9 月 10 日
皖 34	大北	祁门县	117.8	常绿阔叶林	森林生态	县级	2007 年 9 月 10 日
皖 35	大洪	祁门县	122.3	森林生态系统及红豆杉、樟树、黑麂、猕猴等野生动植物	森林生态	县级	2007 年 9 月 10 日
皖 36	大洪岭	祁门县	2 265	常绿阔叶林	森林生态	县级	2007 年 9 月 10 日
皖 37	大中	祁门县	111.5	森林生态系统及黑麂等动植物	森林生态	县级	2007 年 9 月 10 日
皖 38	大字号	祁门县	175	常绿阔叶林及野生动物	森林生态	县级	2007 年 9 月 10 日
皖 39	倒湖	祁门县	110.6	常绿阔叶林	森林生态	县级	2007 年 9 月 10 日

序号	保护区名称	行政区域	面积/hm^2	主要保护对象	类型	级别	始建时间
皖 40	东源	祁门县	548.8	常绿阔叶林及落叶阔叶林	森林生态	县级	2007 年 9 月 10 日
皖 41	方坑	祁门县	198.4	常绿阔叶林	森林生态	县级	2007 年 9 月 10 日
皖 42	凫坑	祁门县	173.8	常绿阔叶林	森林生态	县级	2007 年 9 月 10 日
皖 43	凫源	祁门县	230.8	常绿阔叶林	森林生态	县级	2007 年 9 月 10 日
皖 44	高峰	祁门县	137.6	常绿落叶阔叶林	森林生态	县级	2007 年 9 月 10 日
皖 45	高源	祁门县	239.8	常绿落叶阔叶林	森林生态	县级	2007 年 9 月 10 日
皖 46	古牛绛	祁门县、石台县	6 713.3	森林生态系统及珍稀动植物	森林生态	国家级	1982 年 6 月 1 日
皖 47	光辉	祁门县	240	常绿落叶阔叶林	森林生态	县级	2007 年 9 月 10 日
皖 48	广大	祁门县	361.5	常绿阔叶林	森林生态	县级	2007 年 9 月 10 日
皖 49	广联	祁门县	820.8	常绿阔叶林	森林生态	县级	2007 年 9 月 10 日
皖 50	恒峰	祁门县	231.4	常绿阔叶林	森林生态	县级	2007 年 9 月 10 日
皖 51	红旗	祁门县	175.7	常绿阔叶林	森林生态	县级	2007 年 9 月 10 日
皖 52	黄荆	祁门县	273.2	常绿阔叶林	森林生态	县级	2007 年 9 月 10 日
皖 53	金山	祁门县	693.9	常绿阔叶林	森林生态	县级	2007 年 9 月 10 日
皖 54	九龙洪	祁门县	181.5	常绿阔叶林	森林生态	县级	2007 年 9 月 10 日

序号	保护区名称	行政区域	面积/hm^2	主要保护对象	类型	级别	始建时间
皖 55	李源	祁门县	197.8	毛竹林	森林生态	县级	2007 年 9 月 10 日
皖 56	历溪	祁门县	588.3	常绿落叶阔叶林	森林生态	县级	2007 年 9 月 10 日
皖 57	林村	祁门县	131	常绿阔叶林	森林生态	县级	2007 年 9 月 10 日
皖 58	龙安	祁门县	648.8	常绿阔叶林	森林生态	县级	2007 年 9 月 10 日
皖 59	罗村	祁门县	191.2	常绿阔叶林	森林生态	县级	2007 年 9 月 10 日
皖 60	螺丝坑	祁门县	128	常绿阔叶林	森林生态	县级	2007 年 9 月 10 日
皖 61	祁门佛子岭	祁门县	166	常绿阔叶林及野生动物	森林生态	县级	2007 年 9 月 10 日
皖 62	祁门七一	祁门县	591.2	常绿阔叶林	森林生态	县级	2007 年 9 月 10 日
皖 63	祁门清溪	祁门县	271.8	常绿阔叶林	森林生态	县级	2007 年 9 月 10 日
皖 64	祁门胜利	祁门县	959	中亚热带常绿落叶阔叶林	森林生态	县级	2007 年 9 月 10 日
皖 65	祁山	祁门县	102	常绿阔叶林	森林生态	县级	2007 年 9 月 10 日
皖 66	溶口	祁门县	615.8	常绿阔叶林	森林生态	县级	2007 年 9 月 10 日
皖 67	箬坑	祁门县	147.1	常绿阔叶林	森林生态	县级	2007 年 9 月 10 日
皖 68	三丰	祁门县	428.4	常绿阔叶林	森林生态	县级	2007 年 9 月 10 日
皖 69	十谷	祁门县	248.3	中亚热带常绿落叶阔叶林	森林生态	县级	2007 年 9 月 10 日

序号	保护区名称	行政区域	面积/hm^2	主要保护对象	类型	级别	始建时间
皖 70	宋家山	祁门县	265	常绿阔叶林及野生动物	森林生态	县级	2007 年 9 月 10 日
皖 71	桃里源	祁门县	175	常绿阔叶林及野生动物	森林生态	县级	2007 年 9 月 10 日
皖 72	文堂	祁门县	127.8	常绿阔叶林	森林生态	县级	2007 年 9 月 10 日
皖 73	西坑	祁门县	138	常绿阔叶林	森林生态	县级	2007 年 9 月 10 日
皖 74	湘东	祁门县	922.7	常绿落叶阔叶林	森林生态	县级	2007 年 9 月 10 日
皖 75	响潭	祁门县	127	常绿落叶阔叶林	森林生态	县级	2007 年 9 月 10 日
皖 76	新岭	祁门县	165	常绿阔叶林	森林生态	县级	2007 年 9 月 10 日
皖 77	新溪	祁门县	141.6	常绿阔叶林	森林生态	县级	2007 年 9 月 10 日
皖 78	新源	祁门县	304	常绿阔叶林	森林生态	县级	2007 年 9 月 10 日
皖 79	永胜	祁门县	1 181.4	常绿落叶阔叶林	森林生态	县级	2007 年 9 月 10 日
皖 80	余源	祁门县	242.3	常绿阔叶林	森林生态	县级	2007 年 9 月 10 日
皖 81	渚口	祁门县	171.6	常绿阔叶林	森林生态	县级	2007 年 9 月 10 日
皖 82	皇甫山	滁州市南谯区	3 600	北亚热带落叶阔叶林及珍稀动植物	森林生态	省级	1982 年 6 月 1 日
皖 83	女山湖	明光市	21 000	湿地生态系统及水生动植物	内陆湿地	省级	2006 年 4 月 17 日
皖 84	颍州西湖	阜阳市颍州区、颍泉区、阜南县	11 000	湿地生态系统及水生生物	内陆湿地	省级	2002 年 4 月 22 日

序号	保护区名称	行政区域	面积/hm²	主要保护对象	类型	级别	始建时间
皖 85	楸树竹园鸟类	临泉县	20 000	鸟类及其生境	森林生态	县级	2000 年 3 月 29 日
皖 86	八里河	颍上县	14 600	白鹳、白头鹤、大鸨、琵鹭、鸳鸯等珍稀鸟类及其生境	野生动物	省级	2001 年 4 月 6 日
皖 87	大方寺	宿州市埇桥区	2 080	落叶阔叶次生林及野生动植物	森林生态	省级	2006 年 4 月 17 日
皖 88	砀山黄河故道	砀山县	2 180	湿地生态系统和越冬水禽	内陆湿地	省级	2010 年 10 月 15 日
皖 89	砀山酥梨	砀山县	8 892	砀山酥梨种质资源	野生植物	省级	2000 年 12 月 22 日
皖 90	皇藏峪	萧县	2 067	暖温带落叶阔叶林及银杏等	森林生态	省级	1982 年 6 月 1 日
皖 91	萧县黄河故道湿地	萧县	6 316	湿地生态系统	内陆湿地	省级	2009 年 9 月 15 日
皖 92	沱河	泗县	2 463	珍稀水禽及其生境	内陆湿地	省级	2009 年 1 月 1 日
皖 93	东西湖	霍邱县	14 200	水鸟及其生境	野生动物	省级	2001 年 4 月 6 日
皖 94	舒城万佛山	舒城县	1 936	北亚热带常绿阔叶林及珍稀动植物	森林生态	省级	1987 年 8 月 1 日
皖 95	金寨天马	金寨县	28 913.7	北亚热带常绿落叶阔叶混交林及珍稀动植物	森林生态	国家级	1982 年 6 月 1 日
皖 96	霍山佛子岭	霍山县	6 667	水源涵养林、珍稀野生动植物	森林生态	省级	2000 年 12 月 22 日
皖 97	老山	池州市贵池区	13 855	亚热带常绿阔叶林森林生态系统及金钱松、云豹、珍稀鸟类	森林生态	省级	2001 年 4 月 6 日

序号	保护区名称	行政区域	面积/hm^2	主要保护对象	类型	级别	始建时间
皖 98	十八索	池州市贵池区	3 651.6	湿地生态系统及白鹳、小天鹅等珍稀鸟类	内陆湿地	省级	2001 年 4 月 6 日
皖 99	升金湖	东至县、池州市贵池区	33 400	白鹳等珍稀鸟类及湿地生态系统	野生动物	国家级	1986 年 2 月 4 日
皖 100	紫石塔	东至县	6 670	森林生态系统及野生动物	森林生态	县级	1998 年 8 月 1 日
皖 101	盘台	青阳县	540	森林生态系统及野生动植物	森林生态	省级	2006 年 4 月 17 日
皖 102	安徽扬子鳄	宣城市宣州区、郎溪县、广德县、泾县、南陵县	18 565	扬子鳄及其生境	野生动物	国家级	1979 年 1 月 1 日
皖 103	广德泰山	广德县	3 762	亚热带常绿阔叶林及珍稀动植物	森林生态	省级	2015 年 5 月 27 日
皖 104	汀溪	泾县	7 000	森林生态系统	森林生态	县级	2005 年 4 月 18 日
皖 105	安徽清凉峰	绩溪县、歙县	7 811.2	中亚热带常绿阔叶林及珍稀濒危动植物	森林生态	国家级	1979 年 1 月 1 日
皖 106	板桥	宁国市	5 000	北中亚热带常绿阔叶林及珍稀动植物	森林生态	省级	1995 年 11 月 21 日

4.1.2 自然生态系统构成及其历史演变动态

2019 年，长三角区域自然生态系统总面积为 14.48 万 km^2，占区域陆域土地面积的 40.4%，低于全国（76.8%），也低于珠三角地区（69.7%）和京津冀地区（43.1%）。目前，长三角区域林地、草地、湿地和其他生态用地的面积分别为 10.95 万 km^2、0.15 万 km^2、3.32 万 km^2 和 0.06 万 km^2，各占区域陆域总面积的 30.6%、0.4%、9.3%和 0.1%，如表 4-6 和图 4-4 所示。

表 4-6　2019 年长三角区域自然生态系统构成及其面积比例

	林地	草地	湿地	其他
面积/万 km^2	10.95	0.15	3.32	0.06
面积比例/%	30.60	0.42	9.27	0.15

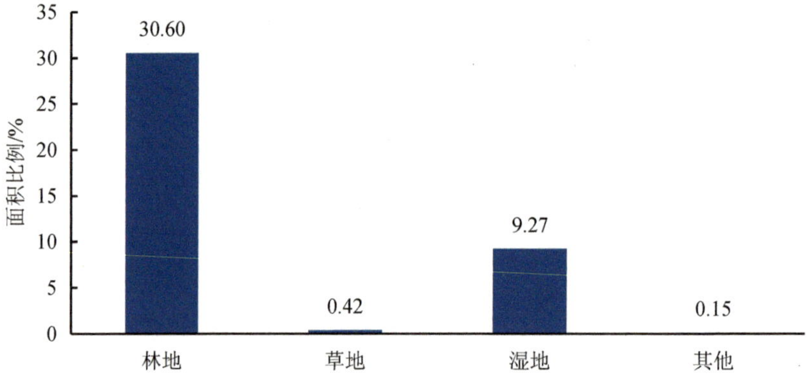

图 4-4　2019 年长三角区域自然生态系统构成及其面积比例

据统计，2000—2019 年，长三角区域草地面积下降了 69.7%（全国降幅为 13.2%），建设用地面积增长了 43.0%（全国增幅为 49.6%），湿地面积下降了 4.3%（全国增幅为 12.8%），耕地面积下降了 8.3%（全国降幅为 3.3%）。以长三角城市群 26 个城市为例，2000—2019 年因城镇扩张年均侵占农田、湿地和森林面积超过 1 000 km^2，如表 4-7、表 4-8 和图 4-5、图 4-6 所示。

表 4-7　2000—2019 年长三角区域自然生态系统面积　　单位：km^2

年份	自然生态系统					耕地	建设用地
	合计	林地	草地	湿地	其他		
2000	144 844.86	104 642.24	4 953.34	34 685.96	563.31	172 944.32	36 267.25
2005	144 466.83	105 805.15	3 983.18	34 230.82	447.68	167 254.61	42 553.36
2010	143 940.38	105 854.08	3 866.50	33 855.02	364.77	136 603.91	72 866.11
2015	144 936.35	110 618.29	1 828.68	32 335.73	153.65	149 150.72	59 293.20
2019	144 777.64	109 548.52	1 503.05	33 185.49	540.59	158 628.81	51 846.68

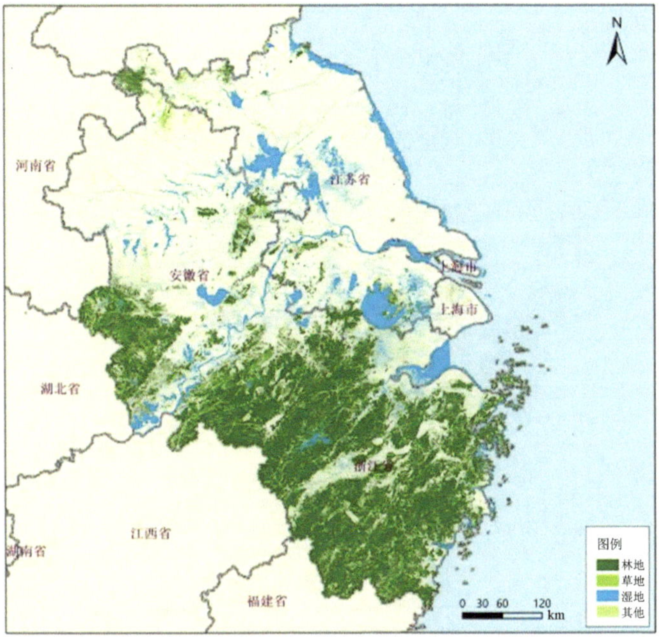

2000 年自然生态系统分布

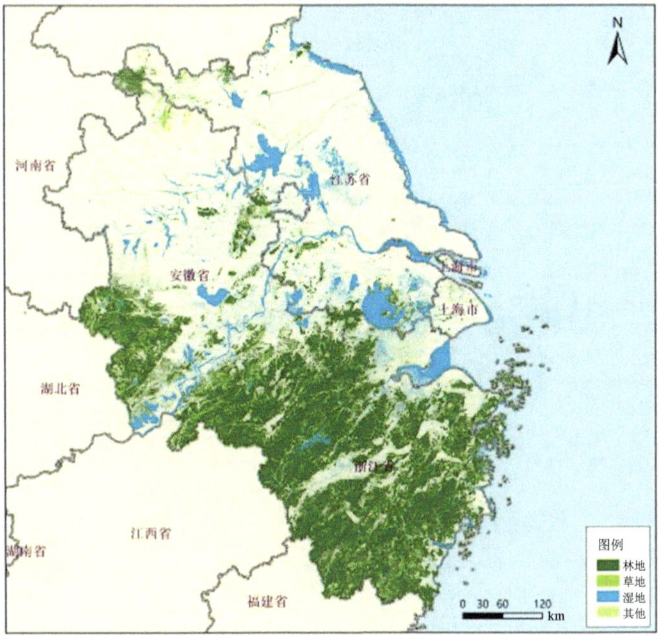

2005 年自然生态系统分布

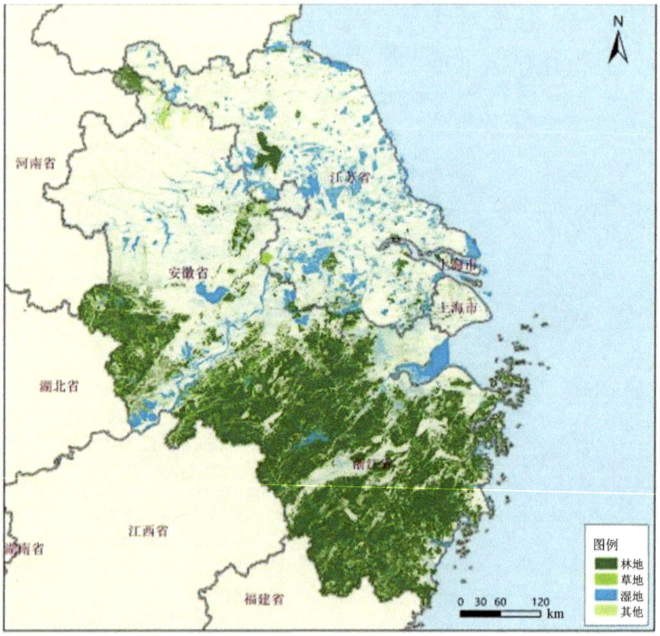

2010 年自然生态系统分布

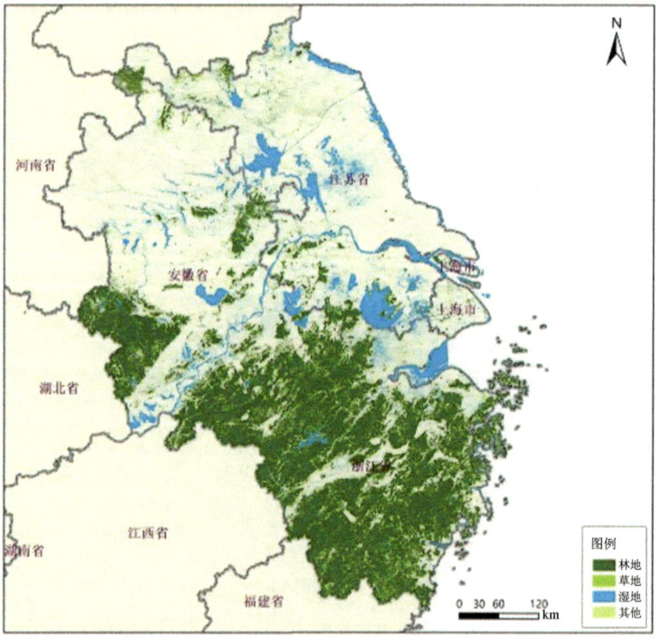

2015 年自然生态系统分布

图 4-5　长三角区域自然生态系统空间分布变化

表 4-8　2000—2019 年长三角区域不同土地利用类型变化情况

时间	自然生态系统					耕地	建设用地
	合计	林地	草地	湿地	其他		
2000—2010 年	−0.62%	1.16%	−21.94%	−2.40%	−35.25%	−21.01%	100.91%
2010—2015 年	0.69%	4.50%	−52.70%	−4.49%	−57.88%	9.18%	−18.63%
2015—2019 年	−0.11%	−0.97%	−17.81%	2.63%	251.83%	6.35%	−12.56%
2000—2019 年	−0.05%	4.69%	−69.66%	−4.33%	−4.03%	−8.28%	42.96%
2010—2019 年	0.58%	3.49%	−61.13%	−1.98%	48.20%	16.12%	−28.85%

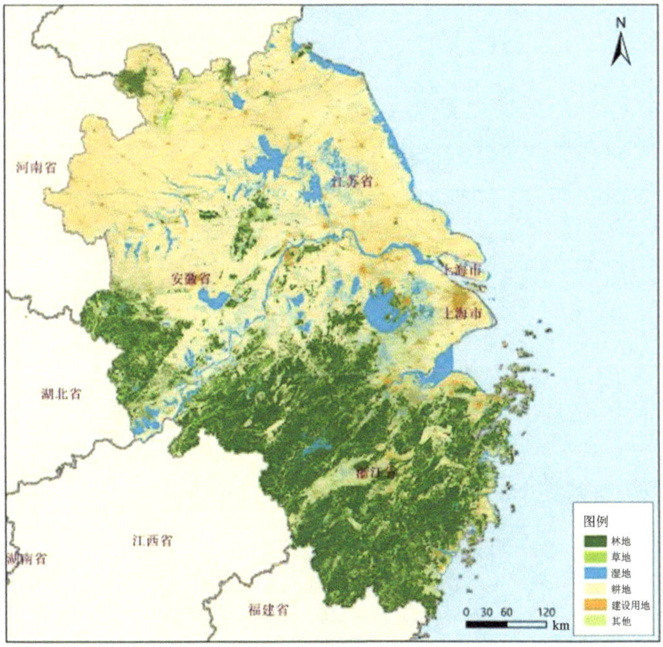

2000 年土地利用类型分布

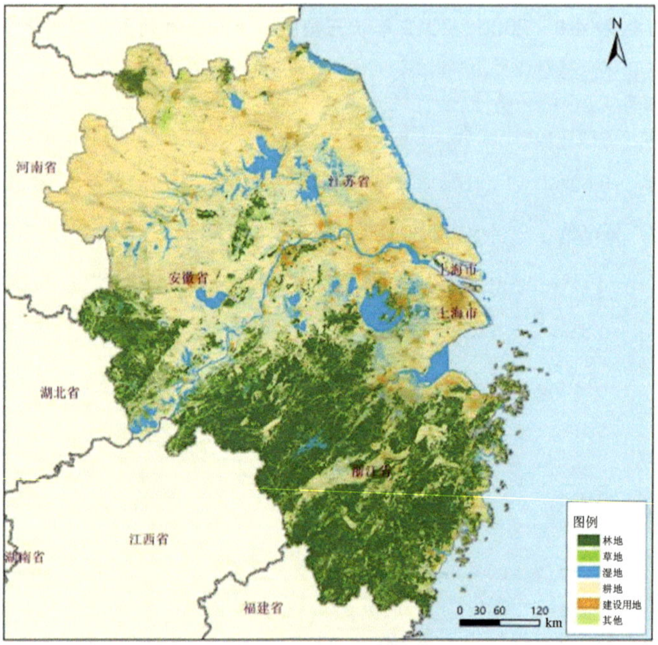

2005 年土地利用类型分布

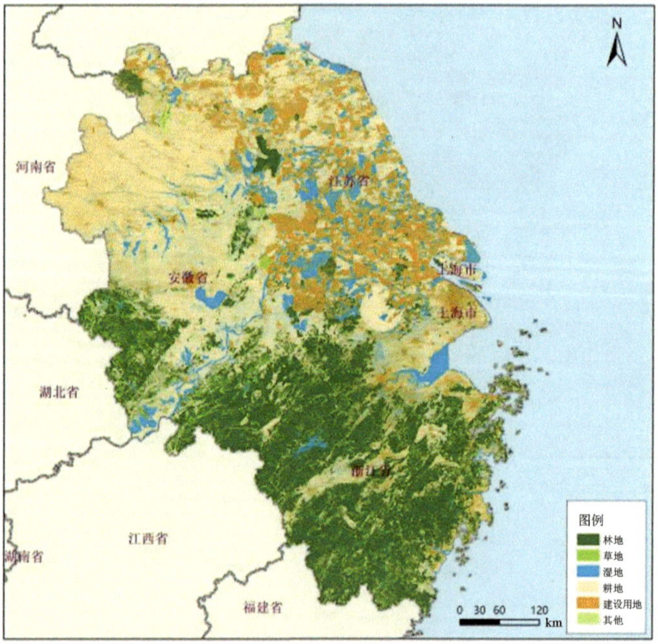

2010 年土地利用类型分布

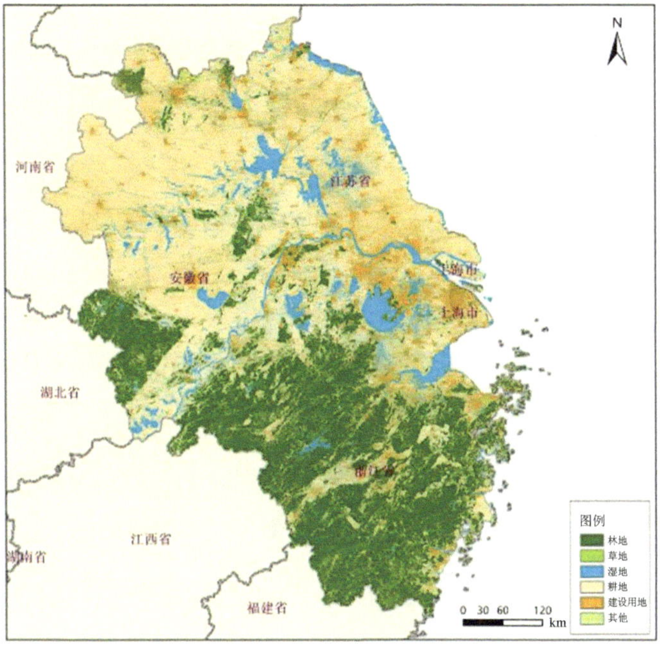

2015 年土地利用类型分布

图 4-6　长三角区域土地利用类型分布变化

4.1.3　生态系统服务功能及其历史演变动态

2015 年，长三角区域生态系统服务功能极重要区占区域陆域总面积的 28.60%，其中，水源涵养、生物多样性维持、水土保持功能极重要区分别占区域陆域总面积的 19.4%、14.3%、8.6%，与 2010 年相比，生态系统服务功能极重要区域面积比例提高了 2.99%，如表 4-9、表 4-10 和图 4-8、图 4-8 所示。

表 4-9　2015 年长三角区域生态系统服务功能重要及极重要区域面积和比例

生态系统服务功能	水源涵养		水土保持		生物多样性维持	
	面积/km²	面积比例/%	面积/km²	面积比例/%	面积/km²	面积比例/%
重要	30 361.00	8.48	26 909.19	7.52	57 062.17	15.94
极重要	69 511.00	19.42	30 605.05	8.55	51 303.83	14.33

表 4-10　长三角区域生态系统服务功能重要及极重要区域面积及比例变化

生态系统服务功能	2010 年		2015 年	
	面积/km²	面积比例/%	面积/km²	面积比例/%
重要	24 593.07	6.87	40 021.31	11.18
极重要	91 682.37	25.61	102 379.87	28.60

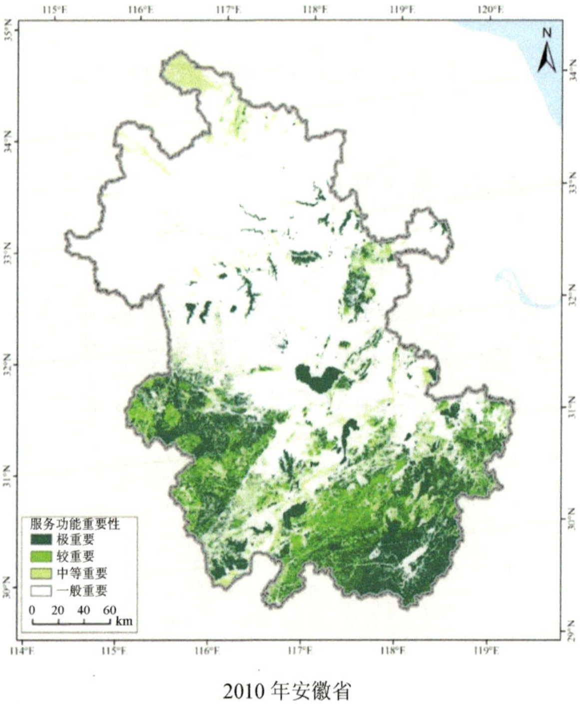

2010 年安徽省

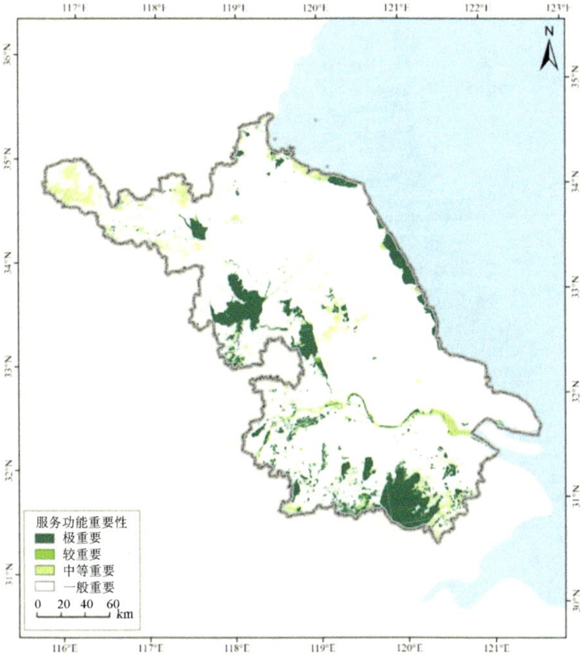

2010年江苏省

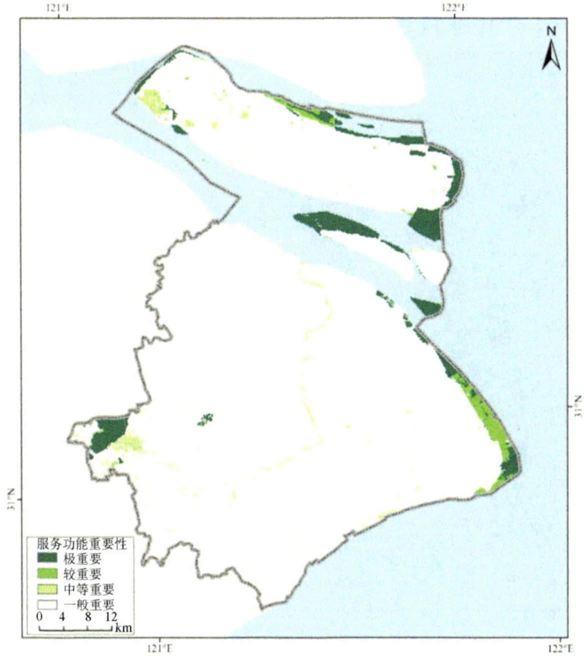

2010年上海市

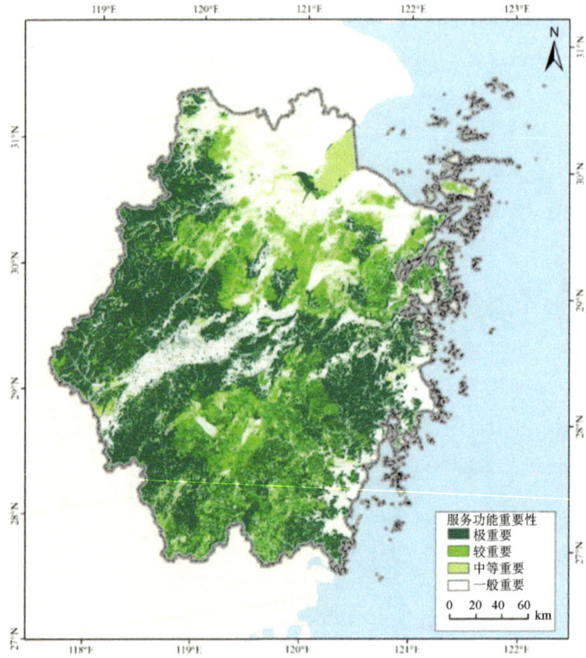

2010 年浙江省

图 4-7　2010 年长三角区域生态系统服务功能重要性空间分布

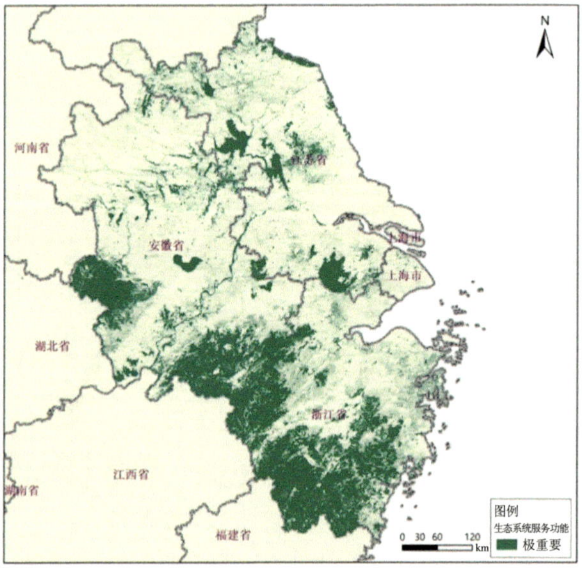

2015 年生态系统服务功能极重要区域

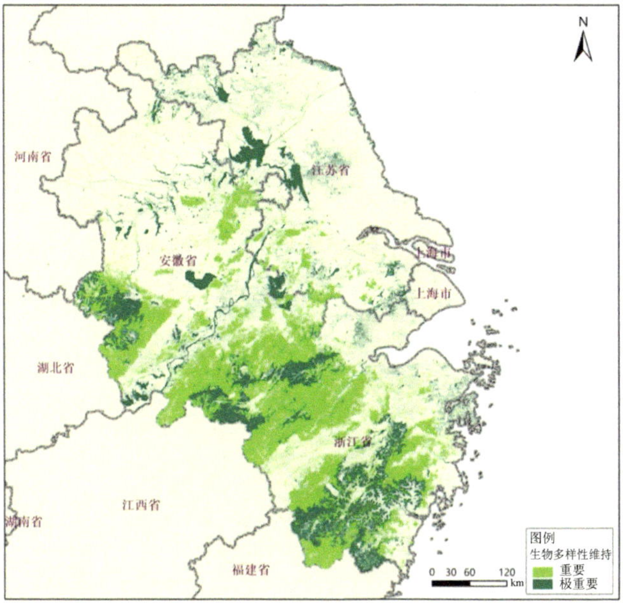

2015 年生物多样性维持重要及极重要区域

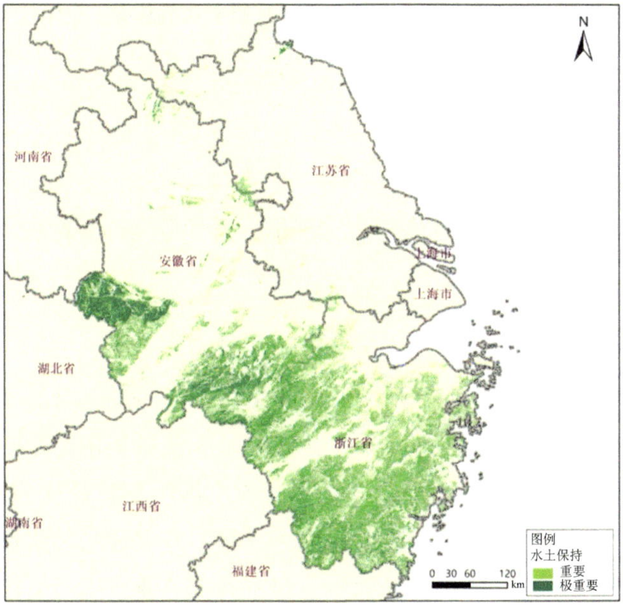

2015 年水土保持重要及极重要区域

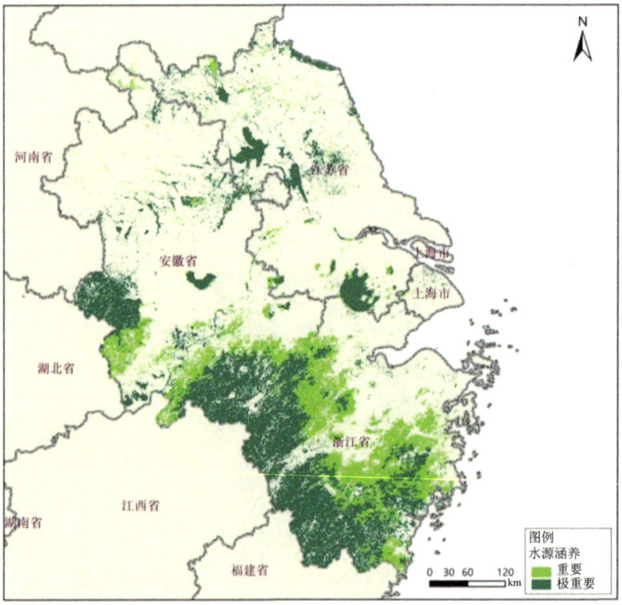

2015 年水源涵养重要及极重要区域

图 4-8　2015 年长三角区域生态系统服务功能重要性空间分布

4.2　水环境现状

4.2.1　基于第二次全国污染源普查的长三角区域污染物入水体负荷量分析

4.2.1.1　总体情况

入水体的污染负荷量主要包括工业源和生活源排污量，以及农业源入水体负荷量，核算的主要污染物包括氨氮、总氮和总磷。工业源和生活源排污量，从 2007 年的第一次全国污染源普查到 2017 年的第二次全国污染源普查（以下简称“二污普”），根据“二污普”专网统计数据测算。目前，为了量化农业源（种植与畜禽养殖）对水环境的影响，“二污普”在种植业和畜禽养殖业产排污量普查的基础上，开展了农业源入水体系数和负荷的测算工作，在涉水污染源污染物普查结果的基础上，对长江经济带水污染物入水体量进行汇总分析。

长三角区域涉水污染源总氮、氨氮和总磷入水体负荷量分别为 37.47 万 t、13.01 万 t 和 2.39 万 t，分别占全国对应污染入水体负荷量的 17.06%、5.38%和 15.00%，分别占长三角区域对应污染物排放量的 72.37%、83.99%和 48.12%（表 4-11）。

表 4-11　长三角区域污染物入水体负荷和排放量比例

污染物类型	入水体负荷量/万 t	排放量/万 t	占全国污染物入水体负荷量比例/%	占长三角区域污染物排放量比例/%	其中农业源入水体负荷量占排放量比例/%	其中工业源入水体负荷量占排放量比例/%	其中生活源入水体负荷量占排放量比例/%
总氮	37.47	51.78	17.06	72.37	20.92	11.77	67.07
氨氮	13.01	15.49	15.87	83.99	8.13	8.84	82.78
总磷	2.39	4.97	15.00	48.12	29.49	7.11	63.39

注：集中式入水体负荷量占排放量的比重未计入。

4.2.1.2　总氮

长三角区域总氮入水体负荷量较高的前两个省份依次为江苏省和浙江省，这两个省份总氮入水体负荷量占长三角各地区总氮入水体负荷总量的 65.97%。长江经济带水污染物总氮平均入水体负荷强度为 369.52 kg/km^2，而长三角区域水污染物总氮平均入水体负荷强度高达 763.55 kg/km^2，其中入水体负荷强度前两位的省份依次为上海市和江苏省，负荷强度依次为 3 086.14 kg/km^2 和 981.70 kg/km^2，其空间分布情况见表 4-12 和图 4-9。

表 4-12　长三角区域污染源总氮入水体负荷和排放量比例

行政区划名称	入水体负荷量/万 t	排放量/万 t	占比/%	其中农业源入水体负荷量占排放量比例/%	其中工业源入水体负荷量占排放量比例/%	其中生活源入水体负荷量占排放量比例/%
上海市	3.44	3.52	97.73	5.18	8.71	84.68
江苏省	14.36	21.33	67.32	15.93	15.74	68.25
浙江省	10.36	12.10	85.62	24.47	13.13	62.17
安徽省	9.31	14.83	62.78	30.50	5.26	64.15

注：集中式入水体负荷量占排放量的比重未计入。

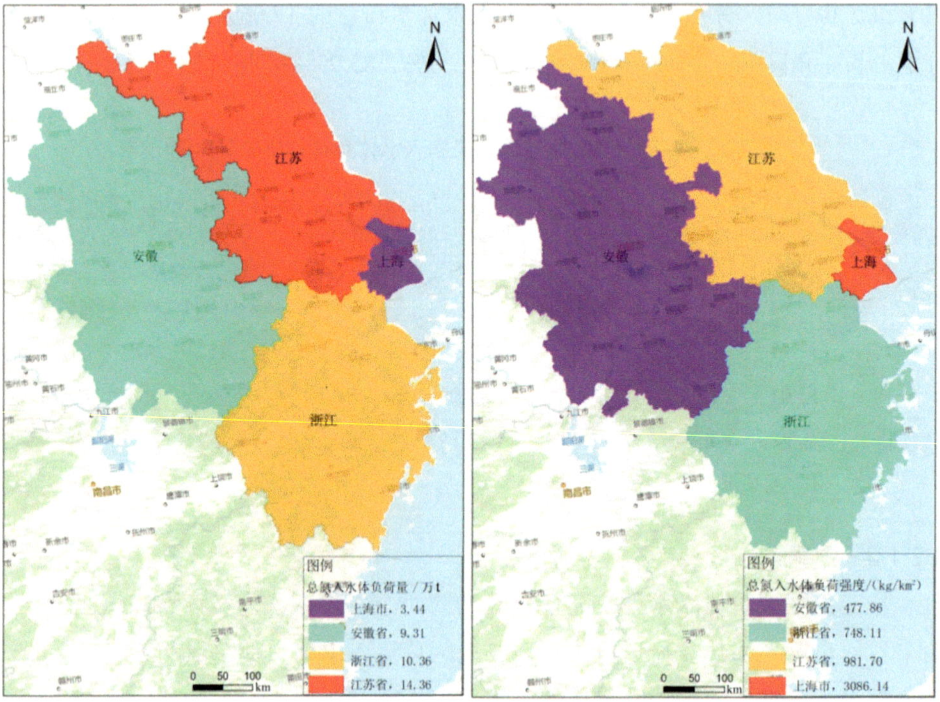

图 4-9 长三角区域总氮入水体负荷量和负荷强度空间分布

4.2.1.3 氨氮

长三角区域氨氮入水体负荷量较高的前两个省份依次为江苏省和安徽省，这两个省份氨氮入水体负荷量占长三角各地区氨氮入水体负荷总量的 69.72%。长江经济带水污染物氨氮平均入水体负荷强度为 144.65 kg/km^2，而长三角区域水污染物氨氮平均入水体负荷强度高达 265.11 kg/km^2，其中入水体负荷强度前两位的省份依次为上海市和江苏省，负荷强度依次为 959.93 kg/km^2 和 385.57 kg/km^2，其空间分布情况见表 4-13 和图 4-10。

表 4-13　长三角区域污染源氨氮入水体负荷和排放量比例

行政区划名称	入水体负荷量/万 t	排放量/万 t	占比/%	其中农业源入水体负荷量占排放量比例/%	其中工业源入水体负荷量占排放量比例/%	其中生活源入水体负荷量占排放量比例/%
上海市	1.07	1.09	98.17	2.46	5.58	89.54
江苏省	5.64	7.02	80.34	5.16	14.18	80.59
浙江省	2.87	3.09	92.88	12.92	5.92	80.95
安徽省	3.43	4.29	79.95	10.78	3.50	85.66

注：集中式入水体负荷量占排放量的比重未计入。

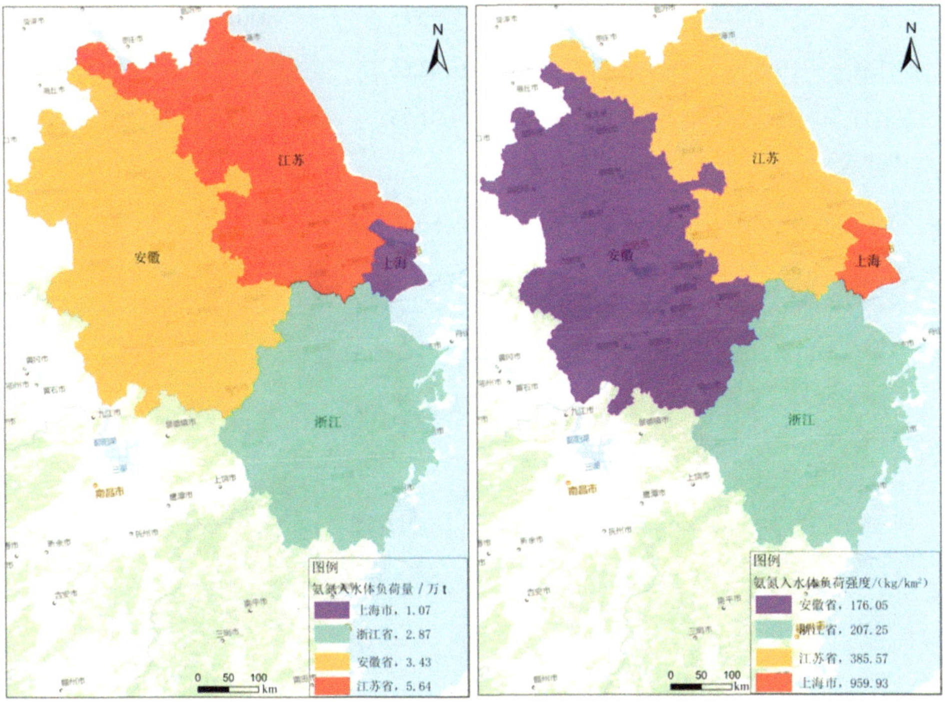

图 4-10　长三角区域氨氮入水体负荷量及负荷强度空间分布

4.2.1.4　总磷

长三角区域总磷入水体负荷量较高的前两个省份依次为江苏省和安徽省，这两个省份总磷入水体负荷量占长三角各地区总磷入水体负荷总量的 69.04%。长江经济带水污染物总磷平均入水体负荷强度为 27.29 kg/km^2，然而长三角区域水污染物总磷平均入水体负荷强度高达 48.70 kg/km^2，其中入水体负荷强度前两位的省份依次为上海市和江苏省，负荷强度依次为 116.63 kg/km^2 和 61.53 kg/km^2，其空间分布情况见表 4-14 和图 4-11。

表 4-14　长三角区域污染源总磷入水体负荷和排放量比例

行政区划名称	入水体负荷量/万 t	排放量/万 t	占比/%	其中农业源入水体负荷量占排放量比例/%	其中工业源入水体负荷量占排放量比例/%	其中生活源入水体负荷量占排放量比例/%
上海市	0.13	0.15	86.67	11.49	7.44	80.33
江苏省	0.90	2.10	42.86	20.75	11.07	68.18
浙江省	0.61	0.99	61.62	43.66	4.96	51.22
安徽省	0.75	1.74	43.10	31.75	4.01	64.24

注：集中式入水体负荷量占排放量的比重未计入。

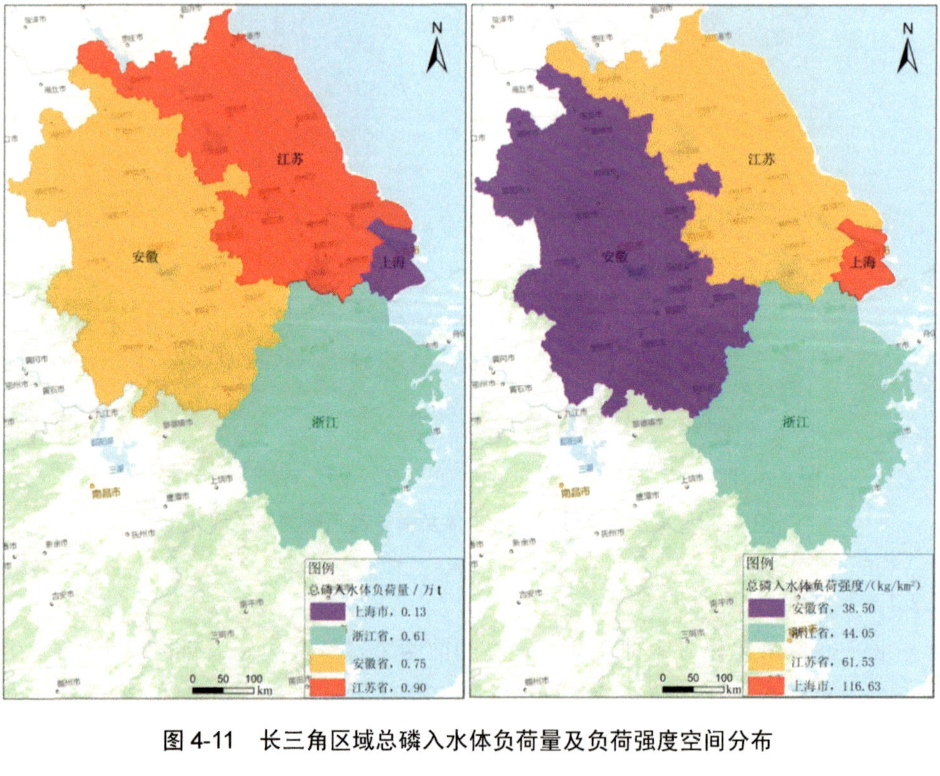

图 4-11　长三角区域总磷入水体负荷量及负荷强度空间分布

4.2.1.5　主要结论

长三角区域涉水污染源氨氮入水体负荷量4.41万t，总氮入水体负荷量37.47万t，总磷入水体负荷量2.39万t，分别占全国对应污染入水体负荷量的5.38%、17.06%和15.00%。

从涉水污染源污染物入水体负荷量来看，长三角区域氨氮、总氮和总磷入水体负荷量较高的省份为江苏省、安徽省和浙江省。

从各污染源污染物入水体负荷占排放量比例来看，氨氮、总氮和总磷的污染主要来源于生活源和农业源。上海市和江苏省以生活源为主；浙江省和安徽省的农业面源污染占比较其他省份更高，尤其是浙江省总磷农业源入水体占比接近50%。

从涉水污染源污染物入水体排放强度来看，上海市和江苏省的氨氮、总氮和总磷的入水体强度都位于长三角区域各省份的前两位，且远高于长江经济带平均强度。

4.2.2　长三角国控断面水质数据分析

“十三五”期间，长三角区域国控断面共计 367 个，其中，安徽省 116 个，江苏省 124 个，上海市 23 个，浙江省 104 个；河流国控断面 308 个，湖库断面 59 个。根据重点流域“十四五”规划统计数据，在“十四五”期间，长三角区域新增国控断面 145 个，江苏省和安徽省在“十四五”期间新增国控断面数量最多。2015—2019 年河流国控断面分布及水质类别如图 4-12 所示。三省一市 2015—2019 年的水质类别占比如图 4-13～图 4-15 和表 4-15 所示。长三角 2015—2019 中劣Ⅴ类和Ⅴ类水体主要集中在太湖流域上游西北部地区、巢湖流域和洪泽湖流域、安徽与河南交界断面、浙江西南沿海地区以及上海入海口。较 2015 年，2019 年优Ⅲ类断面比例上升 23.0 个百分点，Ⅴ类断面比例下降 1.4 个百分点，劣Ⅴ类断面比例下降 8.6 个百分点，长三角区域水环境质量总体改善较为明显。从各省份的情况来看，2015—2017 年浙江省的水质较优，上海市水质相对较差，优Ⅲ类占比较低，劣Ⅴ类占比仍较高。2018—2019 年，上海市水质提升明显，已消除劣Ⅴ类水，优Ⅲ类占比达到 90%。江苏省和安徽省还存在一定比例的劣Ⅴ类水质。

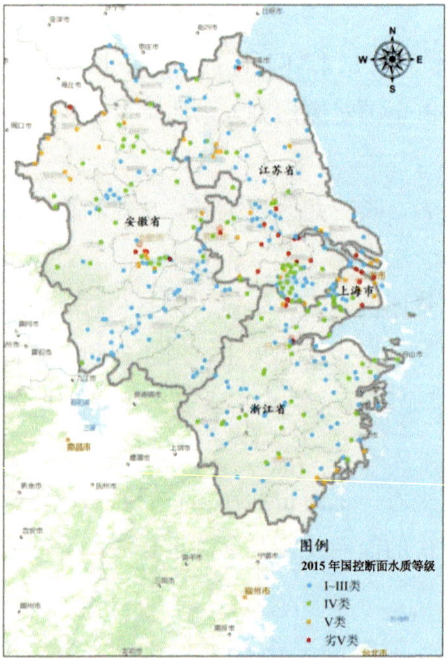
N
W
E
S
江苏省
安徽省
上海市
浙江省
图例
2015 年国控断面水质等级
I~III类
IV类
V类
劣V类

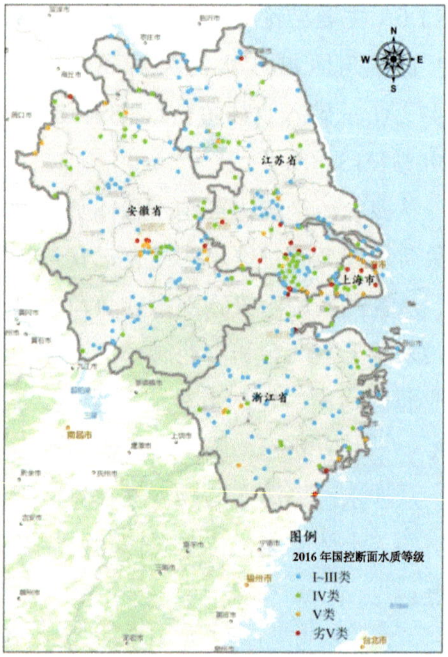
N
W
E
S
江苏省
安徽省
上海市
浙江省
图例
2016 年国控断面水质等级
I~III类
IV类
V类
劣V类

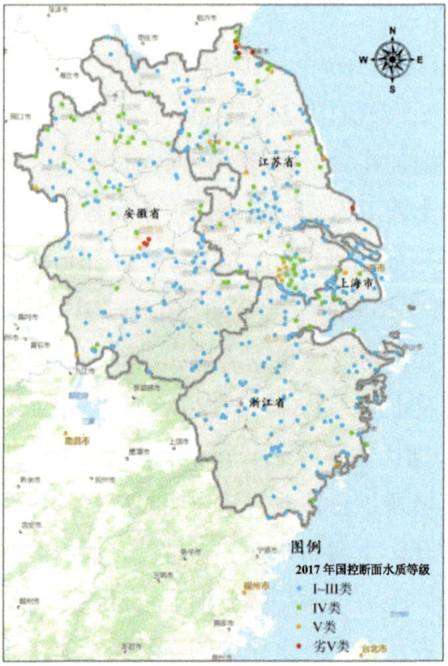
N
W
E
S
江苏省
安徽省
上海市
浙江省
图例
2017 年国控断面水质等级
I~III类
IV类
V类
劣V类

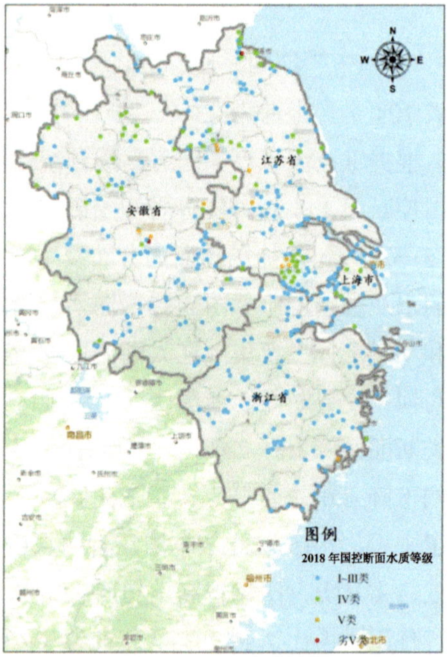
N
W
E
S
江苏省
安徽省
上海市
浙江省
图例
2018 年国控断面水质等级
I~III类
IV类
V类
劣V类

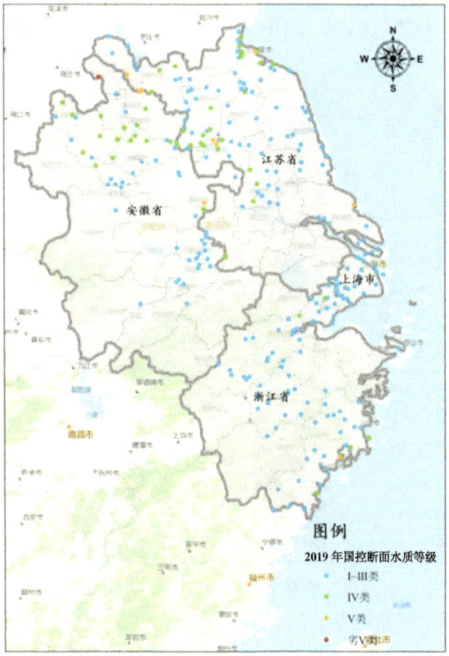

图 4-12　河流国控断面分布及 2015—2019 年水质类别

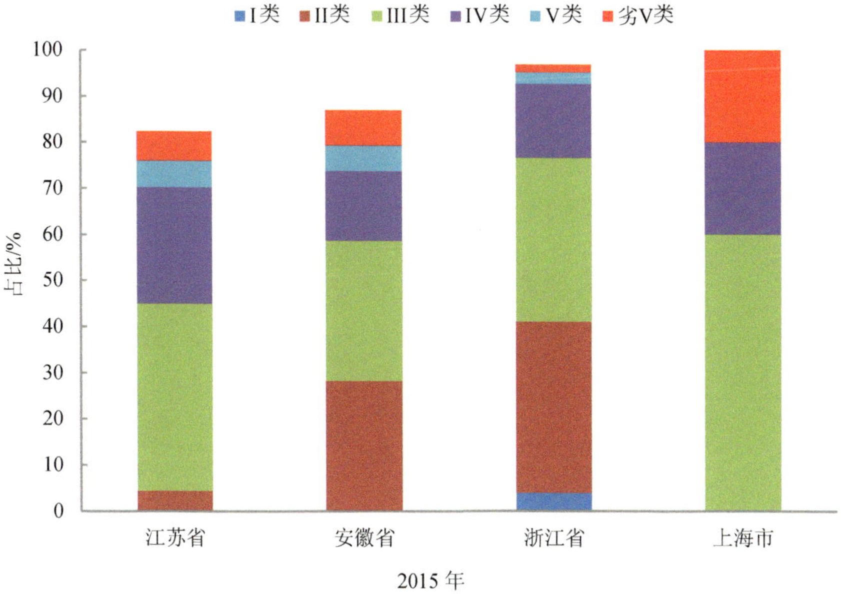

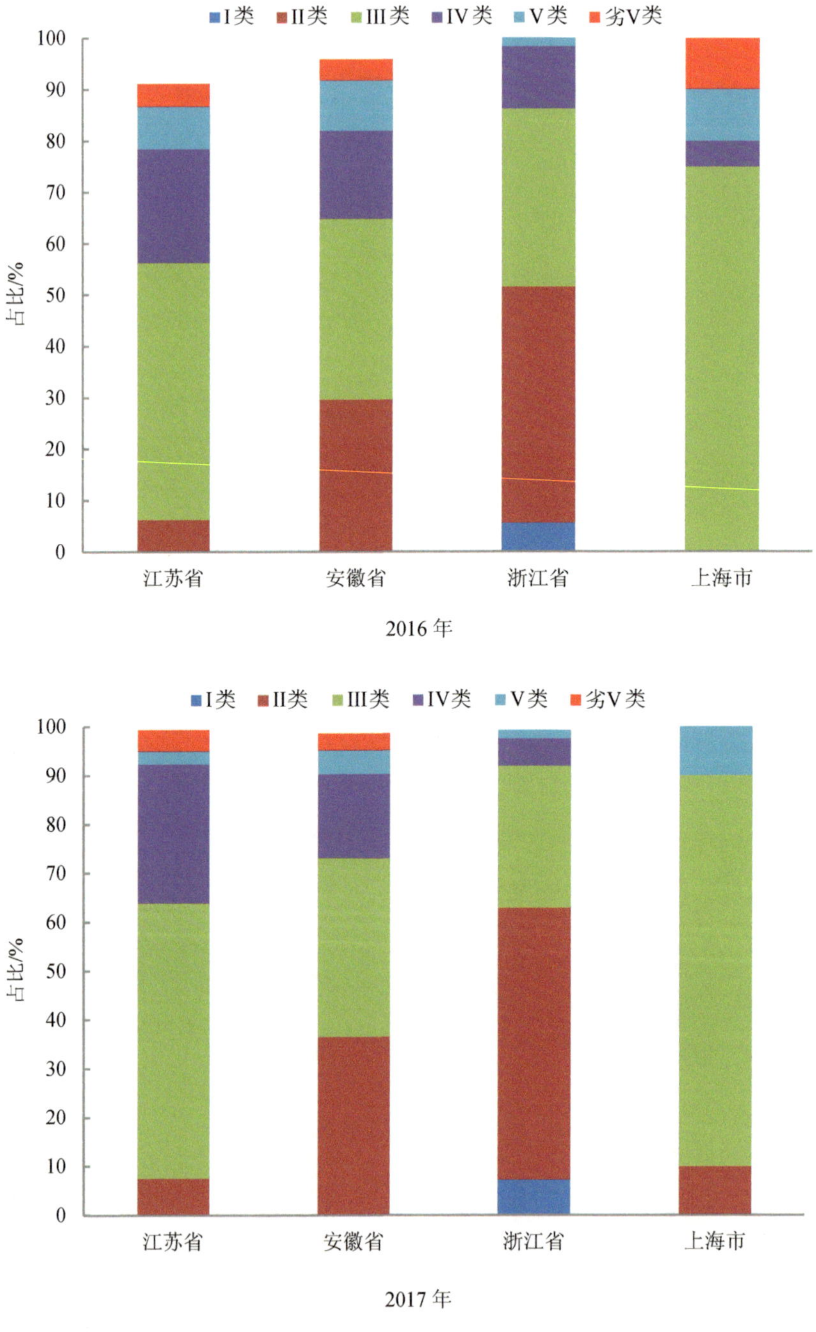

图 4-13　2015—2017 年长三角河流国控断面各水质类别占比

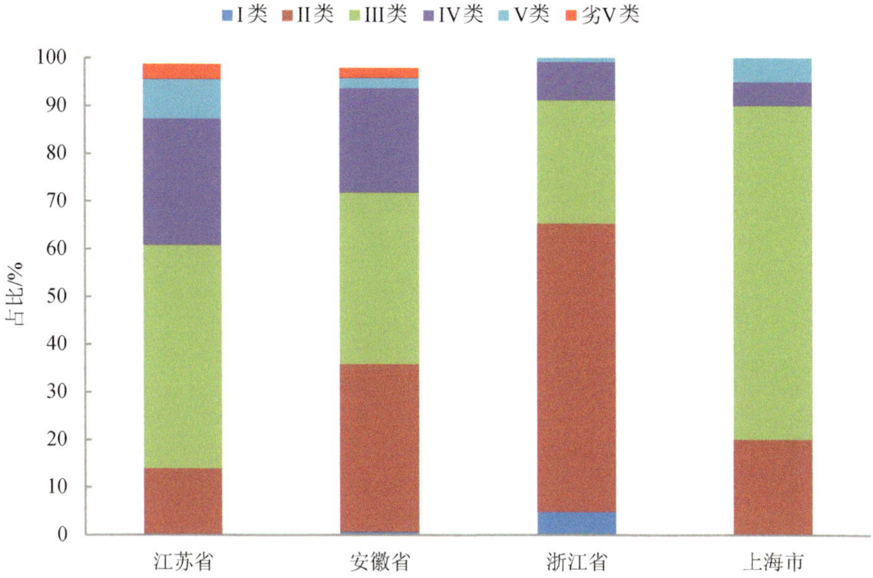

图 4-14　2018 年长三角河流国控断面各水质类别占比

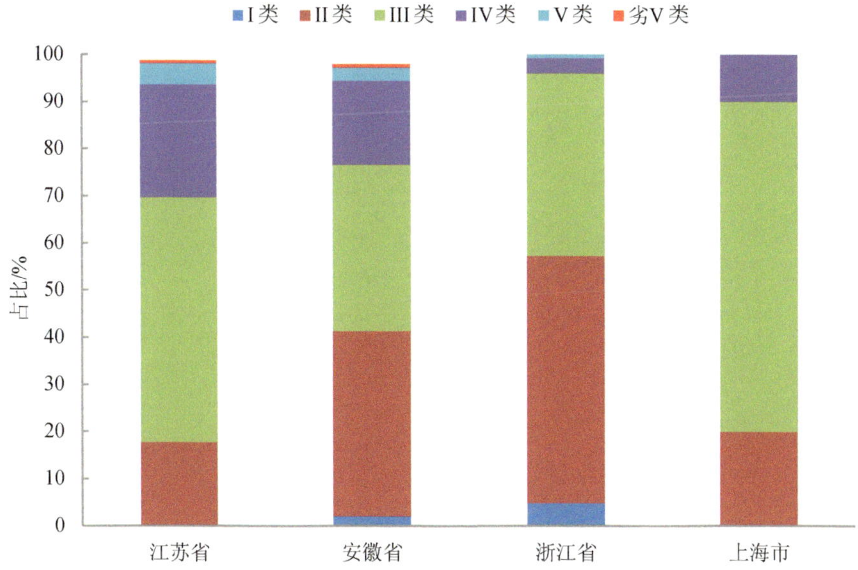

图 4-15　2019 年长三角河流国控断面各水质类别占比

表 4-15 长三角各省、市 2015—2019 年水质类别占比

单位：%

省份	2015 年水质类别占比				2016 年水质类别占比				2017 年水质类别占比				2018 年水质类别占比				2019 年水质类别占比			
	优III	IV	V	劣V	优III	IV	V	劣V	优III	IV	V	劣V	优III	IV	V	劣V	优III	IV	V	劣V
江苏省	44.94	25.32	5.7	6.33	44.94	25.32	5.7	6.33	56.33	22.15	8.23	4.43	60.76	26.58	8.23	3.16	69.62	24.05	4.43	0.63
安徽省	58.62	15.17	5.52	7.59	58.62	15.17	5.52	7.59	64.83	17.24	9.66	4.14	71.72	22.07	2.07	2.07	76.55	17.93	2.76	0.69
浙江省	76.61	16.13	2.42	1.61	76.61	16.13	2.42	1.61	86.3	12.1	1.61	0	91.13	8.06	0.81	0	95.97	3.23	0.81	0
上海市	60	20	0	20	60	20	0	20	75	5	10	10	90	5	5	0	90	10	0	0
总计	60.04	19.16	3.41	8.88	60.04	19.16	3.41	8.88	70.62	14.12	7.38	4.64	78.40	15.43	4.03	1.31	83.04	13.80	2.00	0.33

4.2.3 长三角重点湖泊总磷和富营养化变化特征

4.2.3.1 太湖总磷变化和水华暴发特征分析

（1）太湖总磷变化特征

磷是湖泊富营养化状况和蓝藻水华情势变化中最重要的营养盐。因此，湖泊水体总磷浓度成为评价湖泊富营养化和蓝藻水华治理效果的标志性指标。根据江苏省环境监测中心多年监测数据，自 2007 年以来，太湖总磷浓度总体上呈下降趋势，但 2016—2018 年出现了波动反弹。具体变化是 2007—2015 年湖体年平均的总磷浓度从 0.107 mg/L 下降到 0.059 mg/L；而 2016 年湖体年平均总磷浓度开始回升到 0.064 mg/L，2017 年则明显回升到 0.081 mg/L，到 2018 年甚至回升到 0.087 mg/L。总磷浓度除了呈现出较大的年间变化外，其年内变化和空间差异也十分显著。

（2）太湖蓝藻水华暴发特征

蓝藻水华暴发是湖泊富营养化的表征之一。水体中浮游植物的叶绿素 a 浓度可以定量评估蓝藻水华的强度。根据中国科学院太湖野外观测研究站长期监测成果，2005—2018 年，太湖叶绿素 a 年平均值变化范围为 16.9～54.2 μg/L，最低和最高值分别出现在 2010 年和 2017 年。叶绿素 a 浓度在 2008—2010 年呈现下降趋势，但 2010—2018 年则表现出显著增加趋势。太湖 2003—2018 年蓝藻水华面积平均值为 171 km^2，总体呈上升态势，2017 年水华暴发遥感监测到最大面积高达 1 582 km^2，覆盖了 2/3 的湖体。一般来说，太湖蓝藻水华主要发生在夏、秋季，春、冬季发生的概率相对较低。2003—2017 年夏、秋季节蓝藻水华暴发面积并没有出现明显的增加趋势，各年蓝藻水华面积的上升主要来自春、冬季蓝藻水华的增加。2017 年太湖蓝藻异常暴发，4 个季节水华面积都明显高于 2016 年，特别是春、秋季节的蓝藻水华面积异常高，增幅分别达 255%和 136%，水华从夏、秋高强变成春、夏、秋三季高强。暴发空间上则从湖湾扩展到湖心，直至南部湖区。

4.2.3.2 巢湖总磷变化和水华暴发特征分析

（1）巢湖总磷变化特征

巢湖近 30 年的富营养化可分为 3 个阶段：1984—1994 年是巢湖水质的主要恶化阶段；1995—2007 年是巢湖的水质逐步改善阶段；2008—2012 年，巢湖的污染物浓度维持在较高水平波动。根据中国科学院南京地理与湖泊研究所湖泊与环境国家重点实验室 2012—2018 年的监测数据，2012—2018 年巢湖水体总磷呈现明显升高的趋势，总磷浓度由 2012 年的 0.107 mg/L 升高至 2018 年的 0.125 mg/L，升高了 16.6%；另外空间分布上，2018 年巢湖西部湖区总磷浓度低于 2012 年，下降了 13.1%，但下降趋势并不明显，至 2018 年平均浓度为 0.160 mg/L（Ⅴ类）；中部湖区总磷呈现明显的升高趋势，升高幅度为 31.5%，至 2018 年平均浓度为 0.118 mg/L（Ⅴ类），东部湖区总磷呈现明显的升高趋势，升高幅度为 73.7%，至 2018 年平均浓度分别为 0.094 mg/L（Ⅳ类）。

（2）巢湖水华蓝藻暴发特征

2012—2018 年，巢湖 3 个湖区中，西部和中部湖区水华蓝藻没有明显的增加趋势，但是 2018 年明显高于前几年，其中西部湖区叶绿素 a 和藻蓝素浓度较 2012 年分别增加 52%和 125%，中部湖区分别增加 64.4%和 219%；而东部湖区叶绿素 a 和藻蓝素浓度均呈现明显的增加趋势，增加幅度分别为 159%和 404%。根据卫星遥感影像数据，2012—2018 年巢湖水华蓝藻的面积并没有显著的变化趋势，但是 2018 年 9 月，巢湖尤其是其中东部出现较大面积水华蓝藻，面积约为 440 km^2，同期叶绿素 a 和藻蓝素浓度也明显偏高。巢湖的水华蓝藻主要以微囊藻和鱼腥藻为优势种类，两种藻在季节上和空间上相互演替，通常夏季东部巢湖以鱼腥藻为优势种类，但生物量相对较低。2018 年巢湖这种演替模式被打破，夏季东部湖区优势蓝藻被微囊藻所取代，微囊藻的大量繁殖、上浮集聚增加了该湖区水华蓝藻的面积和持续时间。巢湖 2012—2018 年水质和藻情的变化是相互联动的，虽然西部巢湖的入湖河流和湖体营养盐水平有所下降，但是距离控制水华蓝藻发生的营养盐阈值仍有较大差距，因此其水华蓝藻强度并未减弱；而在中西部巢湖，由于入湖河流污染的增加，导致湖体内营养盐水平增加，以及连锁的优势水华蓝藻种类转变，进一步增加了水华蓝藻的强度。

4.2.3.3 长三角其他重点湖泊水质分析

除太湖、巢湖外，全国重点监测的 109 个重要湖泊水库中，57 个是湖泊，其中位于长三角区域重点监测的湖泊 15 个，江苏省 5 个，分别为高邮湖、骆马湖、阳澄湖、洪泽湖、淀山湖（跨江苏省和上海市）；浙江省 2 个，分别为西湖、东钱湖；安徽省 8 个，分别为焦岗湖、菜子湖、花亭湖、黄大湖、白马湖、龙感湖、南漪湖、瓦埠湖；上海市 1 个，为淀山湖（跨江苏省和上海市）。Ⅱ类水质的湖泊为花亭湖；Ⅲ类水质的湖泊为骆马湖、西湖、东钱湖、瓦埠湖；Ⅳ类水质的湖泊为阳澄湖、白马湖、南漪湖、黄大湖、焦岗湖、菜子湖，Ⅴ类水质的湖泊为高邮湖、淀山湖、洪泽湖、龙感湖。中营养状态的湖泊共 5 个，分别为西湖、东钱湖、花亭湖、黄大湖、瓦埠湖，中度富营养化状态的湖泊共 1 个，为龙感湖，此外其他湖泊均呈轻度富营养化状态，见表 4-16。

表 4-16　2015—2018 年长三角区域重要湖泊水质状况

湖泊	地理位置	2015 年		2016 年		2017 年		2018 年	
		富营养化	水质类别	富营养化	水质类别	富营养化	水质类别	富营养化	水质类别
高邮湖	江苏扬州	轻度富营养化	Ⅲ	轻度富营养化	Ⅲ	轻度富营养化	Ⅳ	轻度富营养化	Ⅴ
阳澄湖	江苏苏州	轻度富营养化	Ⅲ	轻度富营养化	Ⅳ	轻度富营养化	Ⅳ	轻度富营养化	Ⅳ
洪泽湖	江苏淮安	轻度富营养化	Ⅳ	轻度富营养化	Ⅴ	轻度富营养化	Ⅴ	轻度富营养化	Ⅴ
白马湖	江苏淮安	/	/	轻度富营养化	Ⅳ	轻度富营养化	Ⅳ	轻度富营养化	Ⅳ
淀山湖	上海青浦、江苏昆山	轻度富营养化	Ⅴ	轻度富营养化	Ⅴ	轻度富营养化	Ⅴ	轻度富营养化	Ⅴ
龙感湖	安徽安庆、湖北黄冈	轻度富营养化	Ⅳ	轻度富营养化	Ⅳ	轻度富营养化	Ⅳ	中度富营养化	Ⅴ
南漪湖	安徽宣城	轻度富营养化	Ⅲ	轻度富营养化	Ⅲ	轻度富营养化	Ⅲ	轻度富营养化	Ⅳ
菜子湖	安徽安庆	中营养	Ⅲ	中营养	Ⅲ	中营养	Ⅲ	轻度富营养化	Ⅳ
黄大湖	安徽安庆	—	—	中营养	Ⅳ	轻度富营养化	Ⅳ	中营养	Ⅳ
焦岗湖	安徽淮南	—	—	轻度富营养化	Ⅲ	轻度富营养化	Ⅲ	轻度富营养化	Ⅳ

上述湖泊主要超标因子都为总磷，最大超标倍数为 0.4～3.8，个别湖泊除总

磷超标外还存在其他因子超标的现象，如淀山湖氨氮超标，洪泽湖化学需氧量超标。从图 4-16 中可以看出，2015—2017 年总磷年度变化情况为除淀山湖外大部分湖泊总磷浓度呈现上升的趋势。

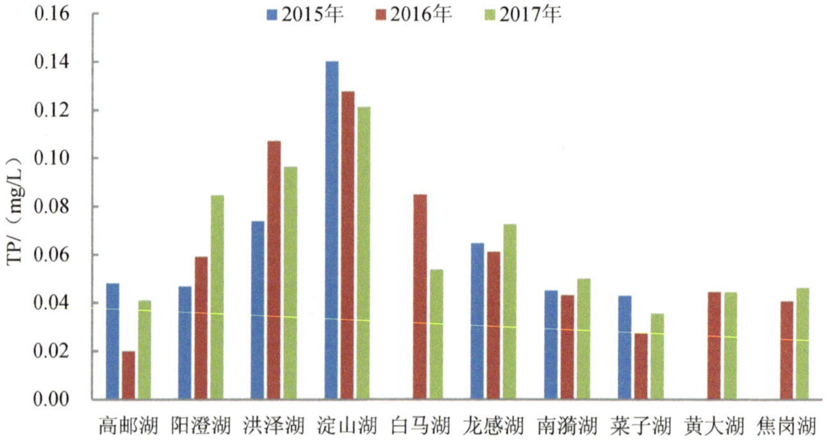

图 4-16　2015—2017 年长三角重要湖泊总磷变化趋势

4.3　大气环境现状

4.3.1　大气环境质量变化趋势

基于三省一市公布的 2013—2019 年环境状况公报和生态环境状况公报，分析 2013—2019 年三省一市 $PM_{2.5}$、PM_{10}、SO_2、NO_2、O_3 大气污染物的时空变化趋势以及空气优良天数达标率情况，如图 4-17 所示。

2013—2019 年，上海市 $PM_{2.5}$、PM_{10}、SO_2 和 NO_2 年均浓度呈明显下降趋势，O_3 浓度基本维持稳定，优良天数达标率持续增加。其中 $PM_{2.5}$ 从 2013 年的 62 μg/m^3 减少至 2019 年的 35 μg/m^3，减少了约 43%，达到《环境空气质量标准》（GB 3095—2012）中二级标准（35 μg/m^3）；PM_{10} 从 2013 年的 82 μg/m^3 减少至 2019 年的 45 μg/m^3，减少了约 45.1%，达到《环境空气质量标准》二级标准（70 μg/m^3）；SO_2 和 O_3 浓度均达到《环境空气质量标准》二级标准；但近几年全市 NO_2 年均浓

度均大于 40 μg/m^3 均超过《环境空气质量标准》二级标准。全市优良天数达标率从 2013 年的 66.0%提高到 2019 年的 84.7%，提高了 18.7 个百分点。

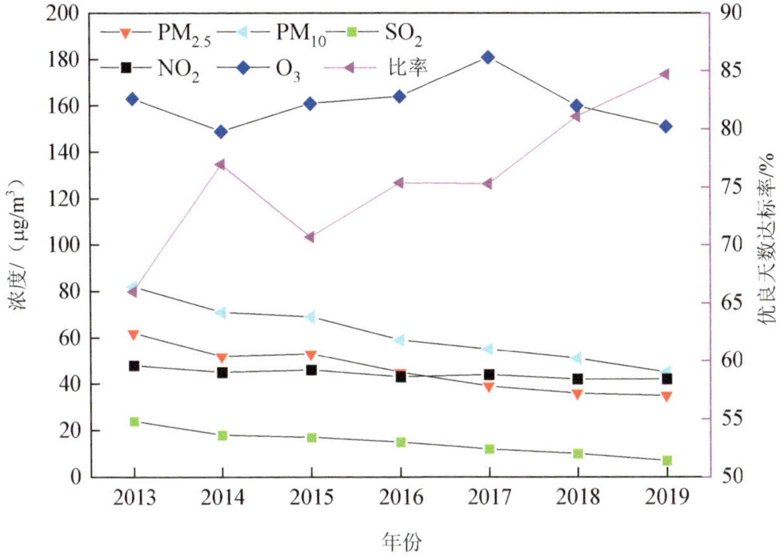

上海市

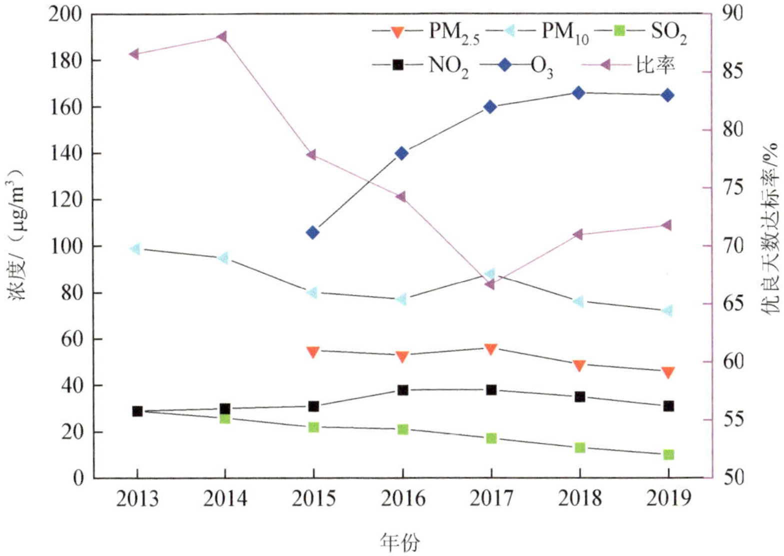

安徽省

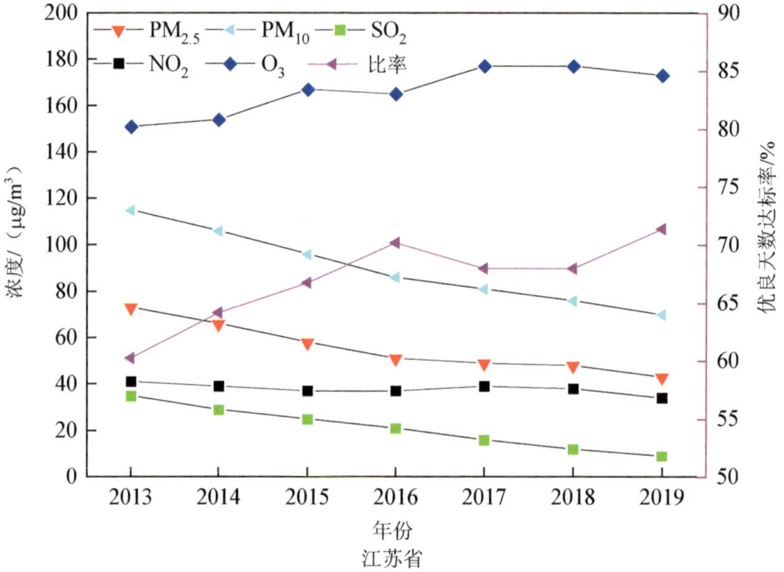

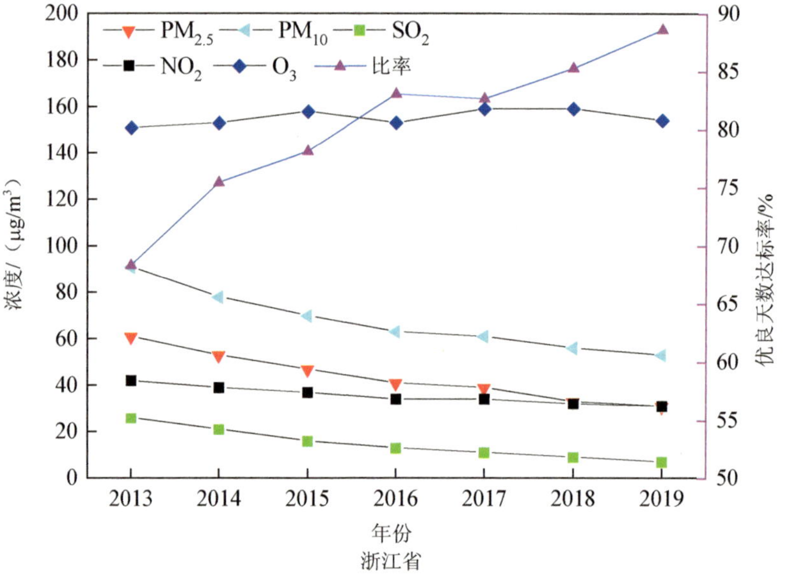

图 4-17　2013—2019 年三省一市大气污染物和优良天数达标率变化

安徽省 $PM_{2.5}$ 和 O_3 浓度监测从 2015 年启动。2013—2019 年，全省 $PM_{2.5}$、PM_{10}、SO_2 和 NO_2 年均浓度呈现波动减少趋势，但 O_3 浓度呈现逐年增加的趋势，优良天数达标率波动较大。其中 $PM_{2.5}$ 从 2015 年的 55 μg/m³ 减少至 2019 年的 46 μg/m³，

减少了约 14.36%，仍然超过《环境空气质量标准》二级标准；PM_{10} 从 2013 年的 99 μg/m^3 减少至 2019 年的 72 μg/m^3，减少了约 27.27%，仍超过《环境空气质量标准》二级标准 2 μg/m^3；SO_2 和 NO_2 浓度均达到《环境空气质量标准》二级标准；但近几年全省 O_3 浓度均大于 160 μg/m^3，超过《环境空气质量标准》二级标准。全省优良天数达标率从 2013 年的 86.6%减少到 2019 年的 71.8%。

江苏省 $PM_{2.5}$、PM_{10}、SO_2 和 NO_2 年均浓度呈现减少趋势，但 O_3 浓度呈现稳步增加的趋势，优良天数达标率逐年增加。其中 $PM_{2.5}$ 从 2013 年的 73 μg/m^3 减少至 2019 年的 43 μg/m^3，减少了约 41.1%，仍然超过《环境空气质量标准》二级标准 8 μg/m^3；PM_{10} 从 2013 年的 115 μg/m^3 减少至 2019 年的 70 μg/m^3，减少了 39.1%，达到《环境空气质量标准》二级标准；SO_2 和 NO_2 浓度均达到《环境空气质量标准》二级标准；但自 2015 年起，全省 O_3 浓度均大于 160μg/m^3，超过《环境空气质量标准》二级标准。全省优良天数达标率从 2013 年的 60.3%升至 2019 年的 71.4%，提高了 1.1 个百分点。

浙江省 $PM_{2.5}$、PM_{10}、SO_2 和 NO_2 年均浓度呈现减少趋势，O_3 浓度呈现波动趋势，优良天数达标率逐年增加。其中 $PM_{2.5}$ 从 2013 年的 61 μg/m^3 减少至 2019 年的 31 μg/m^3，减少了 50%，达到《环境空气质量标准》二级标准；PM_{10} 从 2013 年的 91 μg/m^3 减少至 2019 年的 53 μg/m^3，减少了 41.76%，达到《环境空气质量标准》二级标准；SO_2、NO_2 和 O_3 均达到《环境空气质量标准》二级标准。全省优良天数达标率从 2013 年的 68.4%升至 2019 年的 88.6%，提高了 20.2 个百分点。

在三省一市中浙江省空气环境质量最好，2019 年达标比例达到 88.4%，各项大气污染物浓度基本最低。

4.3.2　大气环境质量空间差异

为了解三省一市内大气环境质量的空间分布差异，选择 2020 年 7 月安徽省、江苏省、浙江省各城市大气 $PM_{2.5}$ 的浓度统计变化情况，如图 4-18 所示。江苏省徐州市、泰州市、淮安市、无锡市的大气 $PM_{2.5}$ 浓度值超过省平均水平，连云港市、苏州市、南通市、扬州市、盐城市的 $PM_{2.5}$ 的浓度值较低；安徽省淮北市、阜阳市、蚌埠市、亳州市、合肥市、淮南市、铜陵市和滁州市等的大气 $PM_{2.5}$ 浓度超过省平均水平，黄山市、六安市、池州市和宣城市大气 $PM_{2.5}$ 浓度较低；浙江省杭州市、温州市、绍兴市、台州市，金华市和湖州市等的大气 $PM_{2.5}$ 浓度较高，而宁波市、舟山市、丽水市 $PM_{2.5}$ 浓度普遍较低。

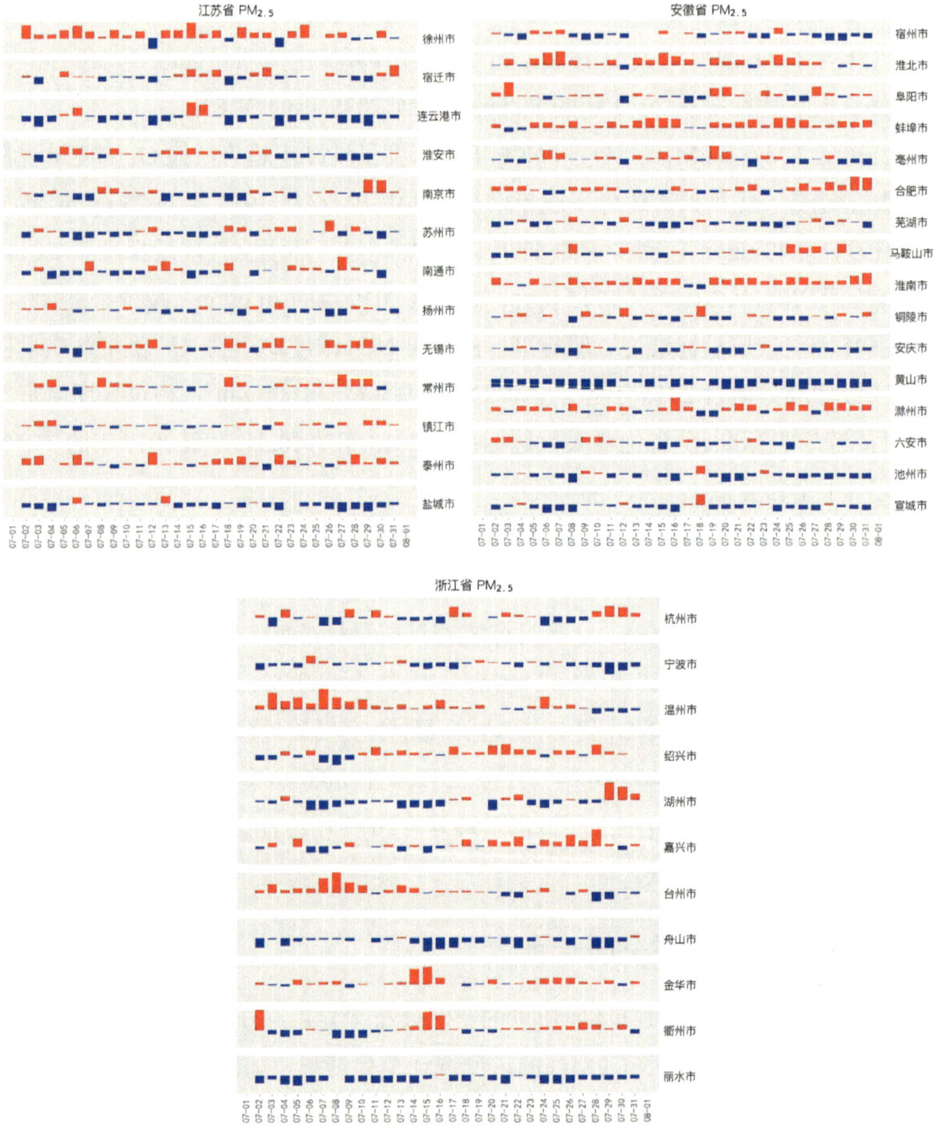

注：红色代表城市当月 $PM_{2.5}$ 浓度值高于全省平均值；蓝色代表城市当月 $PM_{2.5}$ 浓度值低于全省平均值。

图 4-18　2013—2019 年三省一市大气污染物和优良天数达标率变化

4.3.3　大气污染来源分析

为全面掌握三省一市大气污染来源特征，本书分析了 2020 年 8 月 19 日各城市重污染天气过程（图 4-19）。三省一市在同一时期大气污染特征也不完全相同。根据观测数据显示，浙江省主要是偏二次型污染，如 O_3 问题，湖州市为粗颗粒型，宁波市和丽水市为偏燃煤型；安徽省大部分城市为颗粒物污染，主要由于风沙和扬尘，宿州市、蚌埠市和宣城市等为偏综合型；江苏省也主要以偏二次型污染为主，淮安市和南京市为偏粗颗粒型，徐州市、扬州市、无锡市和常州市为偏综合型；上海市以偏二次型为主，主要因为机动车尾气排放。

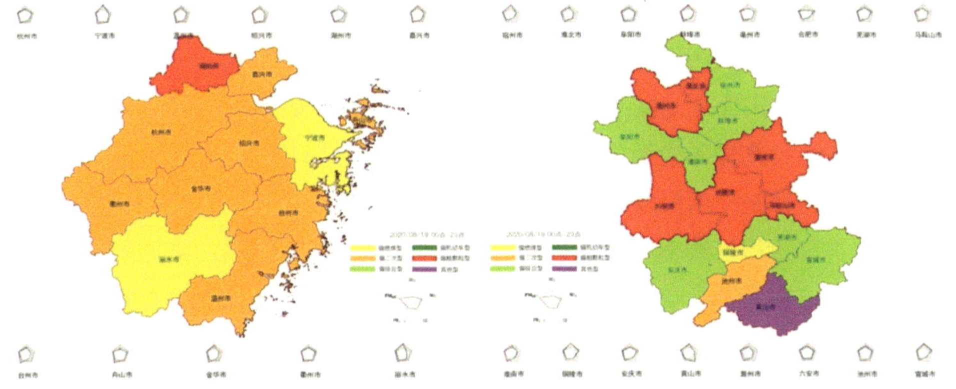

浙江省　　安徽省

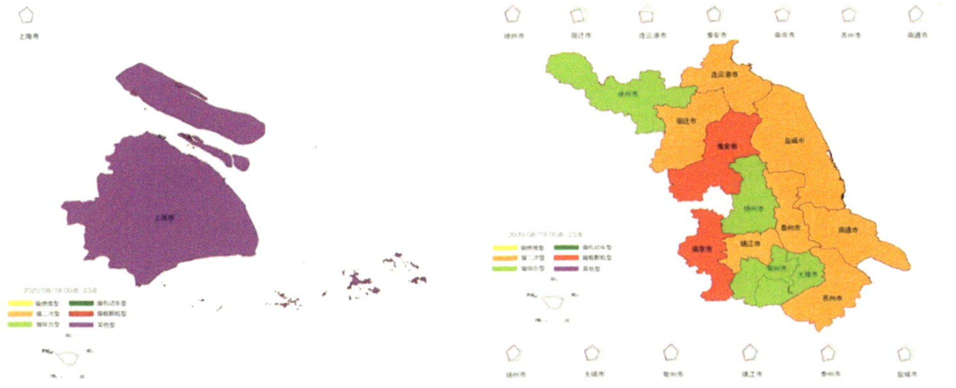

上海市　　浙江省

图 4-19　长三角各城市重污染天气过程

4.4 土壤环境现状

近年来，随着长三角区域城镇化和工业化的不断发展，固体废物向土壤表面堆放和倾倒的现象日益增多，有害物质不断向土壤中渗透。同时，汽车尾气和大气中的有害物质及飘尘不断随雨水落入土壤，再加上长三角区域内安徽省和江苏省是国家产粮大省，农业中大量化肥和农药的施用导致土壤面源污染严重，以上因素共同作用致使长三角区域土壤污染面积日益扩大，且污染类型复杂多样。

从三个维度对土壤污染进行分类，按照污染特性分为持久性污染和非持久性污染。持久性污染是指在环境中不能或很难由于物理作用、化学作用、生物作用而分解沉淀或挥发的污染物，一般包括重金属和持久性有机物；非持久性污染物是指由于生物作用而逐渐减少、可降解转化的污染物，如氨氮、COD、BOD 等污染物质。按污染物进入途径分为水污染、大气污染和固体废物污染。水污染导致的土壤污染途径是指污染物随污水进入土壤。大气污染导致的土壤污染途径是指通过大气沉降过程导致空气中的有害物质进入土壤。固体废物污染导致的土壤污染途径有城市和农村生活垃圾的露天堆放，或垃圾处理的过程中没有安全填埋垃圾中的有毒有害物质，或垃圾腐烂后产生的渗滤液直接进入土壤，各种工业企业产生的废弃物随意堆放或不安全处置。不仅占用大量土地，还会通过降水、地表径流等方式对土壤造成污染。按污染物来源分为农业农村内生性污染和工矿、城市转移性污染。农业农村内生性因素导致土壤污染途径有化肥和畜禽粪便等有机肥含有重金属和有机污染物以及农膜的使用。农村生活固体废物等导致的土壤污染，工矿、城市转移性污染及工业废水中的污染物，如重金属镉、汞等进入土壤，被农作物吸收并对人和牲畜造成危害。现代城市垃圾中含有各种重金属和其他有害物质，随意堆放或不安全填埋，使不能降解的污染物进入土壤和地下水。

目前长三角土壤污染的总体形势：一是污染物类型复杂，既有持久性污染，也有非持久性污染，其中持久性污染由于其影响严重、潜伏期长、消除困难等特征逐渐成为关注和研究的重点；二是污染物进入环境的形式多元化，属于水、空气和固体废物全方位的污染；三是污染来源广泛，既有来自农业生产过程中的化学物品过度投入，也有来自工矿和城市的污染转移。但从污染物的流动链条来看，造成重大不良影响的主要污染仍是转移性污染，其中工矿排放是主要的污染源，农业生产虽然也会导致土壤污染，但更多的是作为土壤污染的受影响者。

根据 2011—2018 年中国统计年鉴，2010—2017 年，长三角区域一般工业固体废物产生量略有增长，总体来看长三角区域一般工业固体废物的利用率保持在较高水平，基本维持在 90%及以上水平，远高于全国平均水平。然而由于这一区域排放的总量较大，因此，虽然综合利用率水平较高，但是未处置的一般工业固体废物绝对量依然保持在较高水平，如图 4-20 所示。

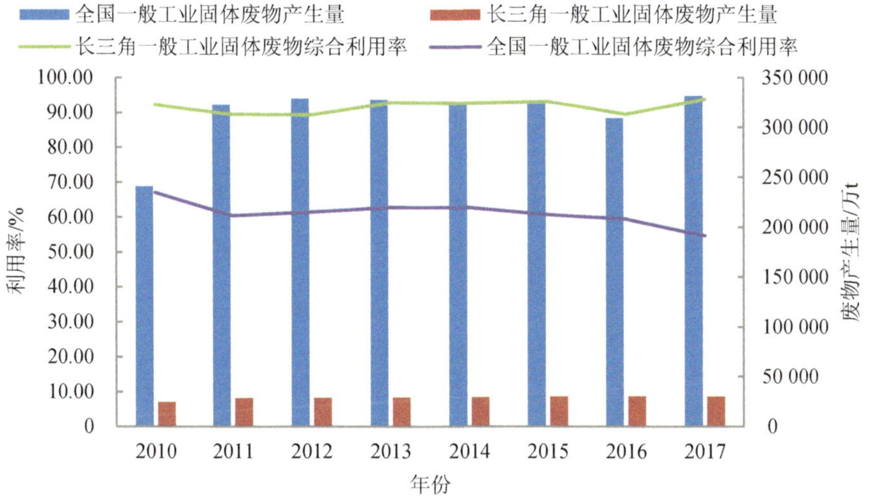

图 4-20　长三角区域一般工业固体废物排放及综合利用情况

数据来源：国家统计局网站，https：//data.stats.gov.cn/publish.htm？sort=1。

除了工业端的固体废物对土壤污染产生影响外，农业端的农药、化肥和农用塑料薄膜大量使用，以及生活垃圾、畜禽粪便排放同样也会对这一区域的土壤污染造成影响。根据国家统计局的相关数据，2018 年长三角区域化肥施用量达 691 万 t，占全国施用总量的 12.21%；农药施用量为 21.07 万 t，占全国施用总量的 14.01%。而农药和化肥的有效利用率却不足 40%，造成大量的氮、磷、钾渗入土地，对土壤造成危害。不仅如此，2018 年长三角区域农用塑料薄膜使用量达 29.74 万 t，占全国总量的 12.1%，由于农用塑料薄膜不可完全降解，因而也会对土壤造成较大的负面影响。此外，2018 年长三角区域城市生活垃圾清运量和肉类产量分别为

4 589.3 万 t 和 868.3 万 t①，两者都会直接或间接地对土壤污染造成影响。

综上所述，由于长三角区域工业发达，且包含两个粮食主产省，人口众多，生活垃圾排放体量巨大，区域内土壤污染情况较为严重。依据《全国土壤污染状况调查公报》的结论，南方土壤污染情况重于北方，长江三角洲区域土壤污染问题较为突出，如图 4-21、图 4-22 所示。

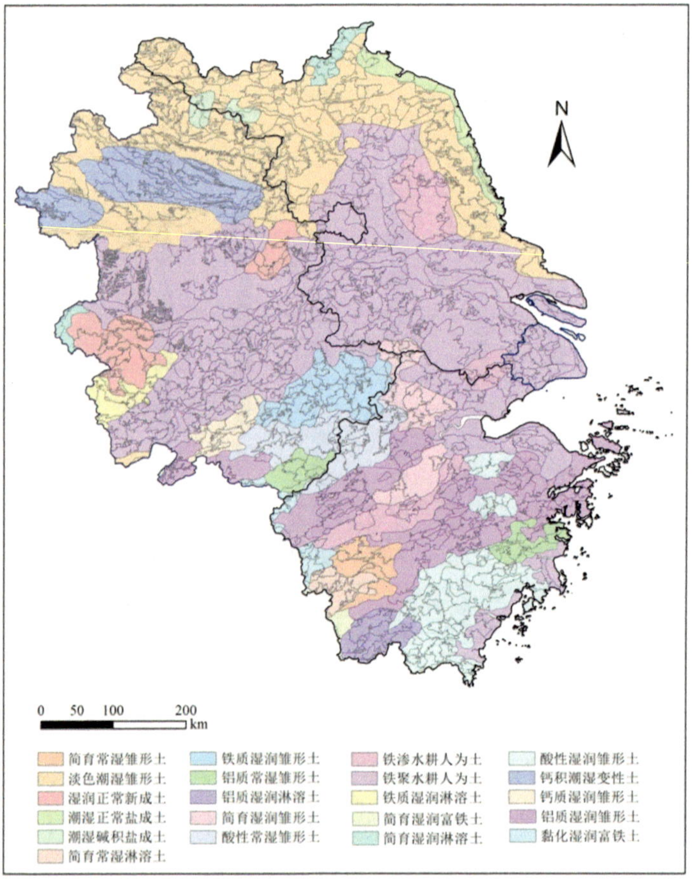

图 4-21 长三角土壤类型

① 畜禽养殖会产生大量的粪便，造成对土壤的影响。

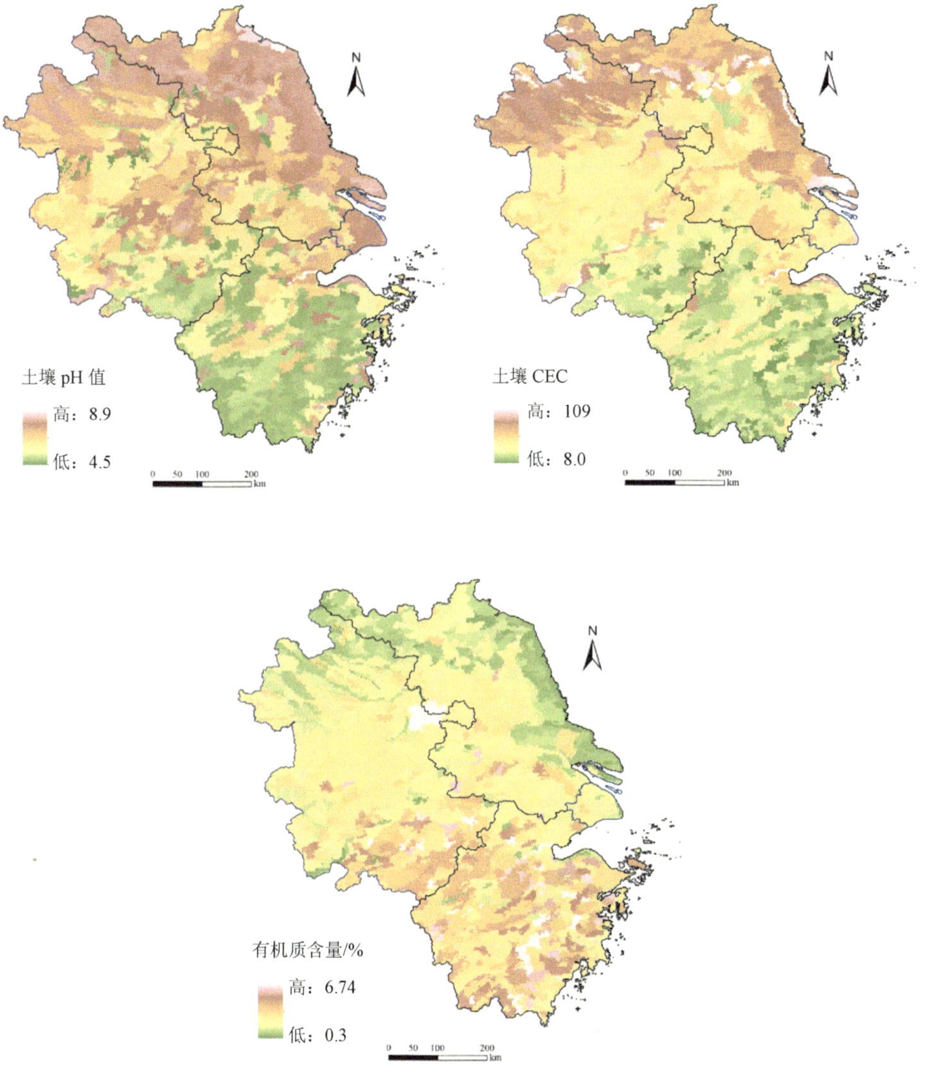

图 4-22　长三角部分土壤理化性质空间分布

受成土母质影响，不同的土壤质地具有不同的土壤颗粒大小，对土壤污染物的积累和渗透作用具有显著影响。由于黏土比砂土质地更密实，具有更好的不透水性，对阻止污染物下渗和迁移的能力更强，如图 4-23 所示。

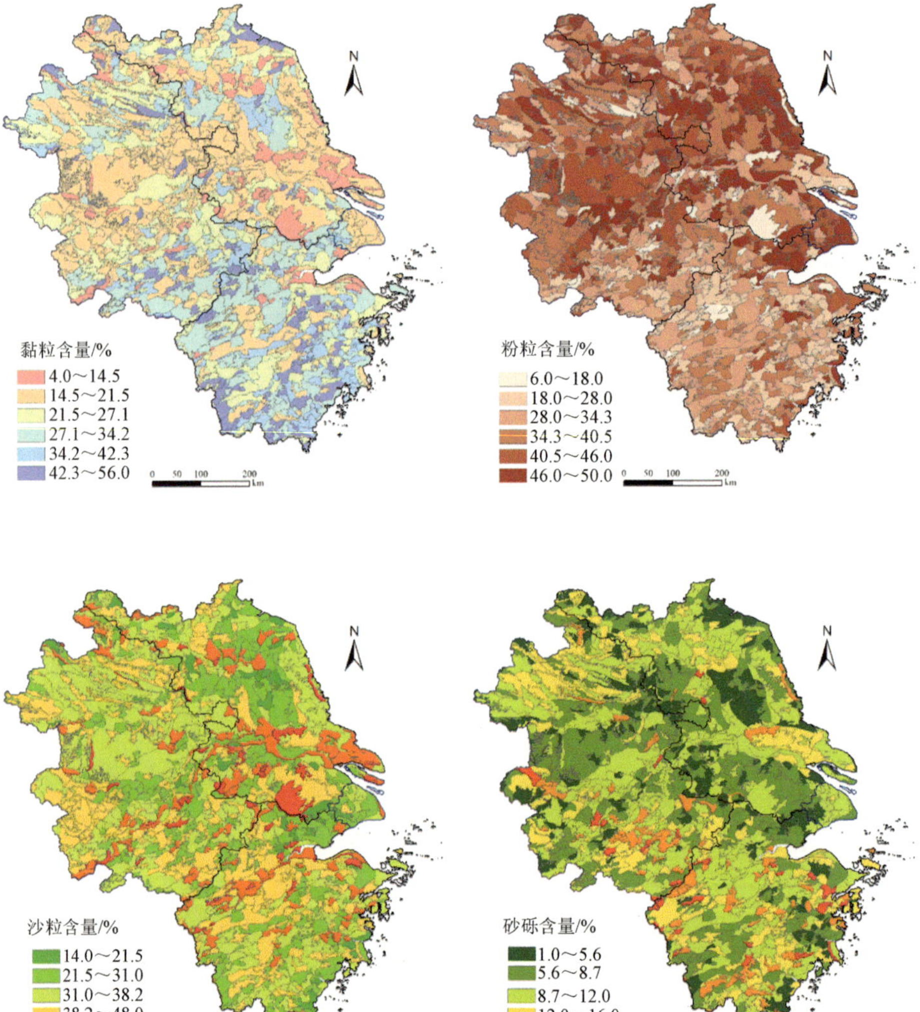

图 4-23　长三角土壤质地空间分布

4.5　固体废物产生及处置现状

党中央、国务院高度重视固体废物污染环境防治工作。党的十八大以来，以习近平同志为核心的党中央围绕生态环境保护作出一系列重大决策部署。固体废物管理与大气、水、土壤污染防治密切相关，是整体推进环境保护工作不可或缺的重要一环。固体废物产生、收集、贮存、运输、利用、处置过程关系生产者、消费者、回收者、利用者、处置者等利益方，需要政府、企业、公众协同共治。统筹推进固体废物“减量化、资源化、无害化”，既是改善生态环境质量的客观要求，又是深化生态环境工作的重要内容，更是建设生态文明的现实需要。

4.5.1　固体废物产生量

长三角作为我国经济最发达的地区，每年产生的固体废物总量同样位居全国前列。2019 年，上海市、江苏省 25 个地级市、浙江省 10 个地级市、安徽省 2 个地级市发布了 2018 年固体废物污染环境防治信息，根据各地发布的信息，简要介绍如下。

2018 年，江苏省工业危险废物产生量居全国第 1 位，浙江省居全国第 5 位，上海市居全国第 12 位。其中江苏省苏州市产生工业危险废物 156.4 万 t，位居全国大中城市危险废物产量第 2 位，浙江省宁波市产生工业危险废物 103.9 万 t，位居全国第 9 位，如图 4-24 所示。

长三角区域一般工业固体废物产生量相比于全国其他地区较少，其中产生量最多的为江苏省，2018 年江苏省产生一般工业固体废物约 1.2 亿 t，位列全国第 4 位，如图 4-25 所示。

长三角区域医疗废物产生量全国最高，其中浙江、江苏、上海医疗废物产生量分别为 8 万 t、6.7 万 t 和 5.5 万 t，分列全国医疗废物产生量第 2 名、第 3 名和第 4 名，如图 4-26 所示。

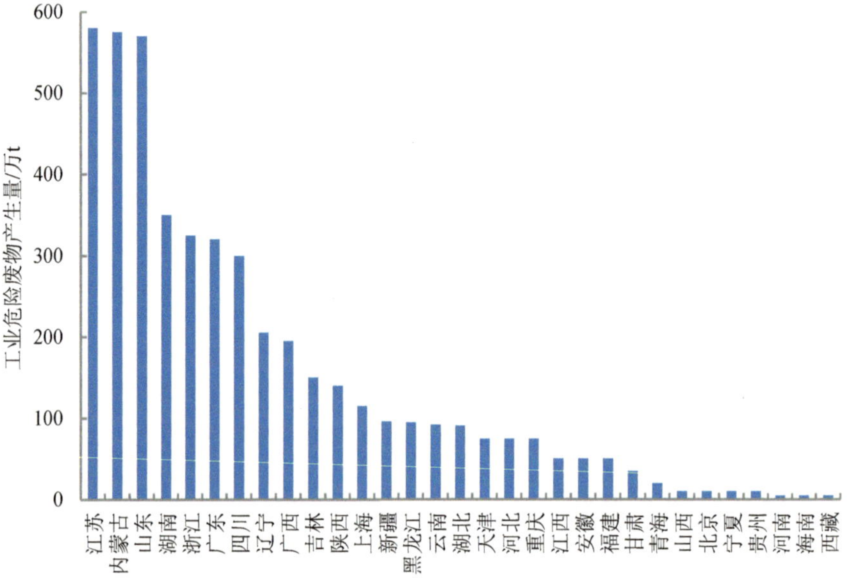

图 4-24 2018 年各省（自治区、直辖市）工业危险废物产生量

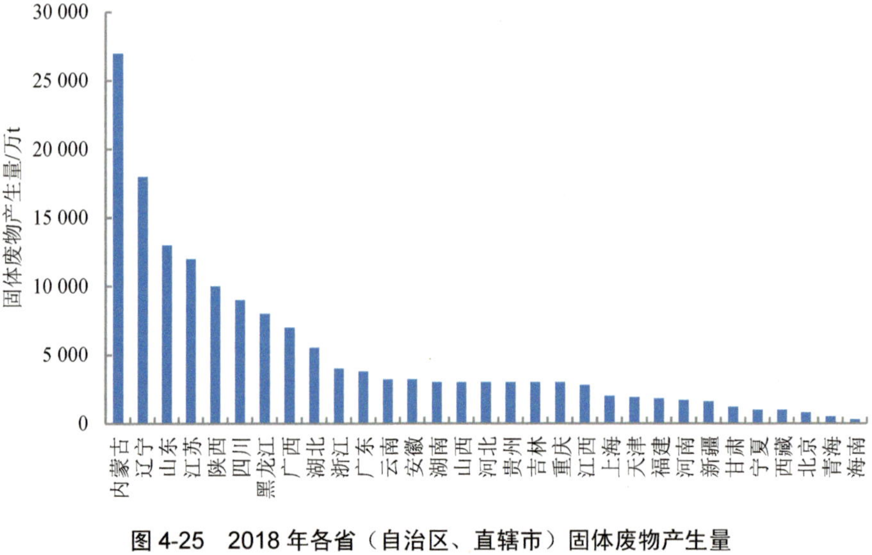

图 4-25 2018 年各省（自治区、直辖市）固体废物产生量

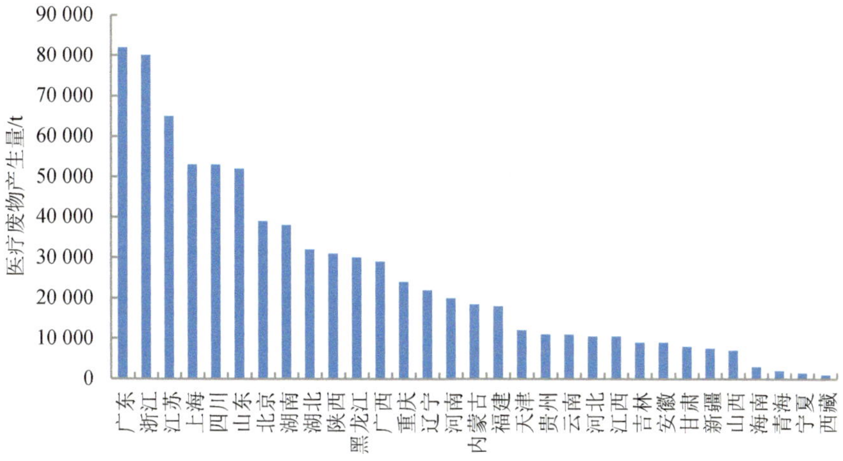

图 4-26　2018 年各省（自治区、直辖市）医疗废物产生量

长三角区域生活垃圾产生量也在全国前列。2018 年，江苏省生活垃圾产生量约 2 400 万 t，居全国第 2 位，浙江省产生量约 1 800 万 t，居全国第 3 位，上海市产生量约 984 万 t，居全国第 6 位，安徽省产生量约 300 万 t，居全国第 24 位，如图 4-27 所示。

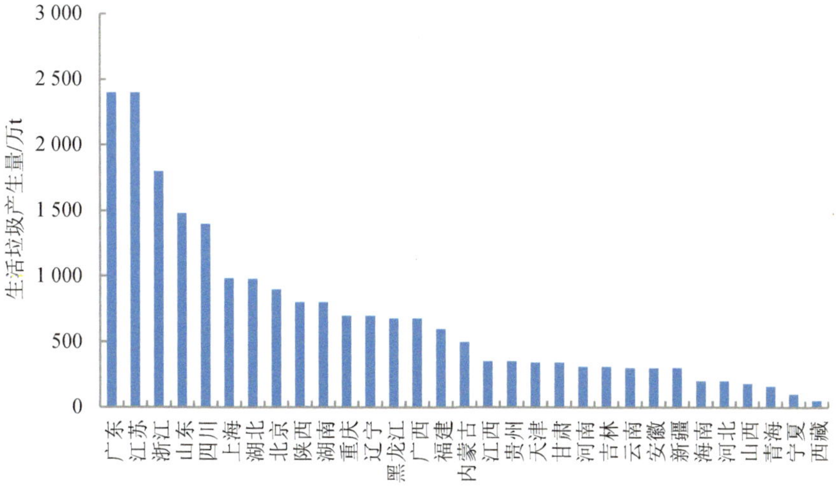

图 4-27　2018 年各省（自治区、直辖市）生活垃圾产生量

根据国家统计局发布的《中国统计年鉴》（2015—2018 年），2014—2017 年，全国一般工业固体废物产生量较为稳定；2017 年全国一般工业固体废物产生量为 331 592 万 t，相较 2014 年增加了 1.83%。其中，长三角区域一般工业固体废物产生量介于 29 550 万～30 478 万 t/a，增长幅度较“十一五”期间放缓。2017 年，长三角区域一般工业固体废物产生总量为 30 463 万 t，相较 2014 年的 29 550 万 t 增加了 3.09%，占当年全国一般工业固体废物产生量的 9.19%。

安徽省和江苏省是长三角区域一般工业固体废物的产出大省，浙江省和上海市的产出量则相对较少。以 2017 年为例，安徽省和江苏省的一般工业固体废物产生量同为 12 002 万 t，各占长三角区域总量的 39.41%，而浙江省和上海市产生量分别为 4 828 万 t 和 1 631 万 t，仅占长三角区域总量的 15.85%和 5.35%，如图 4-28 所示。

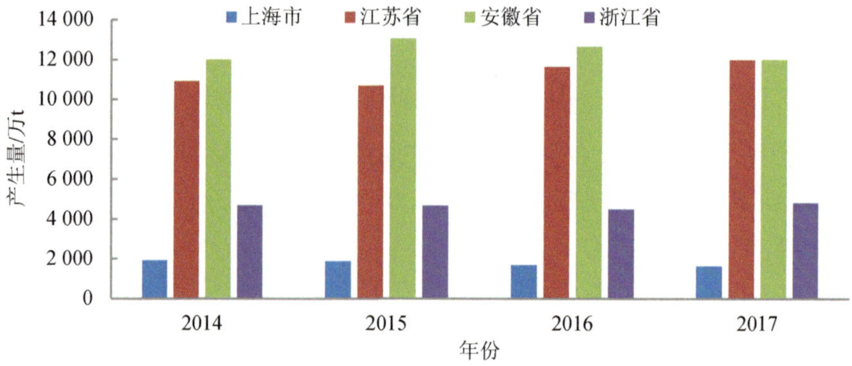

（a）2014—2017 年长三角区域三省一市一般工业固体废物产生量

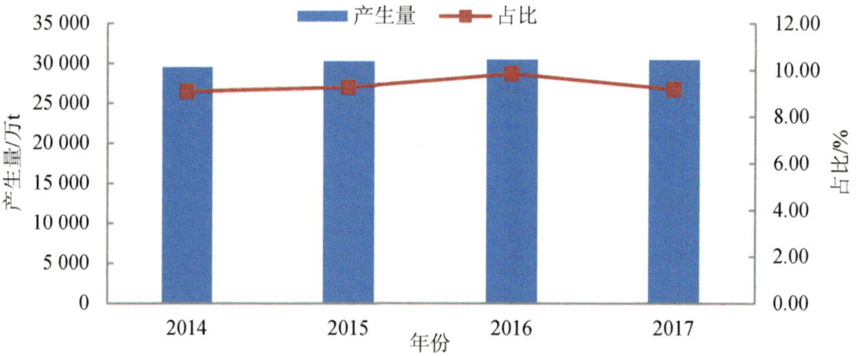

（b）2014—2017 年长三角区域一般工业固体废物产生量及占全国比例

图 4-28　长三角区域一般工业固体废物产生量

4.5.2　固体废物构成和处置情况

一般工业固体废物方面，长三角区域一般工业固体废物主要由安徽和江苏两省产生。主要是由各省份间产业结构差异导致，安徽省淮南、淮北煤矿众多，马鞍山等地非金属矿山较多、铜陵金属矿山较多，随之产生的煤矸石、尾矿等固体废物量较多。同样，江苏省徐州等地煤矿众多，煤矸石等固体废物产量大。上海市和浙江省高新技术产业众多，先进制造业发达，且上海市无采矿业，一般工业固体废物产量则相应较低。

江苏省的一般工业固体废物构成主要以非金属矿采选业产生的煤矸石，尾砂、燃煤发电产生的粉煤灰，火法冶炼过程中产生的炉渣、冶炼废渣，烟气脱硫过程中产生的脱硫石膏为主。除上述主要工业固体废物外，其他类一般工业固体废物种类也较多，主要包括各类制造业生产过程中产生的工业边角料、塑胶橡胶废料、电子废料、纺织废料、汽车修理废料、废弃包装等。安徽省的一般工业固体废物构成相比江苏省更为集中，主要包括非金属矿采选业，金属矿采选业产生的尾矿尾砂、金属冶炼及压延加工业产生的冶炼废渣，燃煤发电产生的粉煤灰，钛白粉制造行业产生的钛石膏等。

长三角区域一般工业固体废物综合利用率较高。2018 年，长三角区域一般工业固体废物综合利用量为 29 170 万 t，综合利用率为 92.0%，高于我国一般工业固体废物综合利用率的 55.3%。长三角区域各地的一般工业固体废物综合利用率均超过 90%，江苏省综合利用率最高，达到 94.1%，安徽省最低，为 90.0%。

生活垃圾方面，长三角区域生活垃圾产生总量大且呈现逐年增长趋势。长三角区域人口众多，常住人口数量约占我国总人口的 1/6，生活垃圾产生量相对较大。随着人口数量的不断增加，长三角区域生活垃圾产生数量呈逐年上升趋势。2018 年，长三角区域生活垃圾清运量为 4 589.4 万 t，占我国生活垃圾清运总量的 20.13%。与 2014 年相比，2018 年生活垃圾产生数量增加了 25.6%。在长三角区域内，江苏省生活垃圾产生量最多，占比为 37.4%，其次为浙江省，占比为 32.1%，上海市和安徽省占比分别为 17.1%和 13.3%。2018 年，上海市城市生活垃圾产生量达到 984.3 万 t，在我国 200 个大、中城市中居首位。

长三角区域的生活垃圾处置能力不断提升，焚烧处置比重逐年提高。长三角区域生活垃圾的处理能力由 2014 年的 132 238 t/d 增加到 2018 年的 178 036 t/d，增加了近 35%。其中，上海市、江苏省、浙江省、安徽省生活垃圾处理能力分别增加了 42.0%、20.0%、38.4%和 62.3%。生活垃圾处理方式以焚烧无害化处理和填埋无害化处理为主。2018 年，长三角区域生活垃圾焚烧厂数量为 100 座，比 2014 年增加了 29 座，焚烧无害化处理能力提升了 61%，焚烧无害化处理率占比达到 67.9%。长三角区域的生活垃圾填埋场数量由 2014 年的 80 座减少为 2018 年的 71 座，填埋无害化处理率占比为 30%。长三角区域城市中，上海市生活垃圾分类工作不断推进，分类体系不断健全，干垃圾焚烧和湿垃圾资源化利用等末端处理能力不断提高。

危险废物方面，长三角区域危险废物产生总量较大且不断增加。2018 年，长三角区域共计产生危险废物 1 153 万 t，占全国危险废物产生总量的 17.2%。江苏省、浙江省、上海市和安徽省的危险废物产生量分别位居我国工业危险废物产生量的第 1 位、第 5 位、第 12 位和第 21 位。《2019 年全国大、中城市固体废物污染环境防治年报》显示，2018 年，200 个大、中城市工业危险废物产生量排名中，苏州市、上海市和宁波市分别位居第 2 位、第 8 位、第 9 位。随着长三角区域工业化水平的不断提高，危险废物产生种类及产生量逐年增加，与 2014 年相比，2018 年长三角区域危险废物产生量增加了 112.7%，上海市、江苏省、浙江省和安徽省分别增加了 96.9%、99.3%、150.8%和 89.9%。

危险废物处置能力存在短板。截至 2018 年年底，长三角区域共计形成危险废物处置规模 1 040.75 万 t，2018 年长三角区域共计产生危险废物 1 153 万 t，危险废物处置能力仍存在一定缺口。在危险废物处置种类及危险废物处置能力方面，均与实际处置需求存在不匹配问题，大量危险废物需通过跨区域转移进行处置。

但同时也要看到，长三角区域固体废物产生量呈增长速度减缓趋势。2018 年，江苏省徐州市、浙江省绍兴市均入选国家“无废城市”第一批试点城市；2020 年，浙江省开展全省全域“无废城市”建设；江苏省也将在 2021 年启动相关工作。随着“无废城市”建设、《中国制造 2025》中关于绿色制造等工作的推进，长三角区域固体废物减量化、资源化的趋势正在加速，医疗废物逐步实现 100%集中处置，生活垃圾逐步实现零增长和零填埋。

4.6　化学品行业和管理现状

4.6.1　长三角化学品行业经济发展态势

4.6.1.1　经济规模

长三角区域化学品制造行业经济规模庞大，占全国近 1/3。自 2010 年起，长三角区域的化学品制造行业经济规模不断攀升，营业收入从 2010 年的 1.61 万亿元上升到 2016 年的 2.83 万亿元。但是，化学品制造行业经济规模从 2017 年起有所回落，2018 年营业收入 2.22 万亿元，比峰值（2016 年）下降了 14%。在过去十年间，长三角区域占据了全国化学品行业 31%～34%的营业收入，尤其是从 2013 年以来比例持续上升，2018 年该比例已达到 34%，如图 4-29 所示。

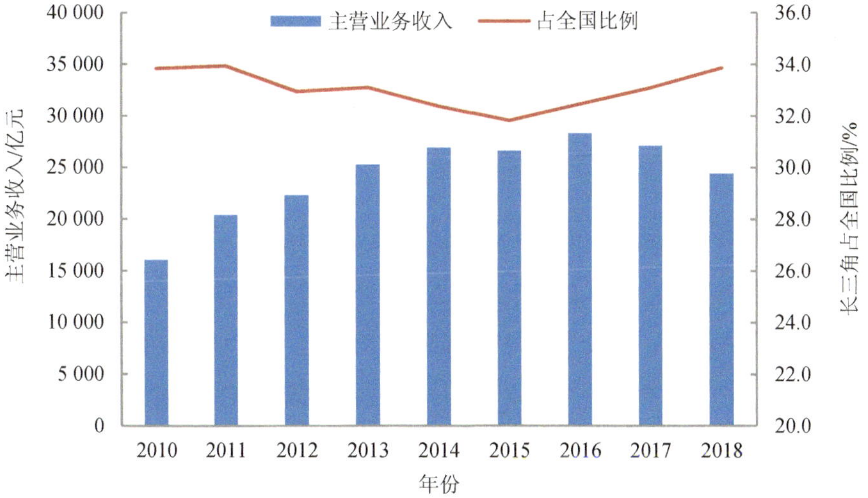

图 4-29　2010—2018 年长三角区域化学品制造业主营业务收入及其占比

三省一市化学品制造业营业收入占本地规模以上工业营业收入总和的比重最高的是江苏，其次分别是浙江、上海和安徽。2010—2018 年，化学品制造业占江苏规模以上工业营业收入的 10%以上，直到 2018 年首次跌至 9.6%，是江苏工业体系中的关键产业，对工业经济有极大贡献。浙江和上海的化学品制造业占比有一定历史波动，自 2015 年起缓慢升高，浙江已从 8.3%升高至 9.2%，上海从 7.8%升高至 8.6%。然而，化学品制造业在安徽工业经济中占比较低，且在 2010—2018 年稳定在 5.5%左右。

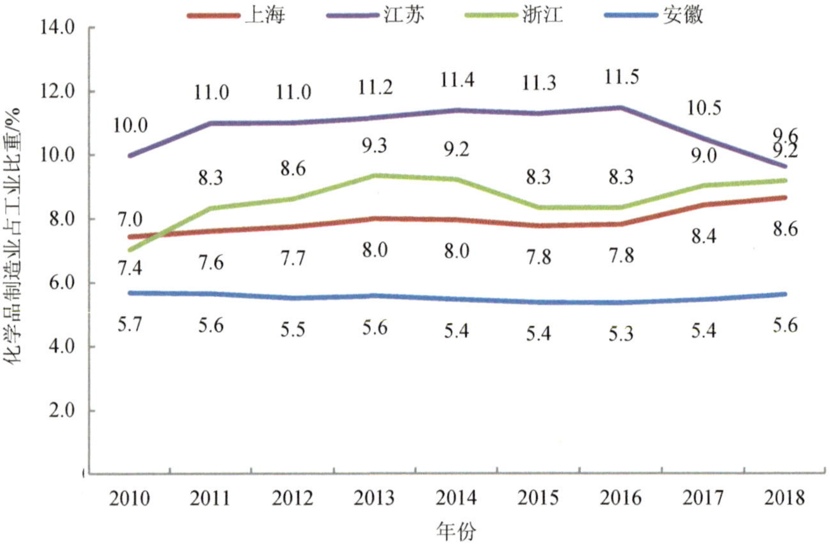

图 4-30　2010—2018 年三省一市化学品制造业营业收入占规模以上工业营业收入的占比

三省一市化学品制造行业营业收入规模差异较大，江苏省经济规模最大、占长三角比例最高，但近几年有所下降。2010 年江苏省化学品制造业营业收入为 9 087 亿元，随后逐年稳步提升，至 2016 年达到峰值（17 957 亿元），但近几年快速回落，2018 年下降至 12 318 亿元。江苏省占长三角比例也相应地稳定在 2016 年前的 60%。浙江省的化学品制造行业经济规模在长三角排名第二，营业收入从 2010 年的 3 550 亿元持续稳步增长至 2018 年的 6 635 亿元，从 2016 年的 22.1%提高至 27.2%。上海市和安徽省化学品制造行业经济规模较小并且在过去 10 年间变化趋势较为平缓。上海市化学品制造行业营业收入从 2010 年的 2 387 亿元增至 2018 年的 3 361 亿元，在长三角区域占比从 2010 年的 14.9%降至 2016 年的 9.5%后回升到 2018 年的 13.8%。安徽省化学品制造行业营业收入从 2010 年的 1 031 亿元增长至 2018 年的 2 092 亿元，在长三角区域占比从 6.4%持续增长至 8.6%，增幅较小，如图 4-31 所示。

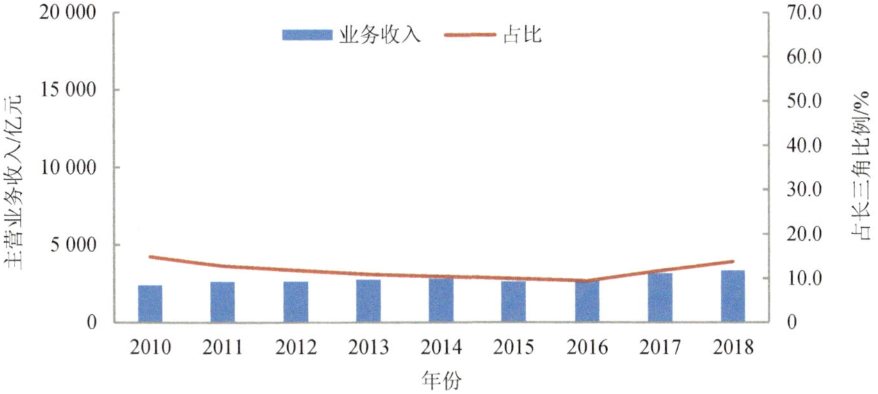
业务收入
占比
主营业务收入/亿元
占长三角比例/%
20 000
15 000
10 000
5 000
0
70.0
60.0
50.0
40.0
30.0
20.0
10.0
0
2010
2011
2012
2013
2014
2015
2016
2017
2018
年份

（a）上海

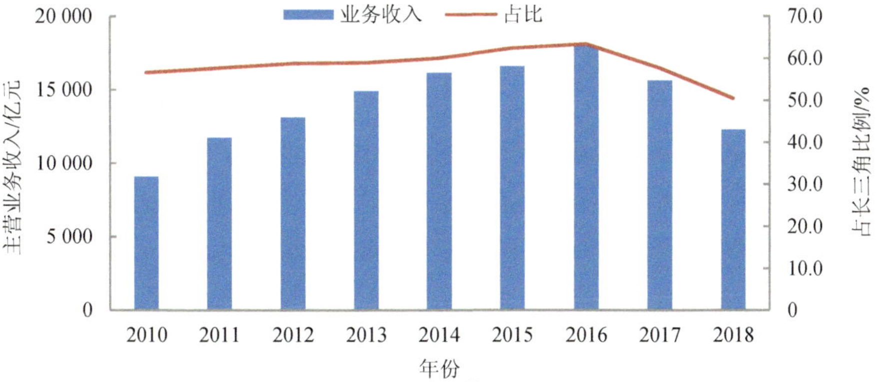
业务收入
占比
主营业务收入/亿元
占长三角比例/%
20 000
15 000
10 000
5 000
0
70.0
60.0
50.0
40.0
30.0
20.0
10.0
0
2010
2011
2012
2013
2014
2015
2016
2017
2018
年份

（b）江苏

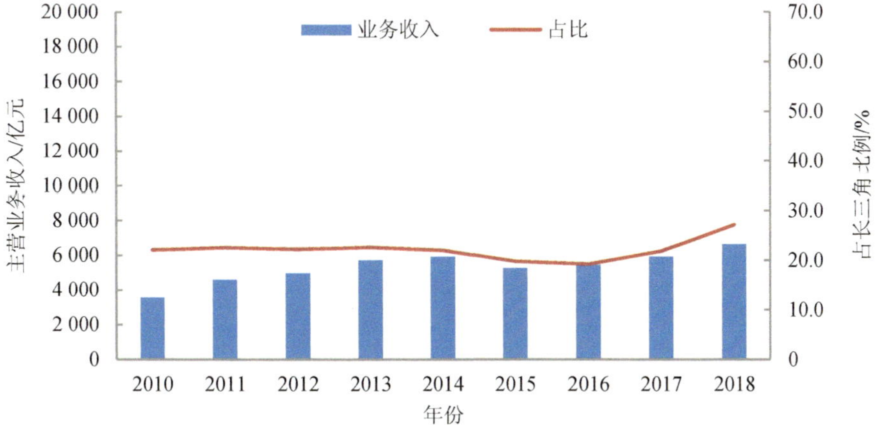
业务收入
占比
主营业务收入/亿元
占长三角比例/%
20 000
18 000
16 000
14 000
12 000
10 000
8 000
6 000
4 000
2 000
0
70.0
60.0
50.0
40.0
30.0
20.0
10.0
0
2010
2011
2012
2013
2014
2015
2016
2017
2018
年份

（c）浙江

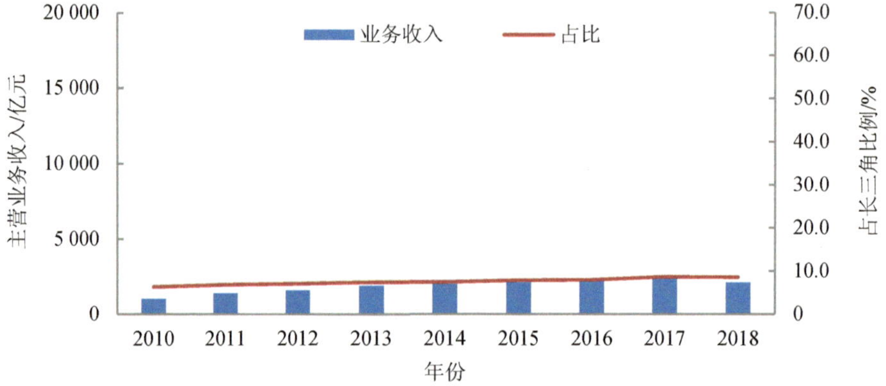

（d）安徽

图 4-31　2010—2018 年三省一市化学品制造业主营业务收入及其占长三角比例

4.6.1.2　经济利润

长三角区域化学品制造业的利润总额从 2010 年的 958 亿元持续增长至 2018 年的 2 069 亿元，实现利润总额翻番。其中，在 2017 年达到利润总额峰值（2 221 亿元）。长三角区域化学品行业总利润在全国的占比从 26%上升至 40%。虽然该比例在近 10 年早期有一定波动，但是从 2012 年起持续快速增长，并且从 2016 年起接近 40%，如图 4-32 所示。

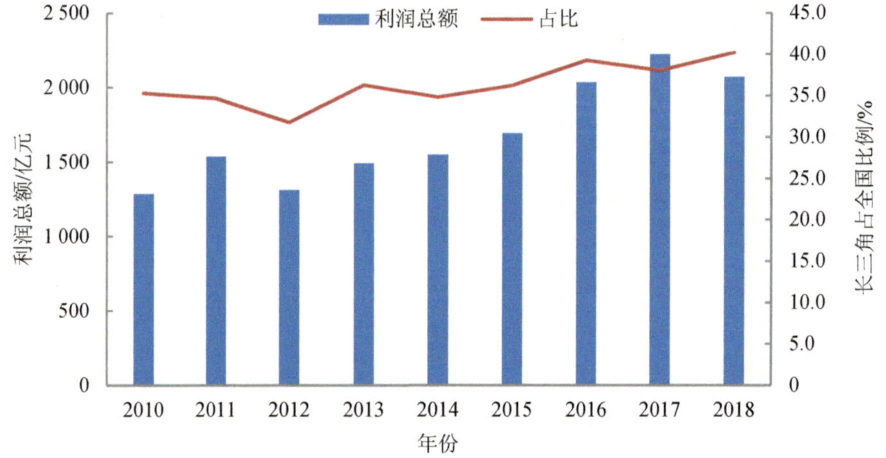

图 4-32　2010—2018 年长三角区域化学原料和化学制品制造业利润总额及其占全国比重

三省一市的化学品制造业中，江苏省利润总额最高，其次分别为浙江、上海和安徽。江苏省化学品制造业利润自 2010 年的 673 亿元升至 2016 年的 1 303 亿元，之后快速下降到 2018 年的 920 亿元，较峰值下降了 30%，占长三角区域总利润的 44%。与此同时，自 2016 年起，浙江和上海都有快速提升，到 2018 年利润总额分别达到 540 亿元和 420 亿元，比 2016 年增长了 51%和 88%，占长三角区域总利润的 26%和 20%。安徽省利润总额规模较低，从 2010 年的 103 亿元增长至 2018 年的 189 亿元，在长三角区域中占比始终低于 10%，如图 4-33 所示。

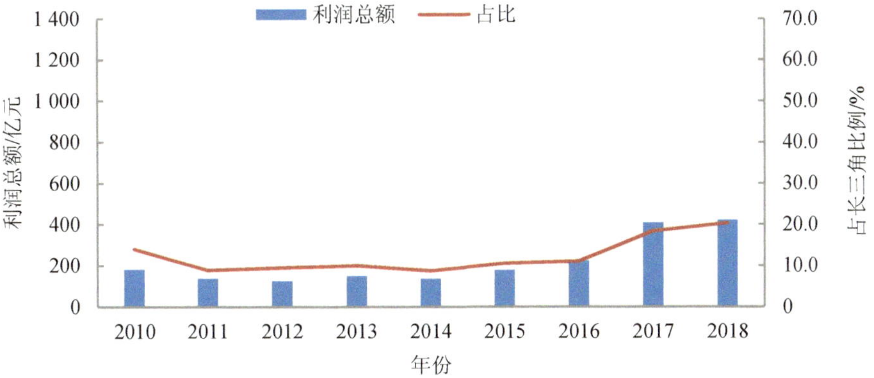

（a）上海

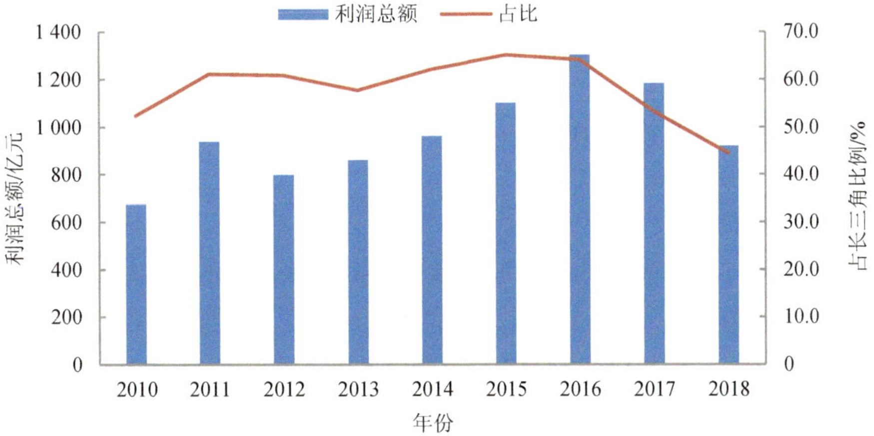

（b）江苏

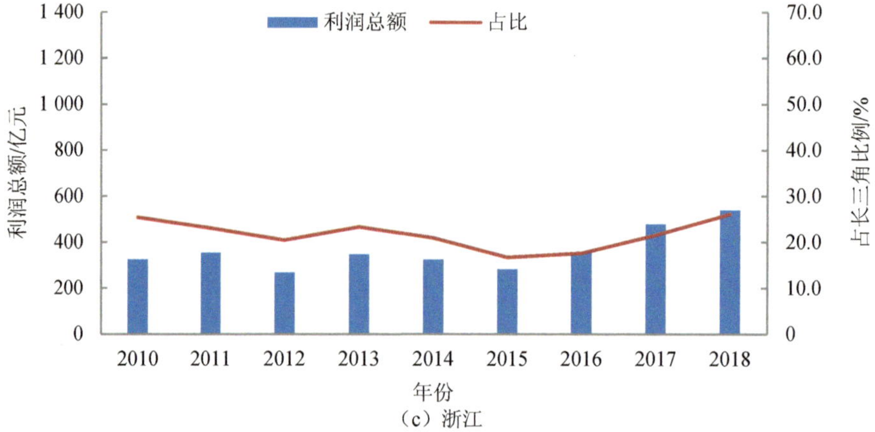

（c）浙江

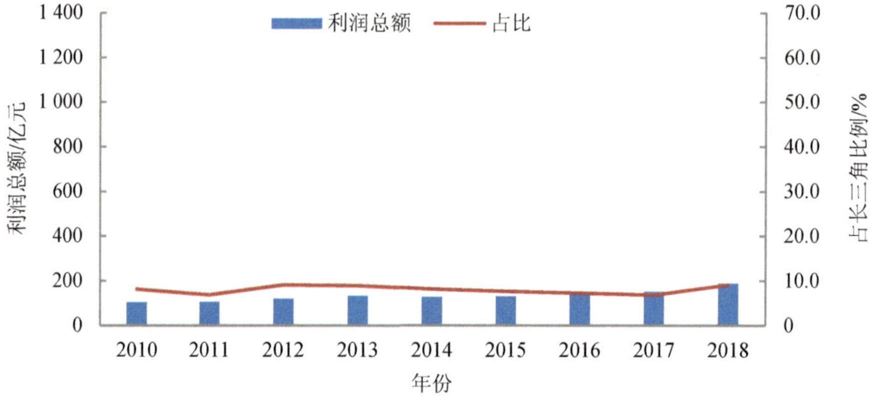

（d）安徽

图 4-33　2010—2018 年三省一市化学品制造业利润总额及其占长三角比例

4.6.1.3　利润率

长三角区域化学品制造行业的利润率呈现出触底反弹的变化趋势（利润率=利润/主营业务收入）。自 2010 年起，利润率从 6.0%逐步降至 2014 年的 4.5%，随后不断快速提升，到 2018 年利润率已提升至 8.5%。总体来看，2014—2018 年长三角区域化学品制造行业经济规模（主营业务收入）虽逐渐回落，但是其利润及利润率却呈现了持续提升，实现了经济效益增长，如图 4-34 所示。

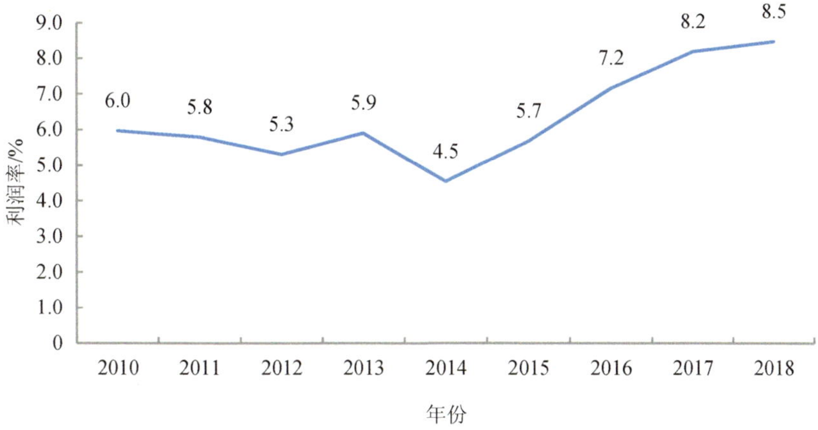

图 4-34　2010—2018 年长三角区域化学原料和化学制品制造业利润率

上海的利润率从 2014—2018 年迅速从 4.8%增加到 12.5%，在三省一市中率先突破 10%。江苏、浙江和安徽的利润率增幅较缓，2018 年的利润率分别为 7.5%、8.1%和 9.0%，如图 4-35 所示。

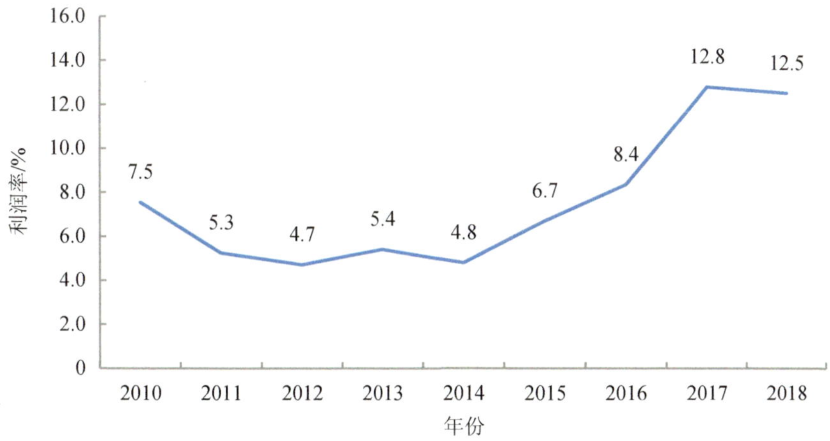

（a）上海

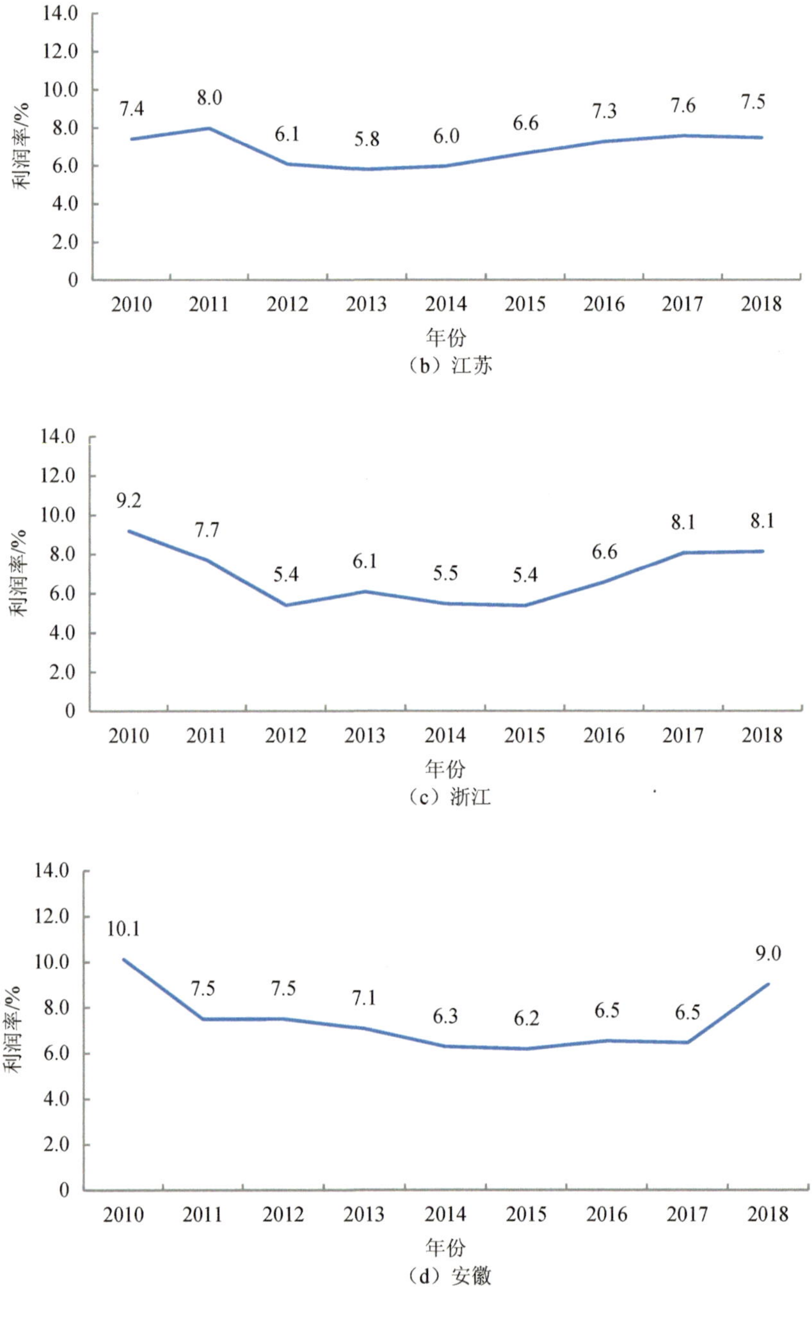

（b）江苏

（c）浙江

（d）安徽

图 4-35 2010—2018 年三省一市化学品制造业利润率

4.6.2　长三角化学品行业产品规模发展态势

4.6.2.1　基础化学品

硫酸和烧碱是基础化工产品。硫酸广泛应用于化工、冶金、石油、机械、医药、军事等工业，还用于生产化肥、染料、农药、化学纤维、塑料、涂料、洗涤剂等各种基本有机和无机化工产品。烧碱广泛应用于造纸、肥皂、染料、冶炼金属、石油精制、棉织品整理、煤焦油产物的提纯、食品加工、木材加工及机械工业等方面。

在长三角区域，江苏和安徽是基础化工的主阵营。硫酸和烧碱的年产量由高至低分别为江苏、安徽、浙江和上海，江苏和安徽产量最高，但从 2016 年起开始下降，浙江年产较低但始终保持上升趋势，上海年产量较少且保持稳定。江苏拥有均衡的硫酸和烧碱生产，年产量都保持在 400 万 t 左右，但可能受到产业结构调整的影响，到 2018 年硫酸和烧碱的年产量分别降至 250 万 t 和 320 万 t。安徽具有庞大的硫酸产量，从 2010 年的 440 万 t 持续扩大到 2016 年的 650 万 t，烧碱产量尽管在缓慢升高但始终低于 80 万 t。浙江的硫酸和烧碱年产量稳步提升，从 2010 年的 100 万 t 扩大到硫酸 300 万 t、烧碱 200 万 t，上升趋势明显。上海硫酸年产量始终低于 30 万 t、烧碱低于 80 万 t，且在 2010—2018 年趋势稳定，如图 4-36 所示。

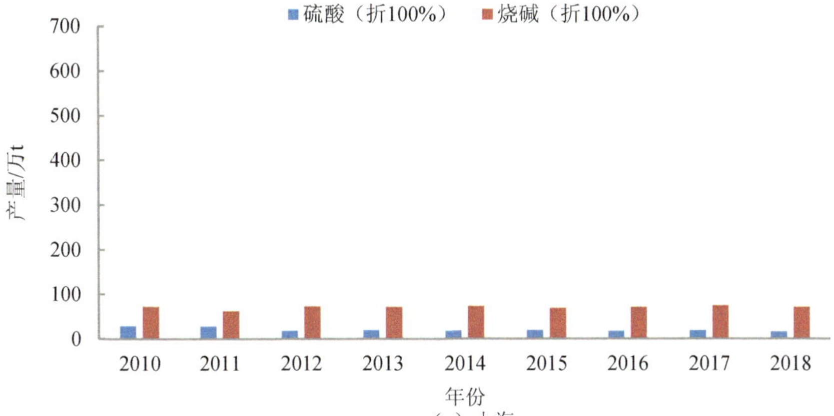

（a）上海

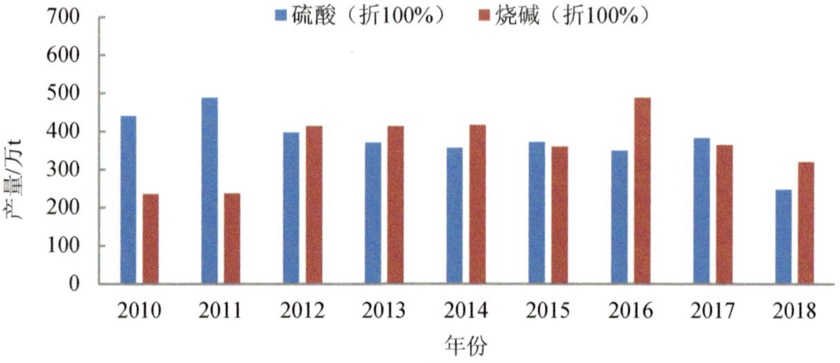

（b）江苏

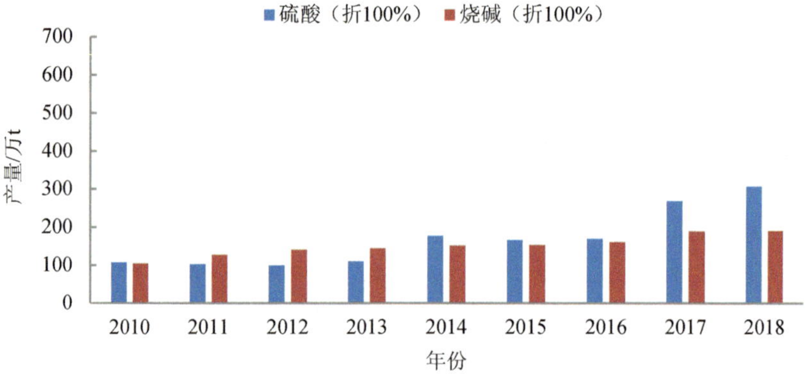

（c）浙江

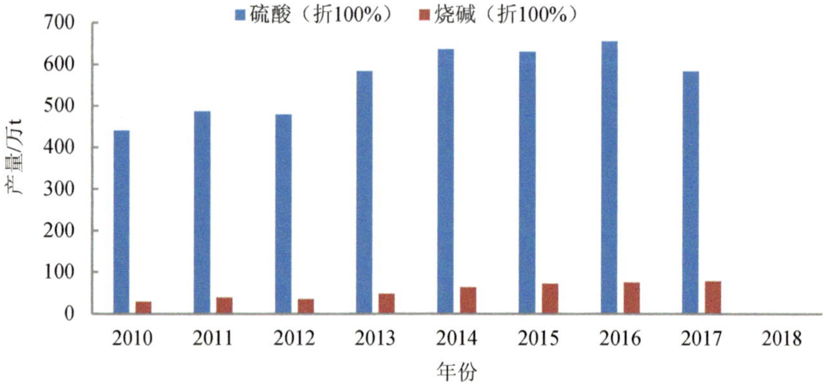

（d）安徽

图 4-36　2010—2018 年三省一市硫酸和烧碱年产量

4.6.2.2　精细化学品

长三角区域内合成洗涤剂年产量由高至低分别为浙江、安徽、上海和江苏。其中，浙江和安徽年产量水平相当，近几年均保持在近 100 万 t 的水平。上海合成洗涤剂年产量 2010—2018 年稳步增长至 50 万 t 水平，但江苏则下降至 10 万 t。

与此同时，化学药品原药的年产量主要集中在浙江，2010—2018 年的产量均维持在 20 万～30 万 t。江苏在 2016 年达到化学药品原药年产量峰值（33 万 t）后迅速回落至 10 万 t。上海和安徽的化学药品原药年产量均在 5 万 t 以下，但 2014—2018 年的数据表明安徽产量正在提高，上海产量正在降低，如图 4-37 所示。

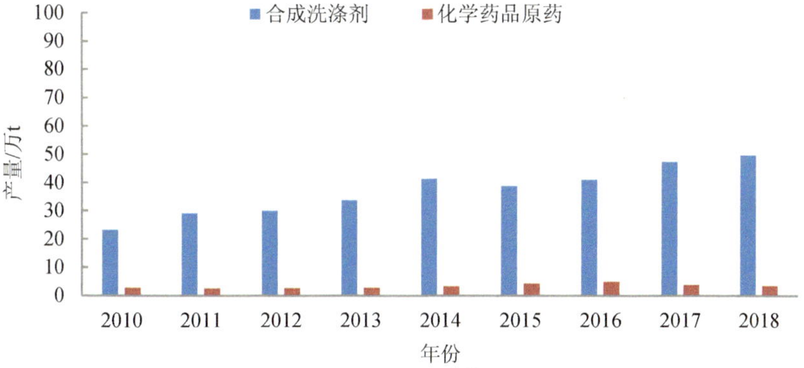

（a）上海

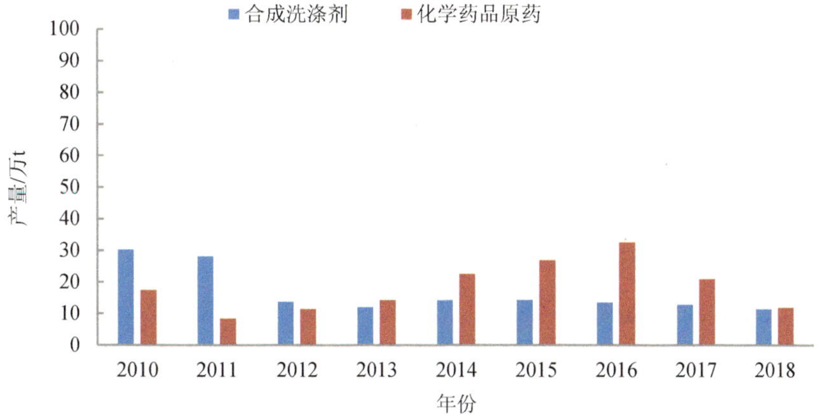

（b）江苏

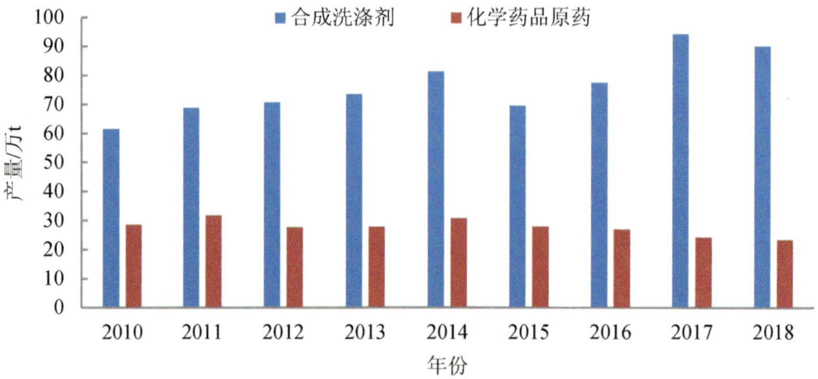

（c）浙江

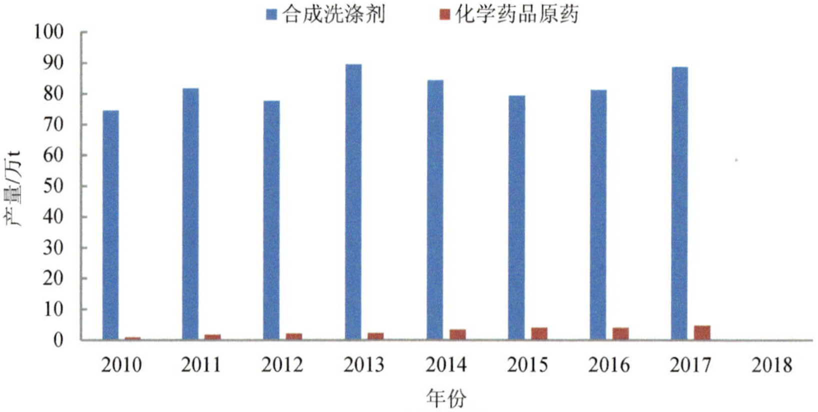

（d）安徽

图 4-37　2010—2018 年三省一市合成洗涤剂和化学药品原药年产量

4.6.2.3　农用化学品

农用化学品主要包含农用氮、磷、钾化学肥料和化学农药原药（折有效成分 100%）两大类指标。这里需要对数据做出说明，首先，上海仅公布了农药产量数据，而未公布化肥产量数据；其次，浙江的化肥和农药数据在 2012 年之后就未公布。

从公布数据来看，江苏和安徽的化肥年产量在 2010—2018 年总体呈现下降趋势，江苏 2018 年产量为 160 万 t，安徽 2017 年产量为 233 万 t。与此同时，2017 年和 2018 年我国化肥总产量分别达到 5 892 万 t 和 5 418 万 t，江苏和安徽在其中总计占比不到 10%。

长三角农药生产集中在江苏，2010—2018 年产量从 2010 年的 62 万 t 扩大到 2016 年的 121 万 t，随后缩减到 2018 年的 80 万 t。同时，安徽农药年产量在 20 万 t 以下，并且呈现进一步降低趋势；上海农药年产量维持在 1 万 t 左右。2018 年全国农药产量 208 万 t，其中江苏占比达 38%。由此可见江苏的农药生产规模无论是在长三角还是在全国都具有举足轻重的地位，如图 4-38 所示。

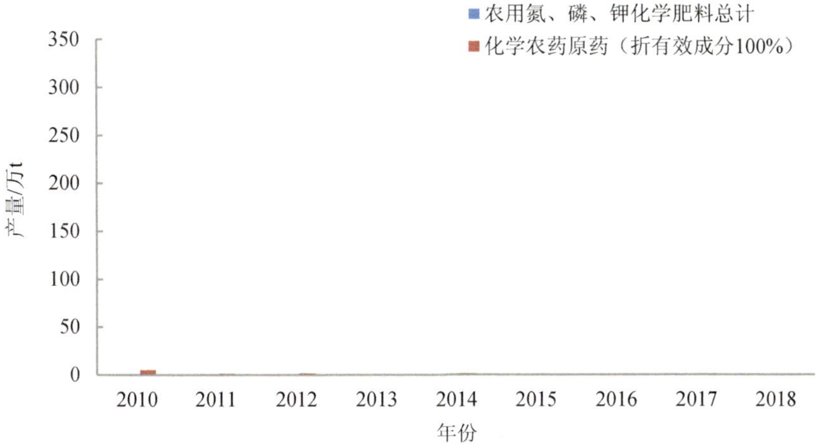

（a）上海

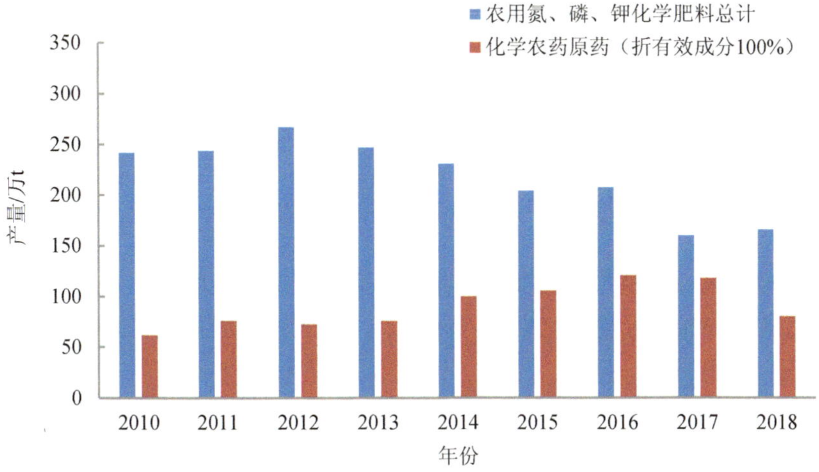

（b）江苏

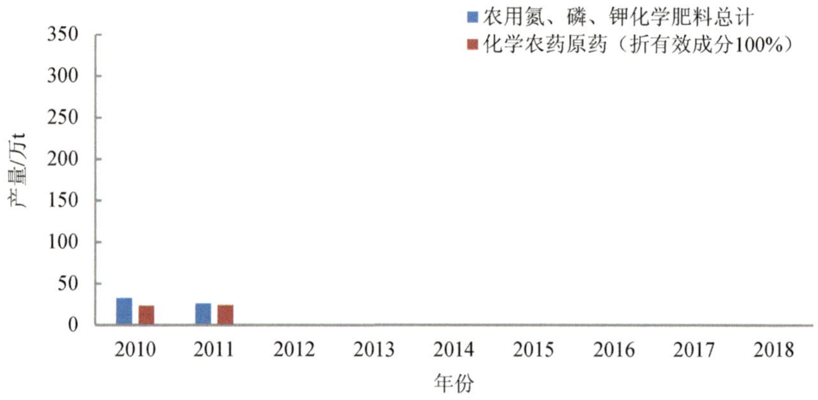

（c）浙江

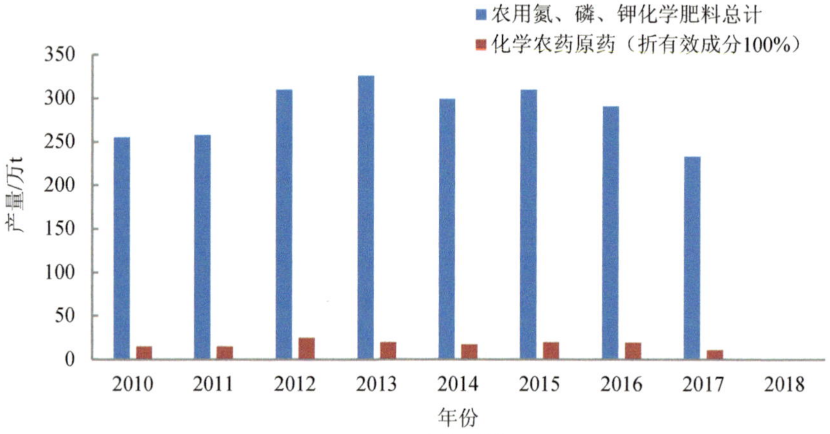

（d）安徽

图 4-38　2010—2018 年三省一市化肥和农药产量

4.6.3　长三角农用化学品使用与环境质量

在农业方面，对化肥的施用虽然保证了我国的粮食供应，但未被利用的营养元素通过淋溶、挥发等途径流失进入环境中，造成富营养化。自改革开放以来，我国农用化肥施用总量增长了 6.4 倍，1978 年我国农用化肥施用折纯量为 884 万 t，2010 年则达到了 5 561.7 万 t，2018 年达到了 5 653.4 万 t。与此相反，许多农业高集约化国家纷纷采取农业总量控制措施降低氮、磷肥施用量。比如自 20 世纪 80 年代以来，西欧各国氮、磷化肥用量分别下降了约 30%和 50%。

2018 年三省一市的化肥总施用量达 690.3 万 t，占全国施用量的 12%。安徽和江苏的农业播种面积最大，相应的化肥施用量也最高，分别为 311.8 万 t 和 292.5 万 t。浙江和上海的化肥施用量分别为 77.8 万 t 和 8.4 万 t。从时间趋势上来看，2014—2018 年三省一市的化肥施用量均呈现下降趋势，上海、江苏、浙江、安徽 2018 年施用量与 2010 年相比分别下降 34%、14%、16%、3%。

从单位播种面积化肥施用量来看，自 2010 年以来三省一市均有不同幅度下降，其中降幅最大的是上海。2010 年上海单位播种面积化肥施用量为 447 kg/hm^2，2012 年即降至 273 kg/hm^2，2018 年为 293 kg/hm^2，近年来均能基本保持在 300 kg/hm^2 以下，是目前三省一市中单位面积化肥施用量最低的。江苏的单位面积化肥施用量从 2010 年的 454 kg/hm^2 一直稳步降至 2018 年的 389 kg/hm^2，但目前依然处在三省一市中最高的位置。浙江从 2010 年的 431 kg/hm^2 稳步降至 2018 年的 364 kg/hm^2。安徽的单位面积化肥施用量总体较为稳定，近 10 年来维持在 350～390 kg/hm^2，直到 2016 年起开始呈现下降趋势，2018 年下降至 355 kg/hm^2。

（a）上海

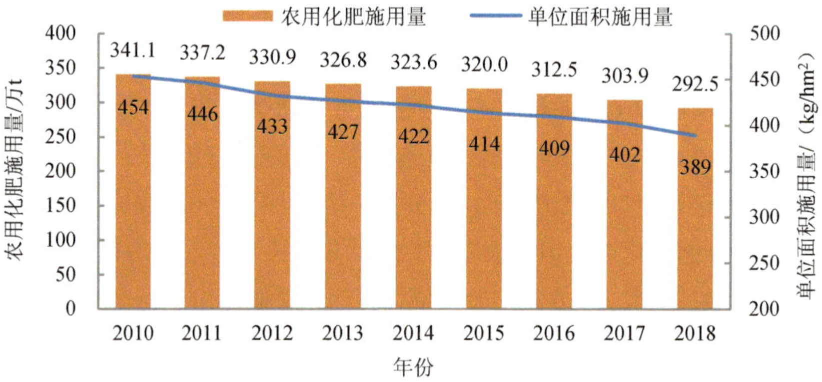

（b）江苏

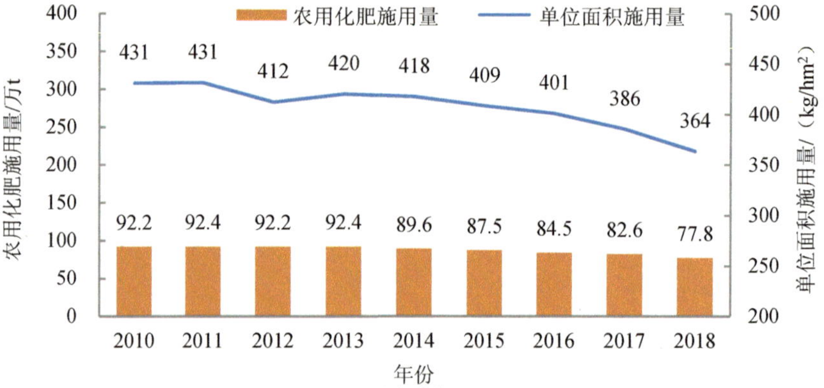

（c）浙江

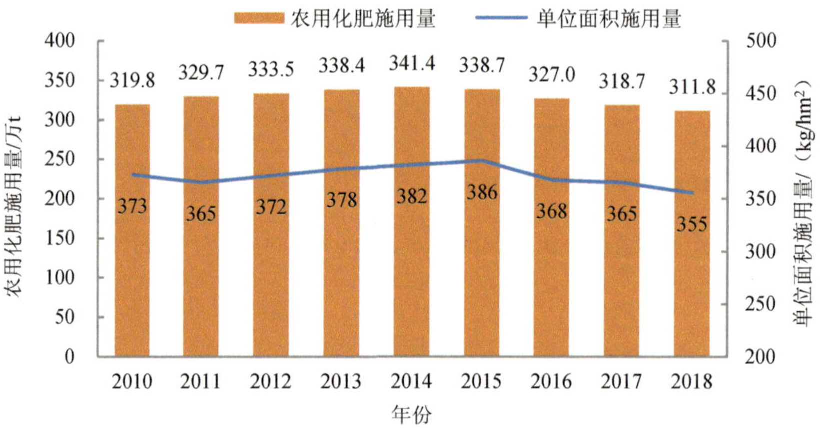

（d）安徽

图 4-39　2010—2018 年三省一市化肥施用量与单位播种面积化肥施用量

2019 年，全国地表水监测的 1 931 个水质断面中，Ⅰ～Ⅲ类水质断面（点位）占 74.9%，劣Ⅴ类占 3.4%，主要污染指标为化学需氧量、总磷和高锰酸盐指数。开展水质监测的 110 个重要湖泊（水库）中，Ⅰ～Ⅲ类湖泊（水库）占 69.1%，劣Ⅴ类占 7.3%，主要污染指标为总磷、化学需氧量和高锰酸盐指数。开展营养状态监测的 107 个重要湖泊（水库）中，贫营养状态湖泊（水库）占 9.3%，中营养状态占 62.6%，轻度富营养状态占 22.4%，中度富营养状态占 5.6%。

长三角区域主要涉及长江流域、淮河流域、太湖、巢湖。长江流域水质为优，监测的 509 个水质断面中，Ⅰ～Ⅲ类水质断面占 91.7%，劣Ⅴ类占 0.6%，其中，干流和主要支流水质均为优。淮河流域轻度污染，主要污染指标为化学需氧量、高锰酸盐指数和氟化物。淮河流域监测的 179 个水质断面中，Ⅰ～Ⅲ类水质断面占 63.7%，劣Ⅴ类占 0.6%，其中，干流水质为优，沂沭泗水系水质良好，主要支流和山东半岛独流入海河流为轻度污染。太湖轻度污染，主要污染指标为总磷；其中，东部沿岸区水质良好，北部沿岸区和湖心区为轻度污染，西部沿岸区为中度污染。全湖平均为轻度富营养状态；其中，北部沿岸区、东部沿岸区和湖心区为轻度富营养状态，西部沿岸区为中度富营养状态。环湖河流水质为优。监测的 55 个水质断面中，Ⅱ类水质断面占 27.3%，Ⅲ类水质断面占 63.6%，Ⅳ类水质断面占 9.1%，无其他类。巢湖轻度污染，主要污染指标为总磷；其中，东半湖为轻度污染，西半湖为中度污染。全湖平均为轻度富营养状态；其中，东半湖和西半湖均为轻度富营养状态。南水北调（东线）长江取水口水质为优。输水干线京杭运河里运河段、宝应运河段、宿迁运河段、不牢河段、韩庄运河段和梁济运河段水质均为优良，其中，宝应运河段、宿迁运河段、韩庄运河段和梁济运河段是调水期间京杭运河调水河段。南四湖和东平湖为中营养状态，洪泽湖和骆马湖为轻度富营养状态。

为了分析化肥施用与水环境质量的关系，以上海和浙江为例，比较了 2014—2018 年化肥施用量与水体氨氮和总磷两项指标之间的时间变化趋势。浙江水体中氨氮含量低，2010—2018 年的平均氨氮含量均低于 1.0 mg/L 的Ⅲ类水水质标准。浙江的化肥施用量与水质氨氮的时间变化趋势表现出显著的相关性，在 2010 年至 2014 年化肥用量和氨氮水平均比较稳定，从 2014 年开始同步快速降低。2018 年浙江化肥施用量 77.8 万 t，比 2014 年的 89.6 万 t 下降了 13%，同时 2018 年浙江水环境总体平均氨氮含量为 0.33 mg/L，比 2014 年的 0.81 mg/L 下降了 60%。由此表明化肥可能是浙江水环境中氨氮的主要来源，通过源头减少化肥的施用有效控制了水体中的氨氮。浙江水体总磷含量整体偏低，2010—2018 年监测数据显示其平均总磷含量在 0.088～0.13 mg/L，远低于Ⅲ类水水质要求的 0.2 mg/L。在氨氮浓度降低的同时，水体总磷浓度也呈现出明显下降趋势，水体总磷浓度从 2014 年的 0.10 mg/L 降至 2018 年的 0.088 mg/L，降幅为 12%，与化肥施用量减用幅度相当，化肥的减少施用对水体总磷控制起到了相应的作用。

上海的化肥施用量从 2010 年起稳步降低，从 12.8 万 t 减少到了 2018 年的 8.4 万 t，降幅为 34%。但是，水体氨氮含量延迟至 2013 年起才呈现出降低趋势，从 2012 年的 1.63 mg/L 降至 2018 年的 0.42 mg/L，降幅为 74%。其中，2010—2015 年上海水体氨氮含量平均值高于 1.0 mg/L 的Ⅲ类水水质标准，直到 2016 年起其平均氨氮含量水平才达到Ⅲ类水水质标准。另外，上海水体总磷污染程度也较高，2010—2015 年水体总磷含量都接近或超过Ⅲ类水水质标准（0.2 mg/L），直到 2016 年起才降低至 0.2 mg/L 以下，到 2018 年达到 0.13 mg/L，较峰值降低了 49%，如图 4-40 所示。

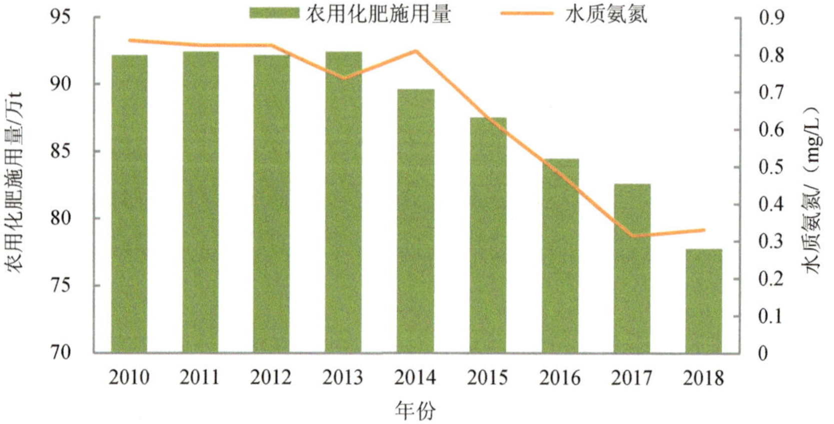

（a）浙江：氨氮

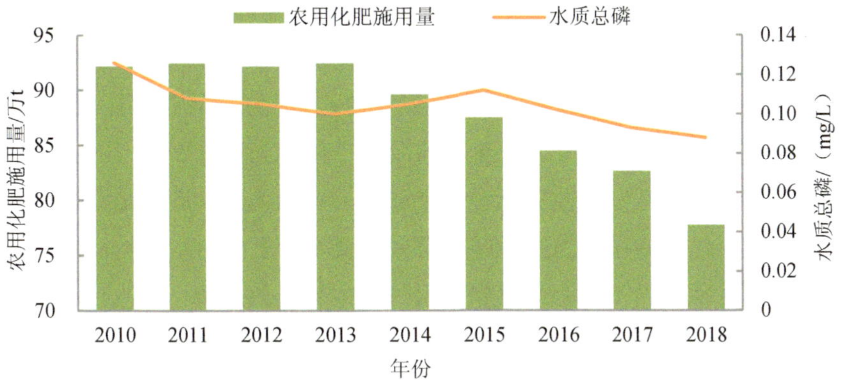

（b）浙江：总磷

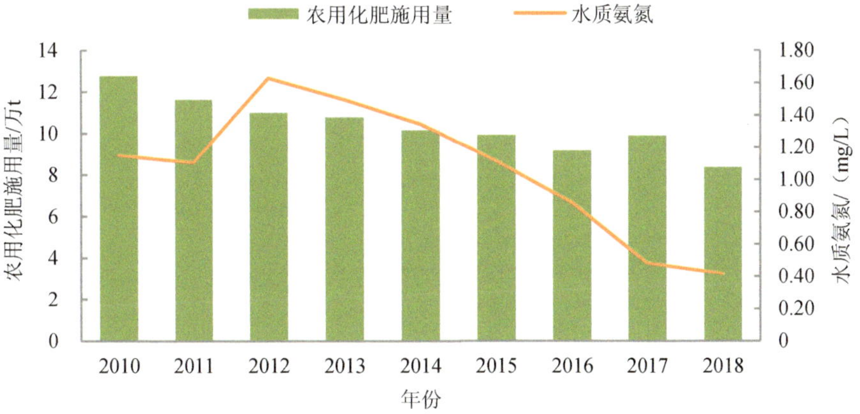

（c）上海：氨氮

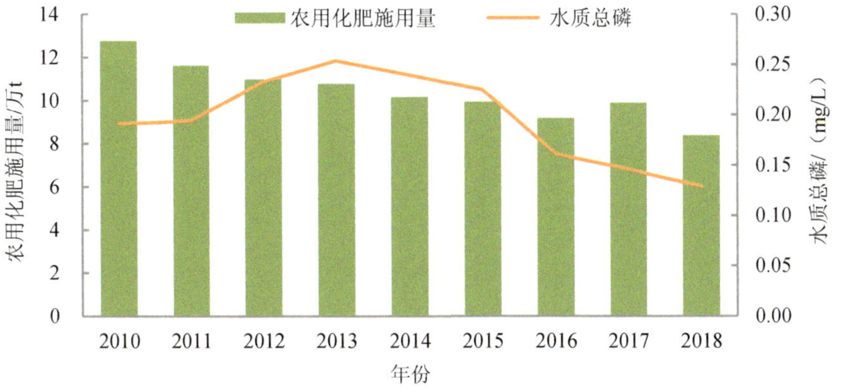

（d）上海：总磷

图 4-40 化肥使用量与水质氨氮、总磷的含量

为了进一步探讨化肥施用量与水质指标的关系，对这两个指标进行了线性回归。结果表明，浙江化肥施用量与水体氨氮有极强的线性相关性（$R^2=0.89$），线性方程为 $y=0.038\,6x-2.753\,5$，其中 y 为氨氮含量，x 为化肥施用量。由此斜率可以推论，若要降低氨氮含量 0.1 mg/L，需要减少化肥施用量 2.59 万 t。浙江化肥施用量与水体氨氮的良好线性关系进一步证实，农用化肥的施用是浙江水体中氨氮的关键来源，化肥施用量的减少能够有效降低水体氨氮含量。然而，浙江的化肥施用与水体总磷，以及上海的化肥施用与水体氨氮和总磷，虽然有一定的正相关趋势，但是其线性较弱，说明还有其他因素影响了水体氮磷污染水平，如图 4-41 所示。

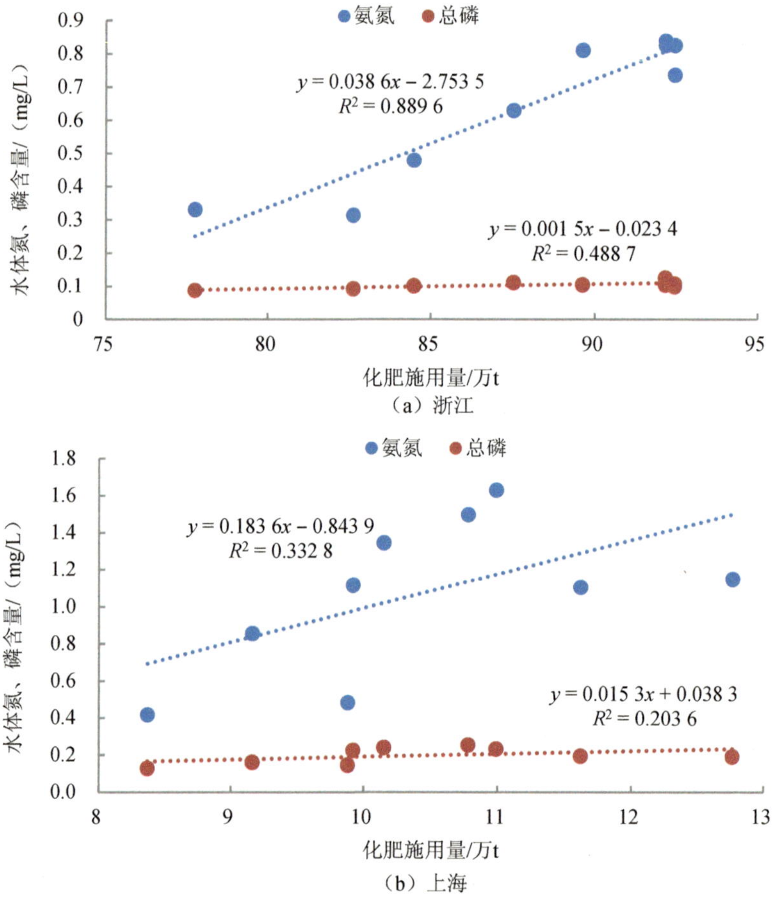

图 4-41　浙江和上海化肥施用量与水质指标氨氮和总磷的相关性

此外，为了分析化肥施用量与水质指标之间耦合关系的时间趋势，采用解耦合指数（Decoupling Index，DI）来反映二者之间的变化关系。

$$\mathrm{DI}_i = \frac{Q_i}{Q_{i-1}} \Big/ \frac{A_i}{A_{i-1}}$$

式中，DI_i 为第 i 年的解耦合指数；Q_i 为第 i 年水质指标；A_i 为第 i 年化肥施用量。DI 值越接近 1 表明二者耦合关系强，越偏离 1 表明二者解耦合关系越强，如图 4-42 所示。

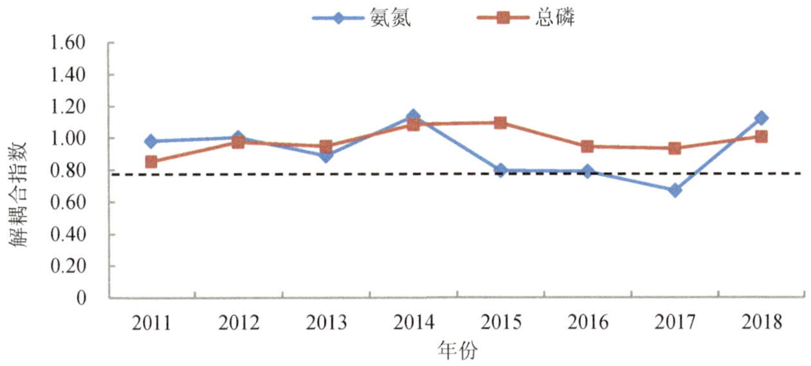

（a）浙江

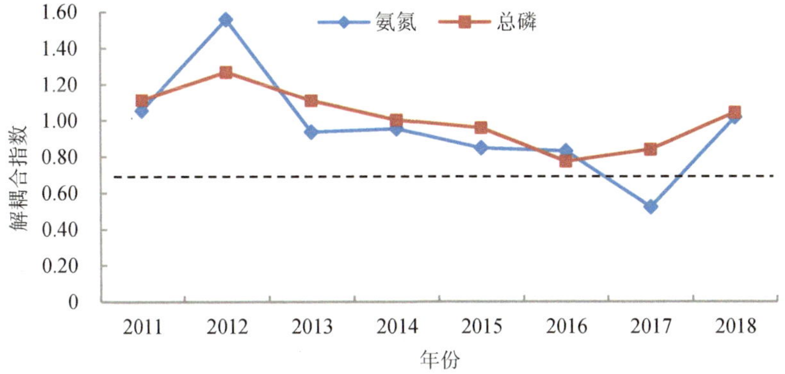

（b）上海

图 4-42　浙江和上海水质（氨氮、总磷）与化肥施用量解耦合指数

浙江省氨氮的 DI 值在 2011—2018 年总体上≤1，这表明水体氨氮状况改善快于化肥施用量的减少，尤其是水体氨氮自 2015 年呈现出明显的解耦合态势，继续减少化肥施用量可能无法促进水体氨氮进一步下降。然而，水体总磷的 DI 值一致在 1 的上下波动，这表明水体总磷水平与化肥施用量未解耦合，总磷污染状况可以通过继续减少化肥施用进行控制。

上海市水质状况与化肥施用量的耦合关系表现出三段不同历史时期变化。2011—2013 年，上海水体氨氮和总磷的 DI 值均>1，这表明当时水质与化肥施用是解耦合关系并且氨氮和总磷改善速率慢于化肥施用量减少速率，化肥控制并未有效降低水体氨氮和总磷，进而说明可能有其他氮、磷排放源贡献；2013—2015 年 DI 值逐渐降低至 1 的上下波动，水质改善与化肥减量是耦合关系；2015 年 DI 值逐渐<1，水质改善快于化肥施用减量，通过控制化肥达到降低水体氨氮和总磷的成效有所减弱。

4.7 长三角区域环境污染问题的现实成因

一个地区的环境污染状况和区域内产业结构、能源消费结构、人口数量等因素密切相关。在国家层面的规划中，长三角区域地域范围一直在不停演变、扩大。根据 2019 年 12 月中共中央、国务院印发的《纲要》，当前长三角区域包含三省一市全部区域，其地域面积为 35.8 万 km^2，人口数量为 2.27 亿人，2019 年地区生产总值为 23.72 万亿元，人均 GDP 超过 10 万元。

作为我国人口密度最高，经济较发达的区域之一，长三角区域同时也是能源消耗量最大、污染排放水平最高、承载压力最大的地区。前文已通过相关的统计数据对区域内空气污染、水体污染和土壤污染的现状展开分析，其污染严重程度可见一斑。本部分进一步对长三角区域生态环境污染的现实成因展开分析，识别环境污染的现实成因不仅可为决策部门对症施治提供参考，也有助于其判断区域环境治理周期的长短，进而做到有的放矢。

4.7.1 人口因素对区域环境的影响

人们在日常生活中需要不断地与外界进行能量交换、消耗资源；与此同时也会不断地产生废弃物。大量的废弃物得不到有效处理就会对环境造成污染。

生活垃圾是人们日常生活中产生体量最大的废弃物，通过区域内生活垃圾清运量的数据可以推测人口因素对区域环境污染的影响。图 4-43 显示了 2009—2018 年长三角区域生活垃圾清运量。从图 4-43 可知，由于人口众多，长三角区域内三省一市生活垃圾清运量不仅总量庞大，而且每年都有一定幅度的增长。当前生活垃圾已经成为区域环境污染的重要来源之一，对区域绿色发展提出挑战。因此，长三角区域是中国垃圾分类执行最严格的区域之一，2019 年上海市更是发布了《上海生活垃圾管理条例》，政府对生活垃圾的管控将更加严格。

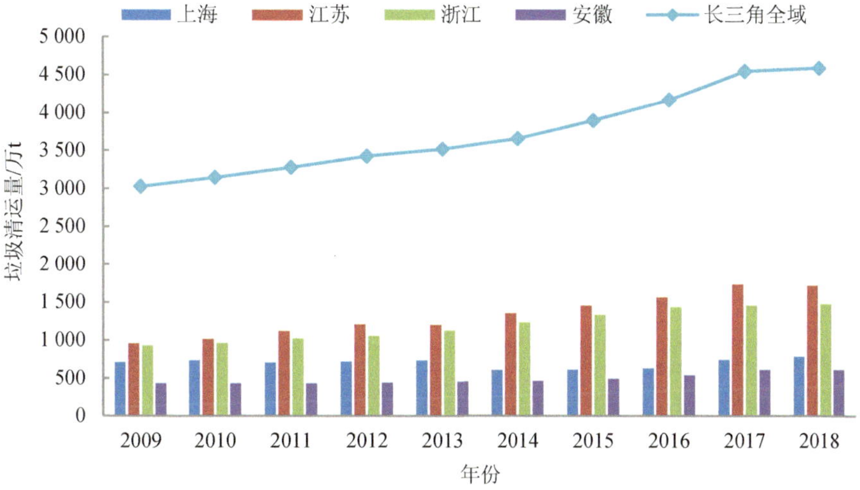

图 4-43　2009—2018 长三角区域历年生活垃圾清运量

数据来源：国家统计局网站，https：//data.stats.gov.cn/publish.htm？sort=1。

4.7.2　产业结构对区域环境的影响

长三角区域由于营商环境优越、基础设施配套完善、沿江沿海，因而区域内工业发达。从这一地区的产业结构来看，呈现偏重的特点，工业园区数量庞大，遍布区域内三省一市。表 4-17 显示了 2018 年长三角区域三省一市工业发展情况与全国的比较。

表 4-17　2018 年长三角区域工业发展情况及与全国比较

地区	规模以上工业企业/家	省级以上工业园区/个	工业总产值占比/%	重化工业产值占比/%
上海	8 130	35	28.76	65.44
江苏	45 675	128	45.20	62.04
浙江	40 586	126	42.95	63.88
安徽	19 421	104	41.44	66.46
全国	372 355	2 488	39.90	62.15

数据来源：国家统计局。

注：工业总产值占比=工业总产值/国内生产总值；重化工业产值占比=重化工业产值/工业总产值。

基于对表 4-17 的分析，从企业及工业园区数量和规模来看，当前长三角区域规模以上工业企业数占全国总数的 30.56%；省级以上工业园区占全国总数的 15.80%。此外，进一步从工业产值占比的角度分析发现，除上海之外，长三角区域其他省份工业总产值占比均高于全国平均水平。重化工业产值占比更是基本都在全国平均水平之上。由于工业企业规模和数量庞大，并且工业企业中重化工业更是占据大头，因此长三角区域产业结构是区域工业环境污染严重的主要原因。

4.7.3　能源结构对区域环境的影响

伴随外来电的大幅增加，长三角石化能源在一次能源消费结构中的比重有所降低，但目前以石化能源为主的能源供应和消费格局依然未发生实质变化。2017 年，长三角能源消费总量约为 97 185 万 t 标准煤，占全国比重的 16.15%，长三角煤及其制品在能源消费结构中的占比依然高达 57.2%。

表 4-18 具体显示了长三角区域能源消费结构。从表 4-18 可知，当前除上海外，江苏、浙江和安徽三省均以煤炭及其制品为主，长三角全域平均来看也以煤炭及其制品为主。此外，石化能源是区域内的第二大能源消耗来源，而热力及电力这类清洁能源仅占区域能源消费结构中极小一部分。能源消费结构中清洁能源占比偏低是区域大气污染的主要现实成因。

表 4-18 2017 年长三角区域能源消费结构

项目		上海	江苏	浙江	安徽	长三角	全国
消费量/t 标准煤	煤及其制品	4 194.9	24 678.8	10 833.6	15 877.7	55 585.0	380 842.7
	石油及其制品	9 178.9	11 892.1	9 385.2	3 538.2	33 994.4	184 489.9
	天然气及其制品	117.7	362.7	191.8	61.3	733.4	10 229.9
	热力	366.7	2 345.9	1 957.7	548.6	5 218.9	18 083.8
	电力	187.6	713.8	515.3	236.1	1 652.9	7 966.5
消费占比/%	煤及其制品	29.2	61.7	47.3	78.4	57.2	63.3
	石油及其制品	65.3	29.7	41.0	17.5	35.0	30.7
	天然气及其制品	0.8	0.9	0.8	0.3	0.8	1.7
	热力	2.6	5.9	8.6	2.7	5.4	3.0
	电力	1.3	1.8	2.3	1.2	1.7	1.3

资料来源：《中国能源统计年鉴 2018》。
注：表中内容依据能源折算系数已将实物转化为标准量。

4.7.4 城市化进程对区域环境的影响

近年来，长三角区域的城市化水平有较大的提升，2010 年长三角区域的城市化率仅为 59.62%，到 2017 年则上升到 69.5%。当前长三角区域三省一市的 GDP 总量大幅领先于京津冀和珠三角地区，2019 年长三角区域 GDP 总量占全国的比重为 23.94%。同时，长三角区域的城市化率水平与京津冀相比还存在较大的提升空间。当前京津冀区域城市化率已高达 74.81%，未来长三角区域城市化率还将继续提升。而依据已有经验，随着城市化水平的提升，地区生态冲突的可能性将加大。

图 4-44 是城市化过程中空间生态冲突形成的一般性原理，按照图 4-44，长三角区域高速发展的经济和由此带来的城市化水平提升将给区域环境带来较大压力，因此长三角区域的城市化发展也是区域生态环境压力较大的现实成因之一。

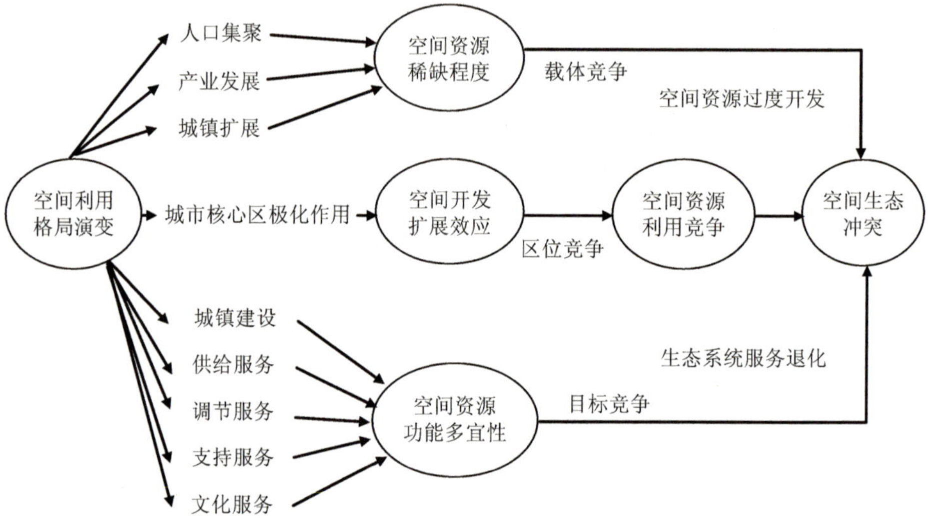

图 4-44　城市化过程空间生态冲突形成一般原理

以上 4 个部分的现实原因表明长三角区域环境污染治理不仅需要较长的周期，同时也表明区域环境治理的复杂性，尤其是工业环境污染的治理涉及较为复杂的治理技术，单纯依靠政府监管和企业自身的“三同时”建设，可能无法逆转区域环境污染不断加剧的现实。这暗示需要政府进一步完善现有环境治理体系，依托社会力量和专业化、产业化、市场化的第三方治理来补充环境治理力量，构建多元共治的治理局面。同时也从侧面反映了长三角区域环境污染治理存在庞大的市场空间，这在客观上为培育第三方治理市场提供了现实的可能。

第5章

长三角区域生态环境保护相关规划政策制度

5.1 长三角区域生态环境保护相关规划

5.1.1 规划总体情况

5.1.1.1 经历了三轮规划发展阶段

长三角经济圈的概念产生于20世纪80年代。早在1982年，国家就提出“以上海为中心建立长江三角洲经济圈”。当时的长三角经济圈包括上海、南京、宁波、苏州和杭州等城市。1986年，长三角经济圈的概念进一步扩大到五省一市，即上海、江苏、浙江、安徽、福建和江西。后来是以上海为中心的大都市圈，包括上海市，江苏省的南京、苏州、无锡、常州、扬州、镇江、南通、泰州和浙江省的杭州、宁波、湖州、嘉兴、绍兴、舟山，共15个城市。2003年8月15日，长江三角洲城市经济协调会第四次会议接受台州市加入。2007年12月1日，在上海召开的长江三角洲地区发展国际研讨会将长三角扩展为上海、浙江、江苏两省一市。截至目前，长三角区域大致经历了三轮大的规划时期。

第一轮规划（长三角26市）：国务院在2008年颁布《关于进一步推进长江三角洲地区改革开放与经济社会发展的指导意见》，旨在实现科学发展、和谐发展、率先发展、一体化发展，把长江三角洲地区建设成为亚太地区重要的国际门户、全球重要的先进制造业基地、具有较强国际竞争力的世界级城市群，为我国全面建成小康社会和实现现代化作出更大贡献。2010 年，国家发展改革委发布《长江三角洲地区区域规划》，规划范围包括上海市，江苏省的南京、无锡、常州、苏州、南通、盐城、扬州、镇江、泰州，浙江省的杭州、宁波、嘉兴、湖州、绍兴、金华、舟山、台州，安徽省的合肥、芜湖、马鞍山、铜陵、安庆、滁州、池州、宣城 26 市，在规划中提出重点改善长江三角洲地区生态环境，形成人与自然和谐相处的良好局面。2016 年 6 月，国家发展改革委和住房城乡建设部发布《长江三角洲城市群发展规划》，规划范围还是上述 26 个城市，其规划目标是发展长三角城市群，构建经济充满活力、高端人才会聚、创新能力跃升、空间利用集约高效的世界级城市群（表 5-1）。

第二轮规划（长江经济带的下游）：2014 年 3 月，国务院印发《关于依托黄金水道推动长江经济带发展的指导意见》，提出依托黄金水道推动长江经济带发展，打造中国经济新支撑带，促进经济增长空间从沿海向沿江内陆拓展。2016 年 9 月，国家发展改革委印发《长江经济带发展规划纲要》（以下简称《规划纲要》），明确了长江经济带生态优先、绿色发展的总体战略，其中，上海、江苏、浙江、安徽三省一市被纳入长江经济带下游范围。2017 年，环境保护部、国家发展改革委、水利部印发《长江经济带生态环境保护规划》，是《纲要》在生态环境保护领域的具体安排，“共抓大保护，不搞大开发”，落实生态文明体制改革的有关要求，创新管理思路，发挥长江经济带生态文明建设先行示范带的引领作用，见表 5-1。

第三轮规划（长三角一体化）：2018 年 11 月，习近平主席在首届进博会开幕式主旨演讲中宣布支持长江三角洲区域一体化发展并上升为国家战略。2019 年 12 月，中共中央、国务院印发《长江三角洲区域一体化发展规划纲要》，规划范围包括上海市、江苏省、浙江省、安徽省全域，并以上海青浦、江苏吴江、浙江嘉善为长三角生态绿色一体化发展示范区（面积约为 2 300 km^2），示范引领长三角区域更高质量一体化发展。在《长江三角洲区域一体化发展规划纲要》印发后，上海、江苏、浙江、安徽三省一市分别印发《浙江省推进长江三角洲区域一体化发展行动方案》《上海市贯彻〈长江三角洲区域一体化发展规划纲要〉实施方案》《安徽省实施长江三角洲区域一体化发展规划纲要行动计划》《江苏省实施长江三角洲区域一体化发展规划纲要行动计划》（表 5-1）。根据《纲要》要求，生态环境保护的专项规划由生态环境部会同国家发展改革委、中国科学院，并于 2020 年 10 月由推进长三角一体化发展领导小组办公室印发《长江三角洲区域生态环境共同保护规划》。

表 5-1 长三角区域相关规划、指导意见和行动方案

序号	规划名称	发布时间	发布单位	规划范围	规划期限
1	《关于进一步推进长江三角洲地区改革开放与经济社会发展的指导意见》	2008 年	国务院	上海市、江苏省和浙江省	近期到 2012 年，远期到 2020 年
2	《长江三角洲地区区域规划》	2010 年	国家发展改革委	上海市、江苏省 9 市、浙江省 8 市和安徽省 8 市：上海市，江苏省的南京市、无锡市、常州市、苏州市、南通市、盐城市、扬州市、镇江市、泰州，浙江省的杭州市、宁波市、嘉兴市、湖州市、绍兴市、金华市、舟山市、台州，安徽省的合肥市、芜湖市、马鞍山市、铜陵市、安庆市、滁州市、池州市、宣城市 26 市	规划期为 2009—2015 年，远期到 2020 年
3	《长江三角洲城市群发展规划》	2016 年 6 月 1 日	国家发展改革委、住房城乡建设部	规划范围包括上海市，江苏省的南京市、无锡市、常州市、苏州市、南通市、盐城市、扬州市、镇江市、泰州，浙江省的杭州市、宁波市、嘉兴市、湖州市、绍兴市、金华市、舟山市、台州，安徽省的合肥市、芜湖市、马鞍山市、铜陵市、安庆市、滁州市、池州市、宣城市 26 市，土地面积 21.17 万 km^2	2016—2020 年，远期到 2030 年

序号	规划名称	发布时间	发布单位	规划范围	规划期限
4	《长江经济带发展规划纲要》	2016年9月	国家发展改革委	上海市、江苏省、浙江省、安徽省、江西省、湖北省、湖南省、重庆市、四川省、云南省、贵州省11省（市）	2015—2020年，远期到2030年
5	《长江经济带生态环境保护规划》	2017年7月	环境保护部、国家发展改革委、水利部	长江经济带11省（市），含上海市、江苏省、浙江省、安徽省全域	2015—2020年，远期到2030年
6	《长三角地区一体化发展三年行动计划（2018—2020年）》	2018年6月1日	长三角区域合作办公室	三省一市	2018—2020年
7	《长江保护修复攻坚战行动计划》	2018年12月	生态环境部、国家发展改革委	长江经济带11省（市），含上海市、江苏省、浙江省、安徽省全域	2019—2020年
8	《长三角生态绿色一体化发展示范区总体方案》	2019年10月29日	国务院	上海市青浦区、江苏省苏州市吴江区、浙江省嘉兴市嘉善县	
9	《长三角地区2018—2019年秋冬季大气污染综合治理攻坚行动方案》《长三角地区2019—2020年秋冬季大气污染综合治理攻坚行动方案》	2018年、2019年	生态环境部、国家发展改革委、工业和信息化部等	长三角区域包括上海市，江苏省南京市、无锡市、徐州市、常州市、苏州市、南通市、连云港市、淮安市、盐城市、扬州市、镇江市、泰州市、宿迁市，浙江省杭州市、宁波市、温州市、湖州市、嘉兴市、绍兴市、金华市、衢州市、舟山市、台州市、丽水市，安徽省合肥市、淮北市、亳州市、宿州市、阜阳市、蚌埠市、淮南市、滁州市、六安市、马鞍山市、芜湖市、宣城市、铜陵市、池州市、安庆市、黄山市，共41个地级及以上城市	2018—2020年
10	《长江三角洲区域一体化发展规划纲要》	2019年12月1日	中共中央、国务院	规划范围包括上海市、江苏省、浙江省、安徽省全域（面积35.8万km^2）	近期到2025年，远期到2035年

序号	规划名称	发布时间	发布单位	规划范围	规划期限
11	《浙江省推进长江三角洲区域一体化发展行动方案》	2020 年 1 月 8 日	中共浙江省委、浙江省人民政府	全省	计划期为 2019—2025 年，重大问题到 2035 年
12	《上海市贯彻〈长江三角洲区域一体化发展规划纲要〉实施方案》	2020 年 1 月 10 日	上海市政府	上海市	近期到 2025 年，远期到 2035 年
13	《安徽省实施长江三角洲区域一体化发展规划纲要行动计划》	2020 年 1 月 15 日	安徽省发展改革委	包括全省 16 个市，其中以合肥、芜湖、马鞍山、铜陵、安庆、滁州、池州、宣城 8 个市为中心区	计划期为 2019—2025 年，重大问题到 2035 年
14	《江苏省实施长江三角洲区域一体化发展规划纲要行动计划》	2020 年 4 月 1 日	江苏省司法局	包括全省 13 个市，其中以南京市、无锡市、常州市、苏州市、南通市、盐城市、扬州市、镇江市、泰州市 9 个长三角中心区城市为主体	计划期为 2019—2025 年，重大问题到 2035 年
15	《〈长三角生态绿色一体化发展示范区国土空间总体规划（2019—2035 年）〉规划草案》	2020 年 7 月	上海市规划和自然资源局、江苏省自然资源厅、浙江省自然资源厅	上海市青浦区、江苏省苏州市吴江区、浙江省嘉兴市嘉善县全域	规划近期至 2025 年，远期至 2035 年，远景至 2050 年
16	《长江三角洲区域生态环境共同保护规划》	2020 年 10 月 26 日	推动长三角一体化发展领导小组办公室	三省一市	规划期至 2025 年，远景到 2035 年
17	《长三角生态绿色一体化发展示范区重大建设项目三年行动计划（2021—2023 年）》	2021 年 5 月 13 日	长三角一体化示范区执委会，上海市、江苏省、浙江省两省一市发展改革部门，苏州市、嘉兴市人民政府	上海市青浦区、江苏省苏州市吴江区、浙江省嘉兴市嘉善县全域	2021—2023 年

5.1.1.2 三省一市情况

（1）江苏省

2020 年 4 月 1 日，江苏省人民政府正式发布了《〈长江三角洲区域一体化发展规划纲要〉江苏实施方案》。江苏省全面落实中共中央、国务院印发的《长江三角洲区域一体化发展规划纲要》，结合江苏实际，紧抓长三角区域一体化发展国家战略机遇，聚焦“一体化”合力构建区域协调发展新格局，主动服务、积极支持上海发挥龙头作用，充分集成江苏优势，加强与浙皖战略协同，深化“1+3”重点功能区建设，在长三角一体化框架下加速全省域一体化发展。

长三角生态绿色一体化发展示范区包括江苏省苏州市吴江区、上海市青浦区、浙江省嘉善县，其中，苏州市吴江区的面积最大、人口最多和经济总量最大。苏州市精心编制了《〈长江三角洲区域一体化划纲要〉苏州行动计划》，高质量协同建设长三角生态绿色一体化发展示范。示范区重点任务细化分解到各部门和单位，《吴江区建设长三角生态绿色一体化发展示范区实施方案》已经印发。

目前，搜集整理到江苏省有关长三角一体化生态环境保护方面的规划、方案、行动计划、政策文件，见表 5-2。

表 5-2　江苏省出台的规划、方案、行动计划

序号	出台的规划、方案、行动计划	发布日期	发布单位
1	《〈长江三角洲区域一体化发展规划纲要〉江苏实施方案》	2020 年 4 月 1 日	江苏省人民政府
2	《〈长江三角洲区域一体化划纲要〉苏州行动计划》	2020 年 4 月	苏州市人民政府
3	《吴江区建设长三角生态绿色一体化发展示范区实施方案》	2020 年 2 月	吴江区委、区政府
4	《江苏省“三线一单”生态环境分区管控方案》	2020 年 6 月 21 日	江苏省人民政府
5	《江苏省生态空间管控区域规划》	2020 年 1 月	江苏省人民政府
6	《江苏省长江保护修复攻坚战行动计划实施方案》	2019 年 6 月	江苏省人民政府

（2）浙江省

2020 年 1 月，浙江省发布《浙江省推进长江三角洲区域一体化发展行动方案》，提出推动浙江全省域全方位融入长三角一体化发展格局。2020 年 4 月，《浙江省推进长三角生态环境保护一体化发展专项行动计划》正式印发。其中提出，浙江将从共建区域生态文明体系、推进江河湖海水环境协同治理、深化区域生态环境保护合作等方面发力，力推长三角生态环境保护一体化发展。

目前，搜集整理到浙江省有关长三角一体化生态环境保护方面的规划、方案、行动计划、政策文件，见表 5-3。

表 5-3　浙江省出台的规划、方案、行动计划

类型	出台的规划/方案/行动计划	发布日期	发布单位
1	《浙江省推进长江三角洲区域一体化发展行动方案》	2020 年 1 月 8 日	中共浙江省委、浙江省人民政府
2	《浙江省推进长三角生态环境保护一体化发展专项行动计划》	2020 年 4 月 3 日	浙江省推进长三角一体化发展工作领导小组办公室
3	《嘉兴市推进长三角生态环境保护一体化发展专项行动计划（2020—2025）》	2020 年 5 月	嘉兴市推进长三角一体化发展工作领导小组办公室
4	《长三角生态绿色一体化发展示范区嘉善片区 2020 年重点工作任务计划（2020 年 6—12 月）》	2020 年 6 月	浙江省推进长三角一体化发展领导小组办公室
5	《浙江省“三线一单”生态环境分区管控方案》	2020 年 5 月	浙江省人民政府

（3）安徽省

2020 年 1 月，《安徽省实施长江三角洲区域一体化发展规划纲要行动计划》印发，部署 216 项工作举措和 30 个重大工程，构建落实国家《规划纲要》的施工图。此外，安庆市、滁州市、阜阳市等也相继发布落实纲要的行动方案和工作要点。

目前，收集、整理到安徽省有关长三角一体化生态环境保护方面的规划、方案、行动计划、政策文件，见表 5-4。

表 5-4 安徽省出台的规划、方案、行动计划

类型	出台的规划、方案、行动计划	发布日期	发布单位
1	《安徽省实施长江三角洲区域一体化发展规划纲要行动计划》	2020 年 1 月 15 日	安徽省发展改革委
2	《安庆市实施长江三角洲区域一体化发展规划纲要行动方案》	2019 年 9 月	安庆市委
3	《滁州市实施长江三角洲区域一体化发展规划纲要行动方案 2020 年工作要点》	2020 年 6 月	滁州市推动长三角区域更高质量一体化发展领导小组办公室
4	《阜阳市贯彻〈安徽省实施长江三角洲区域一体化发展规划纲要行动计划〉实施方案》	2020 年 3 月	阜阳市发展改革委
5	《关于加快实施“三线一单”生态环境分区管控的通知》	2020 年 6 月	安徽省人民政府

（4）上海市

2020 年 1 月 10 日，上海市人民政府发布《上海市贯彻〈长江三角洲区域一体化发展规划纲要〉实施方案》。该方案提出，上海要主动承担国家使命，强化在国家发展格局中的战略支点地位，充分发挥改革开放前沿和集聚辐射优势，引领长三角更高质量一体化发展。

目前，搜集整理到上海市有关长三角一体化生态环境保护方面的规划、方案、行动计划、政策文件，见表 5-5。

表 5-5 上海市出台的规划、方案、行动计划

类型	出台的规划、方案、行动计划	发布日期	发布单位
1	《上海市贯彻〈长江三角洲区域一体化发展规划纲要〉实施方案》	2020 年 1 月 10 日	上海市人民政府
2	《关于本市“三线一单”生态环境分区管控的实施意见》	2020 年 6 月	上海市人民政府
3	《上海市生态空间专项规划（2018—2035）》	2020 年 4 月	上海市绿化和市容管理局

5.1.2　有关生态环境保护目标的梳理分析

从我国现行发布的文件中看，多数城市都提出了相关的生态环境保护目标。其中既有涉及生态系统保护，也有涉及污染防治；既有到 2025 年，也有展望到 2030 年；一些聚焦长江三角洲区域，还有一些是关于长江经济带的。

5.1.2.1　关于 2020 年生态环境保护目标

综合来看，长三角区域的2020年生态环境保护目标大致包括以下6方面内容。其中，一些目标表述存在一定的差异。

表 5-6　相关文件对 2020 年目标的表述

目标类别	子目标	区域范围	相关文件
总目标	形成青山常在、绿水常流、空气常新的生态型城市群	长三角 26 城市	《长江三角洲城市群发展规划》
	生态环境明显改善	长三角 26 城市	《长江三角洲地区区域规划》
	生态环境明显改善	长江经济带（涉及江苏、浙江、上海、安徽）	《长江经济带发展规划纲要》
	生态环境明显改善，生态系统稳定性全面提升	长江经济带（涉及江苏、浙江、上海、安徽）	《长江经济带生态环境保护规划》
	生态环境质量持续改善	长江干流、主要支流及重点湖库	《长江保护修复攻坚战行动计划》（环水体〔2018〕181 号）
水资源保护	水资源得到有效保护和合理利用	长江经济带（涉及江苏、浙江、上海、安徽）	《长江经济带发展规划纲要》
	江湖关系趋于和谐		《长江经济带生态环境保护规划》
	生态流量得到有效保障		《长江经济带生态环境保护规划》
	生态用水需求得到基本保障	长江干流、主要支流及重点湖库	《长江保护修复攻坚战行动计划》（环水体〔2018〕181 号）
水环境保护	水环境质量持续改善，长江干流水质稳定保持在优良水平，饮用水水源达到III类水质比例持续提升	长江经济带（涉及江苏、浙江、上海、安徽）长江干流	《长江经济带生态环境保护规划》

目标类别		子目标	区域范围	相关文件
生态功能	水源涵养	水源涵养、水土保持等生态功能增强	长江经济带（涉及江苏、浙江、上海、安徽）	《长江经济带生态环境保护规划》
		森林生态系统的水源涵养、水土保持等服务功能明显增强	长江经济带（涉及江苏、浙江、上海、安徽）	《关于加强长江经济带造林绿化的指导意见提出》（发改农经〔2016〕379号）
	生物多样性	生物种类多样	长江经济带（涉及江苏、浙江、上海、安徽）	《长江经济带生态环境保护规划》
		长江流域重点水域实现常年禁捕，水生生物资源恢复性增长，水生生物多样性下降趋势基本遏制	长江流域（涉及江苏、浙江、上海、安徽）	《关于加强长江水生生物保护工作的意见》（国办发〔2018〕95号）
		森林生态系统的生物多样性保护等服务功能明显增强	长江经济带（涉及江苏、浙江、上海、安徽）	《关于加强长江经济带造林绿化的指导意见》（发改农经〔2016〕379号）
	保护地	自然保护区面积稳步增加	长江经济带（涉及江苏、浙江、上海、安徽）	《长江经济带生态环境保护规划》
		水生生物保护区建设和监管能力显著提升，保护功能充分发挥 重要栖息地得到有效保护，关键生境修复取得实质性进展	长江流域（涉及江苏、浙江、上海、安徽）	《关于加强长江水生生物保护工作的意见》（国办发〔2018〕95号
	湿地	湿地生态系统稳定性和生态服务功能逐步提升	长江经济带（涉及江苏、浙江、上海、安徽）	《长江经济带生态环境保护规划》
		湿地生态功能得到有效保护	长江干流、主要支流及重点湖库	《关于加强长江水生生物保护工作的意见》（国办发〔2018〕95号
	价值	森林生态系统与生物多样性价值得到提升	长江经济带（涉及江苏、浙江、上海、安徽）	《关于加强长江经济带造林绿化的指导意见提出》（发改农经〔2016〕379号）
环境风险防范		涉危企业环境风险防控体系基本健全，区域环境风险得到有效控制	长江经济带（涉及江苏、浙江、上海、安徽）	《长江经济带生态环境保护规划》
体制机制方面		生态环境保护体制机制进一步完善	长江经济带（涉及江苏、浙江、上海、安徽）	《长江经济带发展规划纲要》

注：红色字体代表有一定差异的内容。

5.1.2.2 关于 2025 年生态环境保护指标

表 5-7 给出了相关规划确立的 2025 年生态环境保护定量指标。从已经发布的文件看，2025 年长江三角洲发展生态环境保护相关指标主要由《长三角生态绿色一体化发展示范区总体方案》提出。长三角区域为深入实施《长江三角洲区域一体化发展规划纲要》，充分发挥各省份优势，进一步明确各省份推进长三角一体化发展的总体要求和重点任务，推动国家战略更好贯彻落实，制定了各省份的实施方案。

表 5-7 规划确立的 2025 年生态环境保护主要指标

指标	《长三角生态绿色一体化发展示范区总体方案》	《上海市贯彻〈长江三角洲区域一体化发展规划纲要〉实施方案》	《安徽省实施长江三角洲区域一体化发展规划纲要行动计划》	《〈长江三角洲区域一体化发展规划纲要〉江苏实施方案》	《浙江省推进长江三角洲区域一体化发展行动方案》
共筑生态屏障					
生态红线面积/km^2	—	1 281.08①	29 360.96①	20 091.89①	24 843.91①
生态廊道/条	—	—	重点打造长江、淮河、江淮运河、新安江 4 条生态廊道	—	—
维护清洁水环境					
主要水体水功能水质达标率/%	>95	—	—	—	—
主要河流断面水质	—	达到或优于III类的比例提升到 35%	—	—	—
太浦河水质	稳定达到III类	—	—	—	—
淀山湖水质除总氮外所有指标	达到IV类（总氮V类）	达到IV类（除总氮达到V类外）	—	—	—
保育恢复生态系统					
生态用地占陆域面积/%	—	≥59	—	—	—
湿地总面积/万 hm^2	—	46.5	—	—	—
森林覆盖率/%	≥20	≥19	—	—	—

指标	《长三角生态绿色一体化发展示范区总体方案》	《上海市贯彻〈长江三角洲区域一体化发展纲要〉实施方案》	《安徽省实施长江三角洲区域一体化发展规划纲要行动计划》	《〈长江三角洲区域一体化发展规划纲要〉江苏实施方案》	《浙江省推进长江三角洲区域一体化发展行动方案》
绿化覆盖率/%	≥42	—	—	—	—
先行启动区骨干绿道/km	≥200	—	—	—	—
一体化示范区骨干绿道/km	≥500	—	—	—	—
宜林地段绿化率/%	—	—	≥90	—	—
湿地公园数量/个	—	—	国家级：4；省级：4；市级：2②	—	—
环巢湖湿地公园群面积/km^2	—	—	100②	—	—

注：①为2017年划定的；②指2030年生态环境保护主要指标。

5.1.2.3 关于2030年生态环境保护目标

表5-8给出了相关规划确立的2030年或2035年（远期）生态环境保护定性目标。均将生态质量显著改善作为生态环境保护的目标。

表5-8 长三角区域远期生态环境保护主要目标

规划名称	目标
《长江经济带生态环境保护》	到2030年，干支流生态水量充足，水环境质量、空气质量和水生态质量全面改善，生态系统服务功能显著增强，生态环境更加美好
《长三角生态绿色一体化发展示范区总体方案》	到2035年，形成更加成熟、更加有效的绿色一体化发展制度体系，全面建设成为示范引领长三角更高质量一体化发展的标杆
《上海市贯彻〈长江三角洲区域一体化发展纲要〉实施方案》	到2035年，上海城市核心功能更加凸显，现代化经济体系率先建成，城乡实现高质量融合发展，公共服务水平趋于均衡，生态环境质量显著改善，基本建成具有世界影响力的社会主义现代化国际大都市、具有国际竞争力的世界级城市群的核心城市，基本建成令人向往的创新之城、人文之城、生态之城，引领长三角成为全国最具影响力和带动力的强劲活跃增长极

规划名称	目标
《浙江省推进长江三角洲区域一体化发展行动方案》	到 2035 年，浙江省现代化经济体系基本建成，基础设施实现更高水平互联互通，公共服务实现优质均衡，城乡区域差距基本消除。长三角跨区域共建共享机制全面建立，统一开放的市场体系更趋完善，高质量一体化发展格局全面形成
《安徽省实施长江三角洲区域一体化发展规划纲要行动计划》	到 2035 年，与沪苏浙一体化发展机制高效运转，创新创业创造活力充分释放，城乡区域差距进一步缩小，基础设施互联互通全面实现，基本公共服务水平趋于均衡，生态环境根本好转，人民基本生活保障水平与长三角平均水平大体相当，现代化经济体系基本形成，高质量一体化发展格局基本构成，现代化五大发展美好安徽基本建成
《〈长江三角洲区域一体化发展规划纲要〉江苏实施方案》	到 2035 年，区域一体化发展达到较高水平，现代化经济体系基本建成，成为最具影响力和带动力的强劲活跃增长极

5.2　长三角一体化发展的政策制度

5.2.1　实施了三个方面的生态环境保护专项行动

为落实长江经济带“共抓大保护、不搞大开发”相关要求，2016—2018 年江苏省、浙江省、安徽省、上海市实施开展了一系列生态环境保护专项行动。

在生态保护方面，实施了几个方面的行动计划：一是生态环境部自 2018 年 5 月启动全面排查处理长江沿线自然保护地违法违规开发活动，在国家级和省级自然保护区纳入“绿盾 2018”自然保护区监督检查专项行动范围的基础上，将长江干流和主要支流的市级、县级自然保护区和其他各类各级自然保护地（风景名胜区、森林公园、湿地公园等）纳入监督检查范围，全面深入排查破坏自然保护地生态环境的违法违规行为。二是生态环境部自 2018 年起建设长江经济带“三线一单”信息共享系统。此外，水利部还分别组织开展了长江非法码头专项整治工作和长江非法采砂专项整治工作。

在水环境方面，实施了六个方面专项行动。一是长江入河排污口专项检查行动。二是长江“三磷”专项排查整治行动。三是长江经济带城市黑臭水体治理专项行动。以长江经济带 98 个地级城市为重点，检查各地黑臭水体整治工作进展及存在的问题，督促滞后城市加快黑臭水体整治进度，确保2020年地级以上城市建成区黑臭水体消除比例达90%以上。四是实施工业园区污水处理设施整治专项行动。五是开展长江经济带饮用水水源地环境保护专项行动。六是启动长江干流岸线保护和利用专项检查行动。

在其他环境治理方面：大气环境保护方面，实施了挥发性有机物（VOCs）专项治理行动，要求2018年完成重点工业行业VOCs综合整治及提标改造，2019年提升VOCs综合治理水平。2020年7—10月，生态环境部开展夏季臭氧帮扶督查。在环境风险方面，实施了2个方面的行动计划。2017年启动了“长江经济带化工污染整治专项行动”。严格整治化工企业污染环境违法违规行为，推动化工企业达标排放。在距离长江干流和重要支流岸线1 km范围内，严禁新增化工企业，同时鼓励存量企业搬入合规园区。2017年实施了“长江沿线饮用水水源地安全专项检查行动”。在船舶和港口污染整治方面，开展了船舶和港口污染整治，印发《长三角地区关于推进长江经济带船舶和港口污染突出问题整治工作方案》，三省一市及加强船舶和港口污染联防联治联控。

表5-9 专项整治行动部署情况及进展

类别		具体名称	部门与时间	目标	进度
生态保护	自然保护地	全面排查处理长江沿线自然保护地违法违规开发活动	生态环境部，2018年5月	计划2019年，完成长江干流、主要支流和重点湖库各级自然保护区自查，制定限期整改方案。2020年，开展监督检查，提升自然保护区建设管理水平	—
	“三线一单”	建立“三线一单”信息共享系统	生态环境部，2018年	2019年年底前，基本建成长江经济带“三线一单”信息共享系统	上海市、江苏省和浙江省分别制定了《上海市“三线一单”生态环境分区管控的实施意见》《江苏省“三线一单”生态环境分区管控方案》《浙江省“三线一单”生态环境分区管控方案》

类别		具体名称	部门与时间	目标	进度
生态保护	非法码头	长江非法码头专项整治	水利部，2015 年 10 月	确保 2017 年 9 月底前应取缔非法码头全部拆除完毕，力争 2017 年年底前已拆除码头要完成生态复绿，力争 2017 年年底前应规范提升码头完成整改	通过两年多的努力，1 361 座非法码头全部完成整改，其中，1 254 座彻底拆除并实现了生态复绿，107 座规范提升实现了合法运营
	非法采砂	推进长江非法采砂专项整治工作	水利部，2015 年年底	—	在 2018 年，水利部等相关机构就开展日常巡查 4.4 万次，专项打击 3 317 次，查获大型违法采砂船 196 次，处理违法采砂案件 884 起
水环境	排污口	长江入河排污口专项检查行动	水利部、环境保护部、住房和城乡建设部，2017 年 4 月	摸清长江干流及重要支流、重要湖泊规模以上入河排污口现状，排查问题并依法整改，切实保护长江水环境	到 2018 年 6 月，共排查了 2.4 万个入河排污口，分门别类、细化措施，扎实推进整改和规范提升
		长江入河排污口整改提升工作方案	领导小组办公室，2017年10月	2017 年年底前，彻底拆除地级及以上城市饮用水水源一级、二级保护区内的入河排污口； 2018 年 6 月底前，拆除其他饮用水水源一级、二级保护区内的入河排污口，迁建、拆除或关闭位于自然保护区核心区、缓冲区内的入河排污口。 集中整改违规设置入河排污口。对未履行设置同意登记、环评审批手续的入河排污口，分类施策，2018 年年底前完成整改	到 2018 年 6 月，位于各类保护区内的 60 个规模以上入河排污口，已整改完成 56 个

类别		具体名称	部门与时间	目标	进度
水环境	排污口	长江入河排污口排查整治专项行动	生态环境部，2019年2月	重点完成“查、测、溯、治”4项主要任务	将江苏省泰州市作为此次专项行动的试点。试点城市将全面查清各类排污口情况和存在的问题，并实施分类管理，落实整治措施，形成行之有效、可复制、可推广的技术规范和工作规程
	“三磷”	长江“三磷”专项排查整治行动	生态环境部，2019年2月	2019年完成排查，建立问题清单，制定实施限期整改方案，依法整治“三磷”领域的环境违法行为。2020年，基本完成“三磷”整治任务，推动各地建立长效治理机制，有效缓解长江总磷污染	组织江苏开展“三磷”（磷矿、磷肥、含磷农药和黄磷制造等磷化工企业，磷石膏库）专项排查整治
	城市黑臭水体	长江经济带城市黑臭水体治理专项行动	生态环境部，2019年2月	确保2020年地级以上城市建成区黑臭水体消除比例达90%以上	—
	工业园区污水处理设施	长江经济带工业园区污水处理设施整治专项行动	生态环境部，2019年2月	2020年年底前实现所有工业园区污水收集管网全覆盖，污水集中处理设施稳定达标运行	2019年5—6月，生态环境部派出7个调研组分别赴长江经济带的皖赣鄂湘渝川滇7省（市），调研了问题相对较多的27个省级及以上工业园区。家底不清问题普遍存在，20个园区中，19个园区对涉水企业生产排污情况不清楚，18个无管网巡查维护台账；被发现问题的28家污水处理厂中，27家对工业废水来源情况不清楚

类别		具体名称	部门与时间	目标	进度
水环境	水源地	长江经济带饮用水水源地环境保护专项行动	生态环境部，2016 年	2020 年年底前，城市饮用水水源地规范化建设比例达到 60%以上，乡镇及以上集中式饮用水水源保护区划定工作基本完成	2017 年年底，沿江 11 省（市）126 个地级市 319 个饮用水水源地排查出的 490 个环境问题，全部完成清理整治
	岸线保护	长江干流岸线保护和利用专项检查行动	水利部，2017 年年底开始	检查对象为长江干流已建、在建岸线利用项目，包括跨河、穿河、穿堤、临河的桥梁、码头、道路、渡口、管道、缆线、取水、排水等工程设施和涉及岸线利用的护岸整治工程、生态环境整治工程。检查重点是《长江岸线保护和开发利用总体规划》实施情况、长江干流岸线利用项目现状情况、长江干流岸线管理方面存在的突出问题等	分三批进行，2018 年 2 月和 2018 年 6 月全面完成省（市）自查和重点核查两阶段工作，2018 年 10 月启动工作第三阶段，分为拆除取缔和整改规范两类
大气环境	VOCs	挥发性有机物（VOCs）专项治理行动	生态环境部，2018 年起	2018 年，完成重点工业行业 VOCs 综合整治及提标改造。2019 年，提升 VOCs 综合治理水平	2020 年 7—10 月，生态环境部开展夏季臭氧帮扶督查
固体废物	固体废物环境违法	打击固体废物环境违法行业专项行动	生态环境部，2018 年	2019 年年底前，所有可以立查立改问题完成整改，所有省级和部级挂牌督办的问题完成整改方案制定并公开。2020 年，所有挂牌督办问题基本解除挂牌督办，有效遏制非法转移、倾倒、处置固体废物案件高发态势	专项行动从2018年5月9日开始至6月底结束。生态环境部从全国抽调执法骨干力量组成150个组，对长江经济带固体废物倾倒情况进行全面摸排核实。生态环境部对比较突出的江苏扬州江都区乔梓村西砂料场堆存固体废物约3 500 t等24个问题实施挂牌督办，督促地方限期整改，其余问题直接移交当地政府处理

类别		具体名称	部门与时间	目标	进度
环境风险	饮用水水源地	长江沿线饮用水水源地安全专项检查行动	领导小组办公室，2017年6月	对地级以上城市饮用水水源地，主要检查环保执法专项行动中查明问题和中央环保督察反馈问题的整改情况；对县级城市饮用水水源地，主要检查法律法规落实、安全风险隐患等方面存在的问题	截至2017年9月底，省市自查、交叉检查、重点复查均按期完成，通过专项检查，初步查明县级城市集中式饮用水水源地近1 200个问题
	化工污染	长江经济带化工污染整治专项行动	生态环境部，2017年4月	在环境敏感区域内尚存在的化工园区和企业，要在2018年6月底前依法撤除。存在污水不达标等问题的化工企业，依法责令整改，2018年6月底前完成整顿改造岸线1 km范围内、合法运行的化工企业，要对其风险防控、污染排放达标等情况进行重新评估，确保符合安全和环保标准，鼓励搬离1 km范围或者搬离、进入合规园区	湖北宜昌一地，就推进沿江134家化工企业“关、转、搬”，在防范化工污染风险的同时，引导化工产业向高端发展
	船舶和港口污染整治	长三角地区关于推进长江经济带船舶和港口污染突出问题整治工作方案	三省一市，2020年	三省一市计划在2020年内同步完成400 t以下船舶加装生活污水收集或处理设施	各地开启工作中

5.2.2　部署了 21 项生态环境保护制度和体制机制建设任务

自长江经济带发展上升为国家战略后，三省一市作为长江经济带下游省份，先后承担了一些“大保护”体制机制改革任务。2019 年年底《纲要》发布以后，对长三角区域又部署了生态环境一体化保护制度和体制机制建设任务。本书按照“生态环境共同保护”“生态环境联治”“绿色高质量发展”三个领域进行梳理（表 5-10），发现中央在长三角区域共部署了 21 项生态环境保护制度和体制机制建设任务。

表 5-10　长江三角洲相关规划、指导意见和行动方案

类型领域	制度和体制机制建设任务	来源
生态环境共同保护	建立统一的生态环境监测网络	2
	设立保护治理基金	2
	跨流域跨区域生态补偿机制	1、2
	探索建立湿地生态效益补偿制度	1
	加强生态环境分区管治	1
	建立以国家公园为主体的自然保护地体系	1
	建立严格的生态保护红线管控制度	1
	建立统一的饮用水水源保护和主要水体生态管控制度	3
	建立生态环境“三统一”制度（标准、监控、执法）	3
生态环境联治	建立完善环境污染联防联控机制	2
	规划环评会商机制	2
	跨省界重大生态环境损害赔偿制度	2
	环境污染第三方治理	1、2
	跨区域固体废物危废处置补偿机制	1
	建立跨行政区生态环境基础设施建设和运营管理的协调机制	1

类型领域	制度和体制机制建设任务	来源
绿色高质量发展	开展资源环境承载能力监测预警评估	2
	实行负面清单管理	2
	推进绿色发展示范引领	2
	生态产品价值实现机制试点	1、2
	率先推动实施高质量发展的指标体系、政策体系、标准体系、统计体系、绩效评价及政绩考核体系	1、3
	市场主体社会责任报告制度和责任追溯制度	3

注：1——《长江三角洲区域一体化发展规划纲要》；2——《长江经济带生态环境保护规划》；3——《长三角生态绿色一体化发展示范区总体方案》。

从领域角度分析，生态保护工作是重点部署领域，总计部署了 4 大专项行动计划以及 8 项制度建设和落实任务；在水环境保护方面，有 6 项专项行动和 1 项制度建设；在生态环境治理方面，部署了 3 项专项行动计划以及 6 项制度建设和落实任务。在高质量发展制度建设方面，部署了 6 项制度建设任务，如图 5-1 所示。

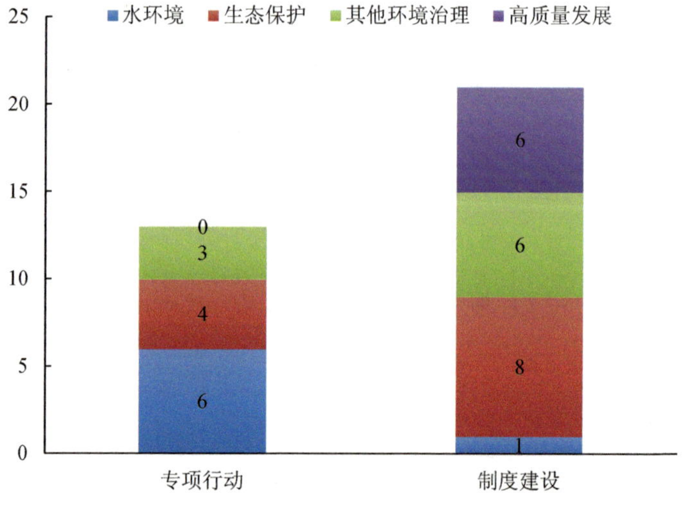

图 5-1　不同领域的任务部署数量

从制度类型分，共同保护是制度建设重点，占比 43%。在总计 21 项制度建设任务中，共同保护制度有 9 项。绿色高质量发展制度最少，只有 6 项，如图 5-2 所示。

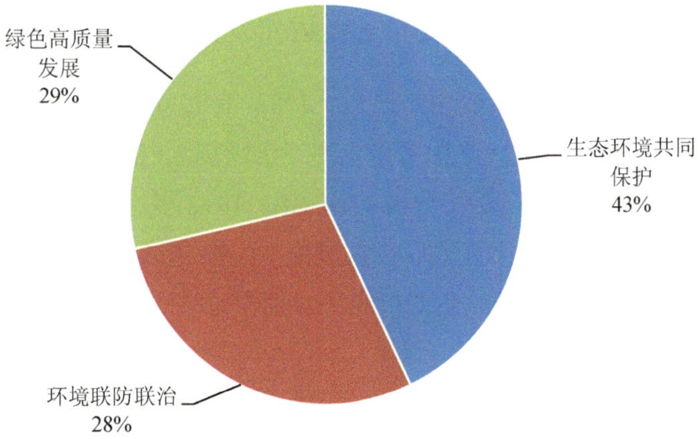

图 5-2 不同类型制度占比情况

5.3 长三角一体化发展的体制机制建设

自改革开放以来，长三角区域经历了快速的一体化发展历程，作为一体化发展的重要内容和保障措施，体制机制建设在长三角一体化发展中发挥着重要的作用。

在计划经济时期，长三角合作由纯粹的行为力量推动，采用产业垂直合作的模式，由中央安排各地的生产和供应关系。改革开放初期采取的“财政包干”等分权改革举措一方面调动了地方政府加强经济建设的积极性，另一方面也导致了地方保护主义加剧。在此背景下，为形成合理的经济区域，解决“条块分割”“地区分割”问题，1982 年 12 月，国务院发布《关于成立上海经济区和山西能源基地规划办公室的通知》，提出由上海、浙江、江苏以及国家相关部委共同组建上海经济区规划办公室，其主要任务是制订经济区发展规划以及协调地区和部门间的关系。20 世纪 80 年代，行政性分权与“财政包干”体制使地方政府与中央政府和地方政府之间的博弈逐步加剧，1984 年、1985 年及 1987 年上海经济区的三次扩容也导致区域协调沟通成本上升，上海经济区的作用不断弱化，1988 年上海经济区规划办公室最终被撤销。同一时期，苏浙两省与上海之间的民间合作却不断深入。

5.3.1 自主探索，逐渐形成“三级运作”的体制机制

长三角区域合作体制机制由来已久，1982 年 12 月，国务院决定成立上海经济区。1983 年 3 月，正式成立国务院上海经济区规划办公室，这是长三角区域合作机制的早期探索，该办公室于 1988 年撤销。1992 年，长三角 15 个城市自发倡议建立了城市经济协作办主任联席会议制度。1997 年该制度升格为长江三角洲城市经济协调会（以下简称长三角城市经济协调会），初步形成了长三角区域合作的协调机制。

2001 年，沪苏浙两省一市发起建立了由常务副省（市）长参加的沪苏浙经济合作与发展座谈会制度，长三角区域合作进入了一个着眼于建立整体性区域合作框架的新阶段。2004 年，沪苏浙两省一市酝酿建立主要领导座谈会制度，2005 年在浙江杭州召开了主要领导座谈会。2008 年以来，长三角区域逐步建立了决策层、协调层和执行层“三级运作”的区域合作机制，确立了“主要领导座谈会明确任务方向、联席会议抓协调推进、联席会议办公室和重点专题组抓具体落实”的机制框架。2008 年，安徽省主要领导应邀出席主要领导座谈会。2009 年，长三角吸纳安徽省，安徽省作为正式成员出席主要领导座谈会、联席会议，正式形成了沪苏浙皖三省一市共同参与的“三级运作、统分结合”的区域合作机制。其中，“决策层”即三省一市主要领导座谈会，负责审议、决定和决策关系长三角区域发展的重大事项；“协调层”即三省一市常务副省（市）长牵头的长三角区域合作与发展联席会议，负责协调推进主要领导座谈会部署的区域合作重点难点事项；“执行层”包括联席会议办公室和 12 个重点专题合作组，负责各省市、各专题领域战略决策研究谋划、制定年度工作计划并推进落实、统筹协调和督促检查等。

长三角区域合作采取轮值制度。每年由一个省（市）作为轮值方牵头负责区域合作工作，各专题合作组实行“固定+轮值”的灵活模式。其中，交通、能源、信息化、科技、产业、信用、商务、金融、人力资源和社会保障、食品安全共 10

个专题合作组实行轮值制度，工作由轮值省（市）业务主管部门牵头负责推进；环保专题合作组在实行轮值的同时，生态环境部与三省一市组成的长三角区域大气、水污染防治协作小组的常设办事机构设在上海市生态环境局；城市专题组不实行轮值，长三角城市经济协调会办公室常设在上海。在“三级运作、统分结合”的区域合作机制框架下，各专题合作组开展务实高效合作，推进各领域一体化发展。

5.3.2　与时俱进，常设工作机构和保障机制不断完善

2018 年，三省一市抽调 15 名人员（目前已增至 21 名）共同组建长三角区域合作办公室（以下简称长三角办），在上海实现联合集中办公，进一步创新做实区域合作机制。长三角办主要发挥“合”的作用，负责研究提出长三角一体化发展的重要议题、规划计划和政策措施，协调推进区域合作中的重大事项和重大项目，加强跨区域部门间信息沟通、工作联动和资源统筹，强化三级联动和工作协调。为进一步体现务实高效的精神，自 2018 年起，长三角主要领导座谈会在会议组织等方面进行了调整，在会期上，将会议时间由年底提前到每年第二季度，以利于及早部署工作；在形式上，平行召开主要领导闭门会、联席会议、专家咨询会或长三角一体化发展论坛，各司其职；在内容上，除审议通过了《长三角地区一体化发展三年行动计划（2018—2020 年）》、年度工作计划等重要文件外，还增加了成果发布环节，将会谈形成的重要成果及时向社会公开发布。同时，为进一步加强统筹管理，城市合作专题组、长三角城市经济协调会有关职能和工作自 2019 年起划转到长三角办。2019 年 10 月 15 日，长三角城市经济协调会第十九次会议在芜湖市召开，一次性吸纳了蚌埠等 7 个城市加入城市经济协调会，实现对长三角区域 41 个地级市全覆盖，促进长三角城市间多方式、多层次的合作。

5.3.3　上下联动，持续优化完善区域合作体制机制

随着 2018 年 12 月长三角一体化发展上升为国家战略，为了加强国家推动长三角一体化发展领导小组对长三角一体化发展的统一领导，长三角区域合作机制由“三级运作、统分结合”转变为“上下联动、三级运作、统分结合、各负其责”。“上下联动”主要是体现中央的集中统一领导，在国家领导小组统领下，共同推动

《长江三角洲区域一体化发展规划纲要》全面实施，国家层面上各部委在专项规划、重点项目、重大政策等方面予以支持，省市层面上各单位、各部门积极配合、同向发力，形成共同推进的良好格局。“各负其责”主要是强调地方分工协作，按照“谁有条件谁牵头、谁先创新谁来做、谁能做成谁负责”的原则，让三省一市各级政府各部门、有关单位努力“拉长板”，贡献长板，共同提升区域综合竞争力和发展优势。如上海市积极贯彻落实长三角一体化发展国家战略，充分发挥好龙头作用，成立了市推动长三角一体化发展领导小组，由市委、市政府主要领导分别担任组长和第一副组长，加强统筹协调，编制出台了上海市贯彻《长江三角洲区域一体化发展规划纲要》实施方案，聚焦 7 大重点领域和 3 个重点区域，明确了上海贯彻落实国家战略的工作目标和任务。同时，还注重动员各方力量，充分激发市场主体和社会组织的积极性、主动性和创造性，引导各类企业、单位、智库和媒体参与推进长三角一体化发展的各项工作，努力探索建立长三角一体化发展的市场化、社会化推进机制，形成全社会共同推进长三角更高质量一体化发展的新格局。

第 6 章

长三角区域一体化保护联防联治

近年来，在党中央、国务院的坚强领导下，按照“协商统筹、责任共担、信息共享、联防联控”的原则，长三角大气和水污染防治协作机制相继成立，基本形成国家指导、地方担责、区域协作、部省协调，以协作分工为基础协同治理的工作机制，环境质量改善的实际效果明显。当前，在大气和水污染防治的协作基础上，已经建立全方位多领域的长三角区域生态环境保护协作机制，着力解决系统性、区域性突出生态环境问题。

6.1 长三角区域一体化大气联防联治进展

6.1.1 长三角区域重污染天气应急管理协作

受经济发展、气象条件、地理位置等因素的影响，长三角区域的重污染天气频发严重，其危害严重、影响广泛，但是可监测、可预防。2013 年 5 月，环境保护部出台《城市大气重污染应急预案编制指南》，指导地方政府制定城市重污染天气应急预案，并通过规范应急预案管理，提高城市对重污染天气的预测预警和应急响应能力。同年 9 月，国务院发布《大气污染防治行动计划》，明确要求到 2014 年，京津冀、长三角、珠三角区域要完成区域、省、市级重污染天气监测预警系统建设，通过制定完善应急管理预案，及时采取应急措施，妥善应对重污染天气。2013年年初，上海市和江苏省分别出台了《上海市环境空气质量重污染应急预案（暂行）》和《江苏省大气重污染预警与应急工作方案（暂行）》，积极应对大气重污染造成的不利影响。长三角三省一市分别在《上海市清洁空气行动计划》、《江苏省大气污染防治行动计划》、《浙江省大气污染防治行动计划》和《安徽省大气污染防治行动计划》中要求各级政府通过建立重污染天气监测预警体系，完善重污染天气应急保障方案并加强跨区域应急协作。为完善重污染天气应急保障，长三角三省一市分别在2014年年初出台重污染天气应急预案，细化重污染天气应急减排措施和实施细则。2014年，长三角区域大气污染防治协作机制将加快重污染天气预测预报能力建设和加强长三角大气重污染应急联动列为年度工作重点，开始启动长三角区域空气质量和环境气象预测预报体系建设。2014年年底，区域协作小组出台《长三角区域空气重污染应急联动工作方案》，逐步开始对接长三角三省一市重污染天气的预警级别、启动条件、应急减排和防护措施，构建一体化的区域重污染天气应急体系。

目前，长三角区域已基本建成包括卫星遥感、超级站、气象卫星和车载气球等多种技术手段的全方位、立体化区域空气质量监测网络，能实现常规监测、区域输送监测、灰霾监测和重污染过程监测等不同功能。2018年年底，长三角区域空气质量预测预报系统平台已基本建设完成，包括数据共享和综合应用系统、污染源和排放清单管理系统、预测预报系统和区域预报信息服务系统四个应用子系统和一个区域预测预报业务集成系统。在完善区域空气质量预测预报系统的过程中，长三角区域已逐步实现了区域内空气质量监测数据和重点污染源数据在线监测数据的实时共享，正推进各地大气超级站监测数据和污染源数据排放清单数据的动态信息共享。在科研协作方面，长三角区域已通过环保公益性项目“长三角大气质量改善与综合管理关键技术研究”和国家科技支撑计划项目“长三角区域大气污染联防联控支撑技术研发及应用”等积极完善长三角区域大气污染防治的科学决策。在科学支撑方面，长三角区域空气质量管理机构通过建立高时空分辨率的区域实时动态排放清单，完善区域大气污染监测网络和共享信息平台，提高重污染天气监测预警的准确性。在重污染天气应急保障方面，长三角三省一市分别在2014年年初出台了重污染天气应急预案，细化了重污染天气应急响应机制，但是各地在应急预案的预警级别和应急响应上仍存在较大差异，缺乏区域统一的标准要求。此外，各地应急预案也存在科学性和可操作性不强的问题。

6.1.2　长三角区域重大活动空气质量保障

作为我国的经济中心，长三角区域是诸多重大活动的举办地。当前，长三角区域已在 2010 年上海世博会、2014 年南京青奥会、2015 年南京公祭日和乌镇世界互联网大会、2016 年杭州 G20 峰会、2020 年上海国际进口博览会等诸多重大活动期间，开展了多次高强度的环境空气质量保障工作，均取得了较好的保障效果，积累了诸多保障经验。重大活动期间空气质量保障工作的实践是气象条件和污染物减排共同作用的结果。在诸多重大活动空气质量保障的“实战演练”中，长三角区域空气质量预测预报中心与三省一市的环保、气象等部门紧密合作，形成环保与气象部门之间以及各省市之间监测预警信息的共享，空气质量研判和会商的统一平台。长三角区域采取了大量临时性行政管控措施来遏制大气污染排放量，保障重大活动期间的空气质量。在数次重大活动空气质量保障过程中，长三角区域从区域、地方和部门等多个层面加强保障工作的顶层设计，在国家的积极推动下，共同协商重大活动空气质量保障方案，逐步建立了区域、省级环保部门和气象部门以及科研监测单位的会商机制，通过预测重大活动期间的空气污染过程，为提前采取应急减排响应措施提供技术支持。

重大活动期间，会议主办地和周边省市通常会采取企业停产、限产、车辆限行等多项严格的应急减排措施，进一步加大污染减排力度。为确保减排保障措施落实到位，各地环保部门需要发挥综合协调和统一监管的职责。2014 年南京青奥会期间，华东督查中心在空气质量保障期间加大督查力度，通过召开南京及周边 9 市青奥环境质量保障工作，全面了解保障方案制定和实施中存在的问题。在此基础上，华东督查中心联合相关省市对上海、芜湖、宿迁、泰州等地开展专项督查，现场检查 100 余处重点企业和重点设施。多项重大活动空气质量保障的成功经验显示空气污染是可控、可防以及可治的。但是，目前重大活动空气质量保障工作大多依靠“运动式”管理模式，通过较强的行政压力在区域范围内形成短期协作，取得的空气质量保障效果不具有持续性。

6.1.3 长三角区域一体化的大气环境准入政策

环境准入政策是大气污染防治的重要源头控制手段。《重点区域大气污染防治“十二五”规划》和《大气污染防治行动计划》均要求长三角区域严格环境准入，通过控制高耗能高污染项目的建设、限制污染物新增排放量、实施特别排放限值、提高挥发性有机物排放类项目的建设要求等措施优化工业布局，提高大气污染源的环保准入门槛。长三角三省一市分别出台了《江苏省大气污染防治行动计划》《浙江省大气污染防治行动计划》《上海市清洁空气行动计划》《安徽省大气污染防治行动计划实施方案》，以细化各自的环境准入政策措施。

区域层面的大气环境准入政策通常包括符合长三角区域产业政策、产业布局、生态功能区划和主体功能区划等约束的系列空间准入和总量准入。在大气环境红线划定与管控方面，长三角三省一市积极推进大气污染源排放清单建设和来源解析工作，对各省份的主要大气污染物排放量进行估算，通过大气流场及污染传输模拟，划定大气环境红线，识别大气环境红线控制单元。在区域大气污染排放红线达标方面，尽管长三角区域自《大气污染防治行动计划》实施以来空气质量得到了明显改善，但 $PM_{2.5}$、PM_{10}、O_3 和 NO_2 浓度均达标的城市仍较少。在总量准入上，三省一市均严格实施污染物排放总量控制措施，将 SO_2、NO_x、烟（粉）尘和挥发性有机物排放是否符合总量控制要求作为建筑项目环境影响评价审批的前置条件，对建筑项目能耗和污染物排放总量实施减量替代。

行业层面的环境准入政策是在统筹考虑区域环境容量、各行业生产能力、技术水平和污染治理水平等因素的基础上，通过合理设置环境准入限值，对产业发展做出调控的政策措施。长三角区域企业众多，污染物排放和区域环境容量之间的矛盾突出。为抑制某些行业的盲目投资、制止低水平重复建设、促进产业结构调整升级，苏浙沪地区以国家行业政策为基准，因地制宜地出台多项高于国家标准的环境准入标准和实施细则，初步构建了主要污染物行业的环境准入制度体系。为加速淘汰落后产能，苏浙沪两省一市结合当地大气污染防治的规定，分批制定了更严格的产业结构调整指导目录，通过“负面清单”管理，调整产业结构，淘汰落后产能。在此基础上，苏浙沪地区收严了新增项目准入条件，针对重点控制行业出台产业、能耗、环保、安全、用地等方面的约束性地方准入标准。

在大气污染源自动监控准入政策方面，长三角区域是全国污染源自动监测的先行者。2007 年，浙江省率先在全国启动重点污染源自动监控系统建设，通过出台配套政策和措施，规范仪器设备质量、系统安装、验收、检测比对等重要环节。截至 2014 年年底，浙江省已对 1 411 个省控以上的重点监管企业完成了自动监控终端的规范化建设和管理。上海市从 2005 年就开始对大气污染源在线监测系统建设，并于 2013 年在重点产业园区试点大气污染物自动监控及预警系统。江苏省从"十二五"时期开始将环保监测体系建设纳入环保规划。2011 年，江苏省环保厅印发《江苏省污染源自动监控管理暂行办法》，并制定《省直辖市国控重点污染源自动监控系统运行管理目标考核办法》《江苏省污染源监控中心运行管理制度》等配套管理制度，规范了污染源自动监控管理的基本工作要求。

在生态环境治理第三方治理准入政策方面，长三角区域的第三方治理起步早、发展快、治理水平和成效位居全国前列。"十一五"期间，上海市将环保行业列为潜在的支柱产业。2014 年，上海市印发《关于加快推进本市环境污染第三方治理工作的指导意见》，聚焦电厂除尘脱硫脱硝、有机废气治理、餐饮油烟管理、扬尘污染控制、污染源自动连续监测等 7 大重点领域，开展第三方治理试点，到 2017 年年底，形成统一开放、竞争有序、诚信规范的第三方治理市场机制。

6.1.4　大气污染防治协作机制的建立

2013 年 9 月，国务院出台实施的《大气污染防治行动计划》明确要求在京津冀、长三角、珠三角建立区域大气污染防治协作机制，加强污染联防联控。同年 12 月，环境保护部向国务院上报的《关于成立长三角区域大气污染防治协作小组的请示》获批。2014 年 1 月 7 日，长三角区域大气污染防治协作小组第一次工作会议在上海召开，会议审议通过《长三角区域大气污染防治协作小组工作章程》，由上海市、江苏省、浙江省、安徽省，以及环境保护部、国家发展改革委、工业和信息化部、财政部、住房和城乡建设部、交通运输部、中国气象局、国家能源局组成（2016 年又增补科技部为成员单位）协作小组。开展大气污染防治协作以来，三省一市聚焦产业结构、能源结构、运输结构和用地结构调整，全力推进工业窑炉综合整治、钢铁行业超低排放改造等重点工程，成效十分明显。上海市在 VOCs 治理方面走在了全国前列，对 24 个涉 VOCs 重点行业进行分类指导、精准施策，划定并实施高排放非道路移动机械禁止使用区，实现车用柴油、普通柴油和部分船舶用油“三油并轨”。江苏省所有燃煤电力机组（65 蒸吨/h 及以上燃煤锅炉）全部实现超低排放；持续压减过剩产能，关停重组 10 个化工园区，沿江 8 市化工园区全部建成空气质量监测网络。浙江省持续开展 VOCs 重点企业、“散乱污”企业综合治理，50%以上县级以上城市建成“清新空气示范区”，连续两年未出现过重污染天气。安徽省持续开展 9 轮省内大气污染防治强化监督定点帮扶，累计整治“散乱污”企业近 1.8 万家。

6.2 长三角区域一体化水污染联防联治进展

6.2.1 太湖流域水环境综合治理

太湖流域是长三角的核心地区，其以太湖为中心，涵盖江苏省南部、浙江省北部和上海市大部分地区。2007 年太湖流域部分水域大规模暴发蓝藻，无锡市太湖饮用水水源地遭受严重影响，为应对这场严重的太湖水危机，党中央、国务院高度重视，沪苏浙三地开启了携手治理太湖工作。2008 年 5 月，国务院正式批复与实施了《太湖流域水环境综合治理总体方案》，这是我国第一部流域水环境综合治理的方案，该方案提出了太湖流域水环境综合治理的主要目标、主要任务及相应的政策措施。自该方案实施以来，太湖水环境质量得到了较大改善，综合治理取得初步成效。为适应新的发展需要，更好地推进“总体方案”的实施，在 2013 年对“总体方案”进行了修编，完成了《太湖流域水环境综合治理方案修编　水利部分》。随着“总体方案”和“总体方案修编”的贯彻落实，2015 年的治太规划目标顺利完成，太湖流域水质持续向好，水环境生态状况明显改善。

上海、江苏和浙江在太湖流域水环境治理中负总责，各省份皆根据《太湖流域水环境综合治理总体方案》，结合自身实际编制了总体方案。2009 年 5 月，江苏省编制了《江苏省太湖流域水环境综合治理实施方案》，并在 2014 年 6 月编修完成并发布了《江苏省太湖流域水环境综合治理实施方案（2013 年修编）》。此外，2016 年 2 月，江苏省发布了《江苏省水污染防治工作方案》，提出要深入推进太湖治理，组织实施太湖流域水环境综合治理国家总体方案和省实施方案，加强 15

条主要入湖河流综合治理，全面开展控源截污和应急防控，努力消除湖泛大面积发生的隐患，促进湖体水质持续好转。2017 年 1 月，江苏省印发了《江苏省“十三五”太湖流域水环境综合治理行动方案》，其所辖地市也结合自身实际发布了相应的行动方案，如常州市在 2018 年 8 月制定和发布了《常州市水环境综合治理三年行动计划（2018—2020 年）》。对于浙江省而言，2008 年 12 月，浙江省印发了《浙江省太湖流域水环境综合治理实施方案》，并在 2014 年 6 月修编完成了《浙江省太湖流域水环境综合治理实施方案（2014 年修编）》。对于上海市而言，2009 年 3 月，上海市印发了《上海市太湖流域水环境综合治理实施方案》。

6.2.2 新安江流域生态补偿机制试点

新安江流域生态补偿机制试点是我国首个跨省流域的生态补偿试点，是长三角区域在生态环境治理与风险防范一体化建设方面开展的重要实践。新安江流经皖浙两省，连接着黄山市和杭州市，是安徽省境内仅次于长江与淮河的第三大水系，是千岛湖水资源来源的主要河流。早些年，新安江上游流域受快速发展的城镇化、工业化影响，生态破坏严重，工业污染特别是化工污染使新安江水质遭受污染，富营养化现象严重，且严重困扰到了下游流域的水体安全和千岛湖的生态环境。为解决好新安江上下游发展与保护的矛盾、保护好千岛湖的优质水资源，2012 年，在财政部和环境保护部等多方指导和推动下，皖浙两省正式开启了新安江流域上下游横向生态补偿机制试点工作，每轮试点周期定为 3 年。首轮试点周期在 2012—2014 年，结果显示试点成效显著，新安江及千岛湖水质保持优良且持续改善，连续三年符合水质考核要求。随后于 2015 年第二轮试点工作启动，与第一轮试点相比，第二轮试点既提高了水质考核标准，又提高了补偿标准。2017 年年底结束的第二轮试点工作显示，新安江流域总体水质为优并稳定向好，连年达到补偿条件；此外，千岛湖的水质也得到了同步改善，营养状态指数明显下降。

在第二轮试点结束后，皖浙两省于 2018 年 10 月签署并通过了第三轮的试点协议，这标志着新安江流域生态补偿机制试点由试点转向常态化、长效化的阶段。与前两轮试点相比，本轮试点有两个突出变化：一是进一步提高了水质考核标准，水稳定系数由第二轮试点的 0.89 提高到现在的 0.90，提高了总氮和总磷在指标体系中的权重；二是进一步拓展了补偿资金的使用范围，鼓励和支持社会资本加大新安江流域综合治理和绿色产业投入，并明确要求加强农业面源氮、磷生态拦截工程建设。表 6-1 对比了新安江流域上下游横向生态补偿机制试点开展的三轮工作相关情况。为确保第三轮试点的圆满收官，安徽省加快实施“十大工程”，并加快探索“绿水青山就是金山银山”的有效转化途径和生态产品价值实现机制，同时与浙江省谋划共建新安江—千岛湖生态补偿实验区，谋划第四轮新安江生态补偿方案。

表 6-1 新安江流域生态补偿机制三轮试点工作（2012—2020 年）

内容	第一轮试点	第二轮试点	第三轮试点
试点时间	2012—2014 年	2015—2017 年	2018—2020 年
资金来源	每年设置 5 亿元的补偿基金，其中，中央财政给安徽补助 3 亿元，皖浙两省再各出资 1 亿元，三年共计 15 亿元	中央资金总额不变，皖浙两省每年各出资增加到 2 亿元，三年共计 21 亿元	皖浙两省每年各出资保持 2 亿元，继续争取中央资金支持
资金用途	新安江流域内产业结构调整与布局优化、流域综合治理、水环境保护与污染治理、生态保护	新增城市垃圾和污水处理，同时强调农村地区的垃圾和污水处理	首次鼓励和支持通过设立绿色基金、政府和社会资本合作（PPP）模式、融资贴息等方式，引导社会资本加大新安江流域综合治理和绿色产业投入。另外，明确要求加强农业面源氮、磷生态拦截工程建设
考核依据	跨界断面高锰酸盐指数、氨氮、总氮、总磷四项指标测算指数 P，设定达标 P 值为 1。此外，各指标采用均等权重	同前一轮	高锰酸盐指数、氨氮、总氮、总磷四项指标权重系数，由两轮试点期的均等权重调整为 0.22、0.22、0.28、0.28
考核方式	若水质达到考核标准，浙江拨给安徽 1 亿元，否则，安徽拨给浙江 1 亿元	若 P 值达到达标值 1，浙江拨给安徽 1 亿元；P 值小于 0.95，浙江拨给安徽 2 亿元	若水质达到考核标准，浙江拨给安徽 2 亿元，否则，安徽拨给浙江 2 亿元
考核结果	达标	达标	待定

6.2.3　水污染防治协作机制相继建立

2015 年 4 月，国务院印发《水污染防治行动计划》，要求“建立全国水污染防治工作协作机制”“京津冀、长三角、珠三角等区域要于 2015 年年底前建立水污染防治联防联动协作机制”。同年 11 月，环境保护部向国务院上报的《关于成立水污染防治相关协作机制的请示》获批。2016 年 12 月，长三角区域大气污染防治协作小组第四次会议暨长三角区域水污染防治协作小组第一次工作会议在杭州召开。会议审议通过《长三角区域水污染防治协作小组工作章程》，组建由三省一市，环境保护部、国家发展改革委、科技部、工业和信息化部、财政部、国土资源部、住房和城乡建设部、交通运输部、水利部、农业部、国家卫生计生委、国家海洋局十二个部委组成的长三角区域水污染防治协作小组，在运行机制上与大气污染防治协作机制相衔接，机构合署、议事合一。开展水污染防治协作以来，开展太湖蓝藻水华和沪苏浙省界地区水葫芦联合防控。印发实施《太浦河水资源保护省际协作机制——水质预警联动方案》，加强信息共享、监测预警、联合控污和水资源调度。上海与江苏、浙江协作摸清了 188 条跨界河流情况，推进 90 条段界河协同整治。安徽、浙江启动第三轮新安江生态协同治理；江苏、安徽签订滁河上下游横向生态补偿协议，启动洪泽湖生态补偿机制研究。三省一市 458 个工业园区均已建成污水集中处理设施；大力推进长江生态环境保护修复，一些沿江城市，如安徽马鞍山、芜湖等，对非法码头实现全面拆除并复绿，释放长江干流岸线；深化太湖流域和新安江流域治水合作，浙皖两省已建立上下游互访协商、联合监测、应急联动机制；江苏南京新生圩港区建设船舶生活污水处置设施，为船舶提供生活污水集中上岸收集处理服务。

6.3　长三角区域一体化生态环境联防联治进展

6.3.1　长三角生态绿色一体化发展示范区建设

长三角生态绿色一体化发展示范区于 2019 年 11 月 1 日在上海青浦正式揭牌，其是实施长三角一体化发展战略的先手棋和突破口，是长三角在推进生态环境治理与风险防范一体化建设方面作出的重要举措。一体化建设示范区横跨沪苏浙，涵盖上海市青浦区、江苏省苏州市吴江区、浙江省嘉兴市嘉善县，整个面积约 2 300 km^2（含水域面积约 350 km^2），其中，三地交界地带是先行启动区。2019 年 11 月 19 日，国家发展改革委印发了《长三角生态绿色一体化发展示范区总体方案》，该方案明确了一体化示范区规划和建设的总体要求，指出一体化示范区的战略定位是生态优势转化新标杆、绿色创新发展新高地、一体化制度创新试验田以及人与自然和谐宜居新典范，该方案将统筹生态、生产、生活 3 大空间，把生态保护放在优先位置，不搞集中连片式开发，打造“多中心、组团式、网络化、集约型”的空间格局，形成“两核、两轴、三组团”的功能布局，预期到 2025 年一批生态环保、基础设施、科技创新、公共服务等重大项目建成运行，先行启动区在生态环境保护和建设、生态友好型产业创新发展、人与自然和谐宜居等方面的显示度明显提升，一体化示范区主要功能框架基本形成，生态质量明显提升，一体化制度的创新形成了一批可复制、可推广的经验，重大改革系统集成释放红利，示范引领长三角更高质量一体化发展的作用初步发挥。到 2035 年，形成更加成熟、更加有效的绿色一体化发展制度体系，全面建设成为示范，引领长三角更高质量一体化发展的标杆。

为有效支持长三角生态绿色一体化发展示范区的建设和发展，上海市人民政府、江苏省人民政府、浙江省人民政府于 2020 年 7 月 1 日联合出台了《关于支持长三角生态绿色一体化发展示范区高质量发展的若干政策措施》，包括赋予一体化示范区更大的改革自主权，加大财政、金融支持力度，强化用地保障，加快推进信息基础设施互联互通，加快推进公共服务共建共享，促进资源要素跨区域有序自由流动，进一步推进管理和服务创新，强化组织保障、确保政策落地等 22 条政策措施。此外，长三角生态绿色一体化发展示范区理事会于 7 月 15 日对外公布了《长三角生态绿色一体化示范区产业发展指导目录》和《长三角生态绿色一体化发展示范区先行启动区产业项目准入标准》，这既是在全国首次实现了跨省级行政区域执行统一的产业发展指导目录和统一的产业项目准入标准，也是上海、江苏、浙江两省一市及青浦、吴江、嘉善两区一县探索从区域项目协同走向区域一体化制度创新的积极实践。示范区在探索项目管理、投资管理一体化制度创新的实践方面做到了“一个目录明导向、一个标准定准入”，实现了产业发展导向、项目准入标准的跨省域统一。

6.3.2 崇明世界级生态岛建设

崇明岛是中国第三大岛屿，是上海市重要的生态屏障和生态战略空间，拥有东滩国际重要湿地、东滩鸟类国家级自然保护区和长江口中华鲟自然保护区，被联合国环境规划署誉为“太平洋西岸难得的净土”。崇明岛由多个行政主体管辖，绝大部分隶属上海崇明区，少部分隶属江苏省南通启东市启隆镇和南通海门市海水镇，可以说崇明生态岛的开发是长三角区域生态环境治理与风险防范一体化建设的微观缩影。

2005 年上海市人民政府发布了《崇明三岛总体规划（崇明县区域总体规划）2005—2020 年》，将崇明本岛定位为综合生态岛。在 2010 年继续发布了《崇明生态岛建设纲要（2010—2020）》，指出在崇明岛建设过程中，要把生态保护和环境建设摆在突出重要的位置。2016 年，国务院将崇明撤县设区，战略地位凸显。随后，在同年 12 月，上海市人民政府印发了《崇明世界级生态岛发展“十三五”规划》，其指出要以更高标准推进岛内环境保护和生态建设，打造更具竞争力的生态环境，预期到 2020 年形成现代化生态岛基本框架。2018 年 5 月发布的《上海市崇明区总体规划暨土地利用总体规划（2017—2035）》指出要到 2035 年，崇明区将基本建设成为具有全球引领示范作用的世界级生态岛，在生态环境方面，要贯彻低碳发展、绿色循环、环境修复、生态治理、系统管控、社会共治的保护目标和规划原则。

崇明世界级生态岛的打造涉及上海市崇明区、江苏省启东市与海门市三地，跨区域生态环境问题时有发生。为打破行政壁垒，探索跨区域协作，共谋发展的生态文明建设之路，2019 年 5 月 28 日，这三地检察院就建立生态环境资源检查协作机制达成共识，联合签订了《北长江口生态环境资源保护检察协作工作实施意见》。该实施意见就明确协作目标、规范合作形式、聚焦工作重点、明确管辖范围、探索信息共享、创新工作机制 6 个方面的内容作了规定，指出要树立“一体化”意识，坚持“一盘棋”思想，强化“大保护”举措，按照“优势互补、资源共享、协同配合、高效联动”的原则，在生态环境资源领域开展精准化打击、多元化监督、专业化办案、社会化治理、法治化服务。

6.3.3 全方位的长三角区域生态环境保护协作机制建立

为深化完善长三角区域生态环境保护协作机制，协同推动区域生态环境联防联控，2021 年 5 月 12 日，经国务院批准同意在原有的长三角区域大气和水污染防治协作小组基础上成立长三角区域生态环境保护协作小组。

在现有区域大气和水污染防治协作小组基础上调整优化，成立由上海市、江苏省、浙江省、安徽省和生态环境部等国家有关部委组成的长三角区域生态环境保护协作小组。协作小组组长由上海市委书记担任，副组长由生态环境部部长及上海市人民政府、江苏省人民政府、浙江省人民政府、安徽省人民政府主要领导担任。为全方位加强生态环境保护协作，特别是支持加强区域移动源监管、油品监管，推动生态环境标准统一和应急协同等工作，在原有 13 个部委的基础上，增补公安部、应急管理部、市场监管总局、林草局等为协作小组成员单位。协作小组下设办公室，承担协作小组的日常工作，仍设在上海，具体由生态环境部和三省一市共同组建。参照长三角区域一体化合作办公室的模式，自生态环境部和三省一市抽调业务骨干组建，实行集中办公。

该协作小组的主要工作包括协调推进党中央、国务院关于生态环境共保联治的方针、政策和重要部署在长三角区域的贯彻落实。推进区域经济社会和生态环境协同发展，研究能源、产业、交通、建设等领域生态环境重大问题，协调有关部委制定有利于区域环境质量改善的相关发展规划和有关政策。协调推进区域大气、水、土壤、固体废物等重点领域联防联控和生态共保，以及生态环境领域统一标准、联合执法、协同监测、信息共享、应急联动、制度协同创新和科研合作等重点措施。协调解决区域突出环境问题。完成党中央、国务院交办的其他事项。

第 7 章

长三角区域一体化保护的体制机制创新

——长三角生态补偿机制

7.1 生态补偿机制

生态补偿是我国生态保护政策制定和相关研究中的一项重要内容。生态补偿是一个内涵丰富、外延广阔的术语。除了“生态补偿”这一术语，相关的术语还包括“生态效益补偿”“生态保护补偿”等，这些术语在不同的语境下具有类似但是又不完全相同的含义。在我国，“生态补偿”表现为两种基本含义。一是在 20 世纪 90 年代，生态补偿的含义主要指对自然生态系统本身的补偿，加大各项投入以修复自然生态系统，这时的生态补偿主要属于自然科学范畴。二是进入 21 世纪之后，生态补偿的含义逐渐演变为因保护生态而遭受损失的主体的经济补偿，也就是对“人”的补偿而非对“自然”的补偿，这时的生态补偿主要属于社会科学范畴。现在我国政策讨论和相关研究中的生态补偿，主要指的是后者。

在国外，“生态补偿”（Ecological Compensation）一词主要指对自然生态系统本身的补偿；生态系统服务付费（Payments for Ecosystem Services）或者说环境服务付费（Payments for Environmental Services）则类似于我国对因保护生态而遭受损失的主体的经济补偿。在国外研究中，生态系统服务付费尽管有大量的理论与案例研究，但是其内涵也存在广泛讨论。引用最为广泛的早期定义是 Wunder 在 2005 年给出的定义，2015 年 Wunder 又对这一定义进行了修订，表述为“环境服务付费是提供者和使用者之间约定自然资源管理以产生一定环境服务的自愿交易”，这是一个狭义的定义。Muradian 等（2010）给出了一个更为广义的定义，即为了建立“使得个体或集体土地利用决策符合社会在自然资源管理方面的利益”的激励，社会主体之间发生的资源转移。

7.1.1 生态补偿的理论基础

从经济理论来看，生态补偿主要是为了解决生态系统服务的外部性所导致的配置效率与公平问题。经济主体在管理自然资源过程中也给其他经济主体带来了生态系统服务，需要付费即无法因此获益，这就导致生态系统服务供给不足或者过度消耗。例如，农户植树造林提供了净化空气的生态系统服务，但是无法由此获益，所以农户植树动力不足。为此，如果能对外部性予以经济补偿，那么就可以实现资源有效配置。针对自然资源管理所增加的生态系统服务的经济补偿，可以有政府和市场两类来源，即政府生态补偿和市场生态补偿。

首先，讨论政府生态补偿。从我国生态补偿概念的提出和演变来看，生态补偿更多是从实践中逐渐提出来的。实践中，比较典型的生态补偿情形是政府要求某些经济主体采取保护生态的行为，这些经济主体因此遭受了一些经济损失，然后政府补偿其中的部分损失。简言之，其中的关键要素是“强制保护、遭受损失、部分补偿”。之所以称之为补偿而非赔偿，某种程度上也意味着只是“补偿”一部分经济损失，而非“赔偿”全部经济损失。

基于经济理论来讨论生态补偿的含义。设定有政府、生态保护者、生态保护的受益者三个主体，保护者加强生态保护需要付出成本，同时受益者将会得到生态效益（图 7-1）。在没有任何政策干预和协商的情况下，保护者不会采取生态保护行为。从社会角度来看，最优的生态保护行为是保护的边际成本与边际效益相等的水平，即图中的生态保护行为 *OF*。那么，政府为了达到这一最优水平，便需要采取一些政策。其一，管制政策，即要求保护者采取生态保护行为 *OF*，这是保护者必须履行的义务，也就是其没有“不保护生态”的权利。实践中的一个例子是政府要求企业减排，企业必须无条件减排。其二，经济激励政策，即为保护者提供经济补贴，使其自发采取生态保护行为 *OF*，这是保护者在政策补贴下的行为，相当于其拥有“不保护生态”的权利。这两类政策是环境经济理论中的主要政策手段。另外，如果采取生态补偿政策，那么意味着政府要求保护者采取生态保护行为 *OF*，并对其由此遭受的损失（图形 *OAEF*）予以全部或部分补偿（假设为图形 *HIEF*）。从权利的视角来看，之所以对保护者进行部分补偿而非全额补偿，因为保护者并不完全拥有“不保护生态”的权利。例如，流域上游农户保护森林、涵养水源，为下游提供更好水资源。通常情况下，上游农户并不具有完全采伐森林的权利，而是具有一定的保护森林的义务，超出保护义务的部分，才具有采伐森林的权利，也才可因放弃采伐、保护森林而获得补偿。在图中，假设生态保护行为 *OH* 是保护者应尽的义务，这时发生的成本 *OAIH* 并不需要补偿；生态保护行为 *HF* 才是保护者额外付出的努力，其成本 *HIEF* 需要获得补偿。基于此种情况，生态补偿主要指“强制保护、遭受损失、部分补偿”。从这个意义上来看，生态补偿是对生态保护过程中权利内利益遭受损失的全额赔偿，称为狭义的政府生态补偿。

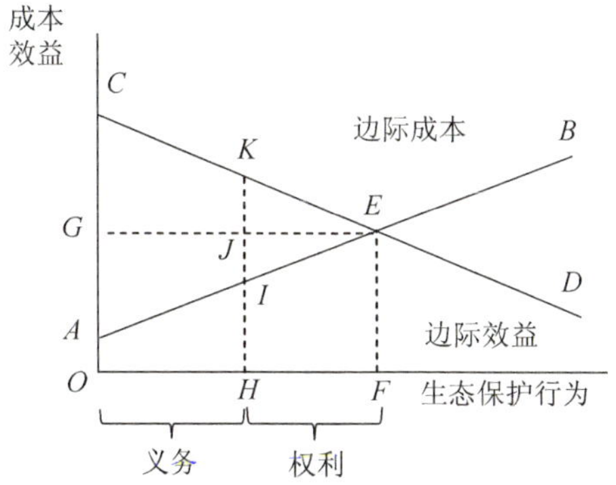

图 7-1　生态补偿含义的经济解析

除了上述狭义的含义之外，有时也将针对“正外部性行为增加或负外部性行为减少”的补贴视为生态补偿，这属于广义的政府生态补偿，生态补偿概念的关系如图 7-2 所示。但是，二者的机制并不相同。狭义生态补偿具有“事后”含义，也就是先要求保护，然后再讨论补偿额度，这便是通常讨论的生态补偿标准。针对外部性行为的补贴，则具有“事前”含义。在理想状态下，政府通过测算生态保护的边际成本和边际效益，确定最优的生态保护行为和所需的补贴水平，然后市场主体在这一补贴下来采取生态保护行为，可见，这里的补贴水平是“事前”确定的。需要说明的是，生态补偿的“事后”意义对于我国生态保护具有重要作用。在我国社会经济快速发展过程中，生态环境急剧恶化，常常需要抢救性保护，于是制定强制性政策来加强保护，强调了保护效果，忽略了对保护者公平，那么还需要重点考虑补偿问题。

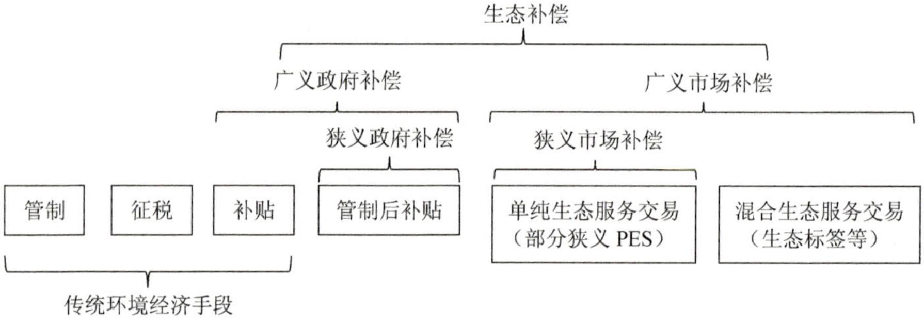

图 7-2　生态补偿结构框架与主要环境经济手段的关系

生态补偿标准的确定从根本上取决于权利的界定和交易好处的分配。这里主要讨论从狭义的角度政府生态补偿中的补偿标准。如上所述，狭义生态补偿之所以未能补偿保护者所有成本，一个重要的原因是保护者并不完全拥有“不保护生态”的权利。因此，生态补偿标准的确定，首先要界定保护者的生态保护行为中哪些是义务、哪些是权利，义务的部分是保护者必须无条件完成的，所以无须补偿；权利部分则是保护者本来不必完成的，现在要求其完成则必须予以补偿。至于权利与义务的界定，则需要基于自然条件、价值判断、实践中的谈判能力等多个方面。在确定了义务与权利之后，针对权利部分的补偿，则取决于交易好处的分配。在图 7-1 中，生态保护行为 *OH* 是义务，无须补偿；生态保护行为 *HF* 是权利，需要补偿。针对 *HF*，保护者的成本是 *HIEF*，受益者的效益是 *HKEF*，二者之差 *IKE* 则是交易的净好处。可以说，保护者的成本是补偿的下限，受益者的效益是补偿的上限，除此之外，二者还可以分享交易的净好处。例如，按照边际相等原则，那么交易价格应为 *EF*，这时保护者获得的补偿额度为图形 *HJEF* 的面积。一个极端的情况是，如果保护者拥有“不保护生态”的全部权利，这时其没有保护生态的义务，为了实现社会最优的生态保护行为 *OF*，补偿标准的下限仍然是保护成本 *OAEF*，补偿标准的上限则是保护行为带来的效益 *OCEF*。需要说明的是，通常将生态系统服务价值作为生态补偿上限，严格地说，应该将因生态保护行为而增加的生态系统服务价值作为生态补偿的上限。

关于生态补偿标准一些原则的讨论。在生态补偿和相关的环境经济手段中，有一些较为直观的原则，这些原则背后实际隐含了不同的权利界定。例如，环境污染控制中的“谁污染、谁付费”原则实际上隐含了排污者没有排污权利的假定；类似的原则还包括“谁开发、谁保护”“谁破坏、谁恢复”。生态保护中的“谁保护、谁受偿”“谁受益、谁补偿”，则隐含了生态保护者具有“不保护生态”的权利的假定。某种程度上，“谁污染、谁付费”与“谁保护、谁受偿”表面上是冲突的，“谁污染、谁付费”意味着不能污染，也就是需要保护，这时并不需要补偿给排污者；另外，“谁保护、谁受偿”则意味着需要对保护者补偿。实际上，根本原因是二者隐含了不同的权利假定。

其次，讨论市场生态补偿。市场生态补偿即市场主体对其获得的生态系统服务付费，这将为生态保护者提供激励机制，从而使得自然资源有效管理。市场生态补偿，根据所提供的生态系统服务是否在当地可以分为狭义和广义两类。狭义市场生态补偿即双方交易的生态系统服务不在当地，即保护者在一个地方通过加强自然资源管理提供了生态系统服务（如河流上游农户退耕还林），受益者在另一个地方获益（如河流下游的居民），这时双方交易的对象是单纯的生态系统服务，这也是狭义生态系统服务付费的部分内容。除了包括狭义市场生态补偿，广义市场生态补偿还包括这样的情形，即双方交易的生态系统服务在当地或有形，例如，森林经营者为游客提供森林旅游而获益（可以称为资源使用费），或者提供了更多生态系统服务的产品被打上生态标签而获得消费者更高的支付（生态标签），这时生态系统服务伴随其他产品一起交易。尽管市场补偿可以充分发挥市场机制的作用同时减轻政府在生态补偿方面的资金压力，但是市场补偿同样存在一些困难。第一，保护者采取生态保护行为所增加的很多生态效益，并不具有市场，理论上，只要有未纳入市场的生态效益，那么市场就无法实现完全补偿和有效配置。第二，生态效益的受益者通常具有非排他性，这时受益者就存在“搭便车”的动机，从而无法为保护者付费。实践中的市场生态补偿，多通过制度创新为某些生态效益建立排他性进而形成市场。第三，生态效益本身的计量也很困难。

最后，简要讨论生态补偿的分析框架。生态补偿的分析框架可以分为基本框架和支撑框架两个部分。通常讨论的生态补偿基本框架包括受偿主体、支付主体、补偿内容、补偿标准、补偿形式等内容。生态补偿支撑框架则包括明确生态保护行为、明确相关经济主体、确认生态保护的效益大于成本、通过理论分析和协商等达成补偿额度、监督执行（包括支付行为和保护行为）等内容。生态补偿实施中，生态补偿应该与生态保护行为关联起来。

简言之，生态补偿是“生态系统服务”相关各方，在“生态系统服务初始产权不清晰”的情形下，达成如何配置生态系统服务、如何相互支付的某种方案。如果其中一方是政府，政府通常具有一定的强制力和公共财政支付能力，那么生态补偿成为配置生态系统服务资源的一种政策工具。

7.1.2 生态补偿的一般框架和形式

7.1.2.1 一般框架

根据国内外关于生态补偿的实践和研究，生态补偿制度需要解决谁来补、补给谁、补多少、如何补、如何管几个问题。围绕这几个问题的制度建设构成了生态补偿的一般框架。

（1）谁来补

这一问题是关于如何确定生态补偿的主体。按照“谁受益、谁付费，谁破坏、谁恢复”的原则，可以直接推导出生态补偿的主体是生态系统服务功能正外部性的受益者，或者是负外部性的生产者。对于受益对象明确的，应由这些受益者的组织或个人承担相关的生态补偿费用；对于受益对象不明确的，应由受益者的代表、受益地的政府来承担相应的生态补偿责任。

（2）补给谁

按照生态补偿的定义，生态补偿制度的目的是通过人与人之间利益关系的协调，通过对“人”补偿的方式最终实现对“物”，即生态系统进行补偿的目的。这一问题是要解决受偿对象，也就是提供生态系统服务功能的一方，这既可能是政府部门，也可能是个人。总体上，政府部门是生态公共产品的供给者，而个人以税费形式补偿了政府提供生态公共产品的成本。同时，不同级别或不同区域政府之间也按照这个原则相互补偿。

（3）补多少

生态补偿制度调整的是利益相关者在环境权益中收益分配关系。来自环境产权的收益额在很大程度上取决于生态服务功能价值，计算生态补偿标准时，应以生态效益为主。但由于生态服务功能价值的评估比较复杂，评估方法的差异会影响评估值，通常评估价值比较高，以此为依据进行补偿不一定能实现效率最优，还可能面临现实财政资源约束。因此，对生态保护行为外部性补偿的依据和标准是保护者为改善生态服务功能所付出的额外建设成本或者为此而牺牲的发展机会的成本；对生态破坏行为的外部不经济性的补偿依据和标准是恢复生态服务功能的成本和因破坏行为造成的被补偿者发展机会成本的损失。

（4）如何补

生态补偿制度着眼于将生态保护或者破坏的外部性进行内部化，激励生态保护行为，维护、改善和提高生态系统的生态服务功能或者恢复生态系统的服务功能。其实质是通过环境资源的重新配置，调整和改善生态保护领域中的利益关系，最终促进人、社会与自然的和谐发展。因此，应按照“谁受益、谁付费，谁破坏、谁恢复”的原则制定生态补偿的有关制度。

（5）如何管

生态补偿制度的实施需要一系列配套的管理制度，以确保生态补偿制度的有效施行。这要求形成以衡量外部性的内在化为基础的管理监督机制，以评价制度绩效，如资金筹集和分配、信息公开等方面的监管制度等。

7.1.2.2　政府补偿和市场补偿

生态补偿在各个领域中应用的具体形式较多，并没有统一的分类标准，文献报道中常见的说法有政策性补偿、资金补偿、技术和智力支持、产业支持、实物补偿、补贴、税收优惠和减免、使用者付费等。但不论何种具体补偿的方式，都涉及补偿资金的筹集和支付过程，因此从这个角度来看，可以分为两大类：一是公共支付补偿；二是市场补偿。在每一类补偿形式下又包含多种手段和工具，实践中往往综合运用多种手段实施补偿。现有的补偿方式不论哪一类及其具体手段都需要借助政策法律来确定和施行，因此政策是各种补偿方式实施的保障，而不是一类具体的补偿方式；进一步即使是政府给予有关生态保护利益相关者一定的补贴或财税优惠政策，要么是通过各级财政收支来实现，要么是通过市场收支（如捐赠）途径来实现，因此本书对补偿方式的划分主要采用资金的筹集和支付标准，具体的补偿实践作为相应补偿方式下的工具。

（1）公共支付补偿

公共支付补偿主要是指由政府来购买社会需要的生态环境服务，然后提供给社会成员。购买生态环境服务的资金，可能来自公共财政资源，也可能来自于有针对性的税收或政府掌控的其他金融资源，如一些基金、国债和国际上的援助资金等。无论从支付规模还是应用的广泛程度，以政府购买为主的公共支付体系是购买生态环境服务的主要形式。从具体的补偿手段和工具来看，凡是会引起政府公共财政资源或政府掌握的其他经济资源变化的手段和工具都可以归入此类补偿方式，例如，应用比较普遍的资金补偿、实物补偿、政策补偿、技术和智力支持等。

其一，资金补偿。资金补偿是比较常见的补偿手段，在初期也是比较见成效的方式。通过资金补偿的形式来实现利用效益的公平性与科学性。资金补偿常见的工具主要有补偿金、减免税收、退税、信用担保的贷款、补贴、财政转移支付、贴息、加速折旧等。

其二，实物补偿。补偿者运用物质等进行补偿，改善受补偿者的生活状况，增强其生产能力。实物补偿有利于提高物质使用效率，如退耕还林（草）政策中运用大量粮食进行补偿的方式。

其三，政策补偿。主要指政府对生态保护利益相关者，或者上级政府对下级政府的权力和机会补偿。目前一般通过财政转移支付方式、税费减免或优惠、给予生态保护区域特殊产业发展政策等。政策补偿工具一般用于对生态保护的正向激励，即更多对生态保护作出的贡献者和因生态保护受到直接损失并承担了生态保护直接成本或间接成本的利益相关者。政策补偿有时也可以逆向使用，即对造成生态破坏的利益相关者增加有关的费用支付或者减少相应的政策优惠。

其四，技术和智力支持。主要指通过开展无偿技术咨询和技术指导的方式，输送相关技术人才，包括专业技术人才、管理人才等，并且通过对当地相关人员的培养，运用现代技术达到技术和智力支持的目的。

（2）市场补偿

市场补偿是指对生态保护利益相关者进行补偿时发生的资金筹集和支付，是通过市场自愿交易实现的。常见工具包括使用者付费、自组织的私人交易、开放的市场贸易、生态标记。市场补偿方式在国外应用较多，在国内除了使用者付费以外，其他补偿工具则刚刚处于探索试验阶段，应用较少。

其一，使用者付费。使用者付费，如湿地狩猎、钓鱼的许可证、非消费使用许可证等。

其二，自组织的私人交易。这类支付模式是指生态环境服务的受益方与支付方之间的直接交易，适用于生态环境服务的受益方较少，生态环境服务的提供者数量不多的情况，一般是一对一交易。收益双方经过谈判或通过中介，确定交易的条件和价格。私人交易通常限定在一定范围和透明度内，主要是得益于较为明晰的产权和可操作的合同。一对一交易常见于小的流域上下游之间和产权比较明确的森林生态系统与周边受益地区，有时也可能是某些保护组织和商业机构达成为保护生态系统功能而支付的报酬等。

其三，开放的市场贸易。是指生态服务市场中买方和卖方的数量比较多或不确定，而生态系统提供的可供交易的生态环境服务能够被标准化为可计量的、可分割的商品形式，如温室气体抵消量，地下水盐分信贷等，这时可以使这些指标进入市场进行交易。需要指出的是，这种途径只有当政府明确环境服务为可交易的商品或制定了引起需求的规则时才会使用。

其四，生态标记。生态标记是间接支付生态环境服务的价值实现的方式，消费者在购买普通市场商品时，如果愿意以高一点的价格来购买认证为是生态环境友好方式生产出来的商品，那么消费者实际上是支付了商品生产者随着商品生产而提供的生态环境服务。消费者以这样一种方式来购买（支付）生态环境服务，其关键是要建立起能赢得消费者信赖的认证体系。实践中正在应用的生态标记体系往往是针对所有商品类别的，只要产品从设计、生产、销售到使用，直至最后处理的整个生命周期内符合规定的环保标准，就可以获准使用特定的标签。如果有关厂商希望获得生态标签，必须向指定管理机构提出申请，完成规定的测试程序并提交规定的测试数据，证明该产品达到了生态标签规定的授予标准。消费者倾向于购买绿色产品，且额外支付的价格就可以看作对生态环境服务的间接购买。

例如，欧盟的生态标签体系。

7.1.3 流域生态补偿的理论分析

7.1.3.1 流域生态补偿的问题范畴

流域生态补偿主要针对流域内上下游之间的生态系统服务的有效配置问题。流域是一个以包含干流和支流的集水区域为基础的地理概念，根据地势和水流特征分为上游、中游、下游不同的地理单元。本书将一个流域分为上游和下游两个区域，每个区域内都有一定的自然生态系统和社会经济活动，如图 7-3 所示。流域内上游和下游之间存在生态系统服务联系。一般地，流域上游地区位于高原、山区且具有较为丰富的森林、草地等自然生态系统，可以提供涵养水源、净化水质、固碳释氧等生态系统服务；下游则位于平原地区，自然生态系统相对较少，社会经济活动密集。上游地区通常为下游地区提供多种生态系统服务，有形的生态系统服务主要指一定数量和质量的水资源；无形的生态系统服务包括固碳释氧服务等。上游地区的社会经济活动会影响其为下游地区提供生态系统服务。例如，上游地区取水灌溉、采伐森林等活动将降低下游地区可以使用的水资源的数量和质量。但是，上下游之间通常没有关于这些生态系统服务增减的交易机制，上游

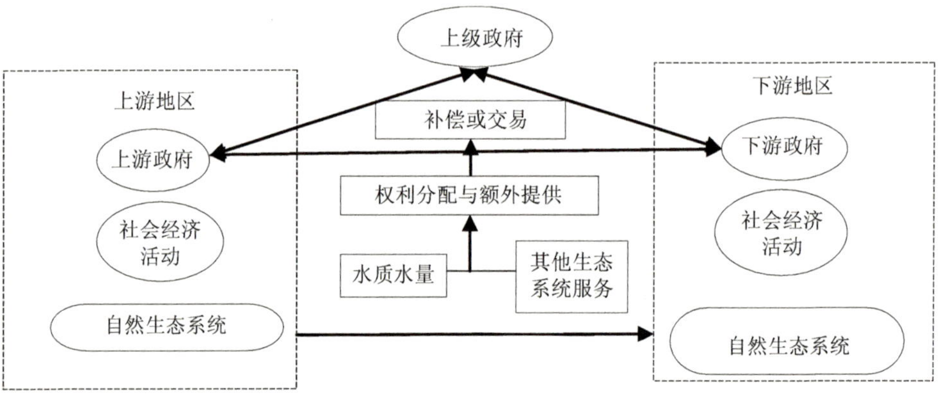

图 7-3 流域上下游相互作用示意图

的社会经济活动具有一定的外部性，上游地区有可能为了获得一定的经济利益而给下游地区带来较大的生态系统服务损失，从而导致生态系统服务无效配置。流域生态补偿机制的建立，将为上下游之间的生态系统服务的增减提供经济补偿，促进流域生态系统服务的有效配置。尽管流域上游和下游之间存在多种类型的生态系统服务联系，但是流域生态补偿主要指与水质和水量相关的生态补偿，也有研究称之为水生态补偿。

7.1.3.2　流域生态补偿的主要内容

流域生态补偿的本质是基于权利配置的生态系统服务的交易。表面来看，上游地区通过加强生态保护而为下游地区提供更多更好的生态系统服务，下游地区需要补偿上游地区为此承担的损失，但实际上，这一结论隐含的前提是上游地区拥有所提供的生态系统服务的权利。而该权利配置在流域生态补偿中是一个隐含但处于基础地位的问题。以水资源为例，尽管水是从上游流向下游的，但是，这并不意味着上游地区拥有这些水资源，下游地区需要向上游地区购买水资源，上游地区和下游地区分别拥有部分上游地区所提供的生态系统服务的权利。在权利安排的基础上，当一方出让了权利或受让了生态系统服务权利时，则需要受偿或补偿另一方。

流域生态补偿机制的方式可以分为“产权和交易”和“管制和补偿”两类。“产权和交易”即相关各方约定上游地区应该为下游地区提供的生态系统服务数量和质量，然后以此为基础对生态系统服务超过或未达到的情形进行交易。这时生态补偿与生态系统服务付费含义一致。“管制和补偿”则是管制要求上游地区必须采取一定的生态保护措施或达到一定生态系统服务供给的情况，然后再予以补偿，实践中这些管制要求通常由上级政府制定。“产权和交易”直接呈现了基于权利配置的生态系统服务交易。“管制和补偿”则隐含了这一本质。实践中，上游地区获得的补偿（假设这一补偿是相关各方达成的某一均衡状态）并不能覆盖其被管制要求保护生态所承担的全部成本，这实际上说明了上游地区并非拥有生态系统服务的全部权利。

流域生态补偿基准即生态系统服务权利的初始配置。在权利和交易的生态补偿中，生态补偿的权利是指权利配置；而在生态补偿中的管制和补偿中，管制所表现出的权利配置并非初始配置，也并非确定生态补偿额度的基准。管制和补偿的生态补偿方式，实际上是额外使受管制一方出让权利，同时予以经济补偿，其中隐含了权利的初始配置。这个隐含的初始权利配置是补偿额度计算的基准。从经济理论来看，关于权利的初始分配，整个流域的每个行政区具有平等地位，即每个行政区都有一定的排放污染物的权利。而对于上游地区通常采取管制和补偿的方式，管制受让一些排污权利并给予经济补偿。对于下游地区，则可以基于平等原则确定排放权利以及对应的水质标准。

流域生态补偿的额度或补偿标准，应介于出让权利（通常意味着提供额外生态系统服务）的成本和效益之间。在“产权和交易”生态补偿方式中，如果一方出让了权利，例如，提供了超过下游权利的水质或水量，那么生态补偿额度的下限是出让方因此承担的成本，生态补偿额度的上限则是受让方因此获得的效益。当然，在实践中，出让方承担的成本和受让方获得的效益通常较难衡量。在“管制和补偿”生态补偿方式中，生态补偿的额度包括两部分，一部分是“管制和补偿”，即被管制时应该获得的补偿，可以称之为基础补偿；另一部分则是其在出让或受让权利后应该获得或支付的补偿。

7.1.3.3 流域生态补偿的实施形式

流域生态补偿的实施主体以各级政府为主。以上游地区出让权利、提供额外生态系统服务为例来讨论。为了提供额外的生态系统服务，上游地区需要在生产、生活和生态保护等方面采取措施，生态保护成本由多种主体承担。

流域生态补偿机制的形式可以分为“上下游横向生态补偿”和“上下级纵向生态补偿”两类。流域生态补偿中的主体，主要包括上游地区政府、下游地区政府和共同的上级政府。“上下游横向生态补偿”即以上游政府和下游政府为主的生态补偿机制。横向生态补偿通常对应产权和交易的生态补偿方式，因为上下游地区政府之间具有相对平等的地位。“上下级纵向生态补偿”即主要指上级政府和上下游政府之间达成的生态补偿机制，或者表现为以上级政府和上游政府为主。纵向生态补偿通常对应管制和补偿的生态补偿方式，上级政府一方面管制要求某地方政府加强生态保护，同时予以一定的补偿。流域两种生态补偿方式的主要特征见表 7-1。

表 7-1 流域生态补偿两种方式的主要特征

序号	补偿方式	补偿基准	补偿额度	组织形式	主要适用情形
1	产权和交易	权利配置	交易补偿	上下游横向生态补偿	流域下游各个行政区之间
2	管制和补偿	管制要求和基础补偿	基础补偿和交易补偿	上下级纵向生态补偿	流域上游地区

7.2 长三角区域流域生态补偿实践分析

长三角区域是我国社会经济发展水平相对较高的区域，生态环境保护制度和政策相对完善。在我国部署生态保护补偿制度之前，长三角区域已经积极探索了包括流域生态补偿在内的多个领域的生态保护补偿机制。2012 年开始试点的皖浙两省新安江流域生态补偿机制开创了我国跨省流域生态补偿的实践案例。长三角区域沪苏浙皖（三省一市）对于辖区范围内的流域生态补偿实践不仅起步较早，而且在国家新一轮生态补偿制度背景下也进一步优化和完善。为了进一步完善长三角区域流域生态补偿制度，本书收集并整理长三角区域省级层面制定的流域生态补偿制度，剖析其运行机制和特点，并提出进一步深化完善的对策与建议。

7.2.1 跨省流域生态补偿实践情况

长三角跨省流域生态补偿的两个典型案例是皖浙两省之间的新安江流域生态补偿、皖苏两省之间的滁河流域生态补偿。

7.2.1.1 皖浙两省新安江流域生态补偿

皖浙两省新安江流域生态补偿从 2011 年开始启动，2012 年开始正式实施，是我国最早的跨省流域生态补偿案例。该流域生态补偿既促进了当地的流域生态保护和区域之间的协调发展，更为长三角区域乃至全国的流域生态补偿提供了宝贵的经验和借鉴。

皖浙两省新安江流域生态补偿的主要政策文件包括《关于印发千岛湖及新安江上游流域水资源与生态环境保护综合规划的通知》《新安江流域水环境补偿试点

实施方案》《安徽省新安江流域生态环境补偿资金管理暂行办法》《关于新安江流域上下游横向生态补偿的协议》等。

皖浙两省新安江流域生态补偿在第一轮试点（2012—2014 年）、第二轮试点（2015—2017 年）后，顺利推进到第三轮试点（2018—2020 年）阶段。

主要内容：

第一轮（2012—2014 年）补偿试点：按中央资金每年 3 亿元、皖浙两省每年各 1 亿元设立补偿资金，以两省交界的街口断面高锰酸盐指数、氨氮、总磷、总氮这 4 项污染物指标的前 3 年（2008—2010 年）平均浓度值作为基本限值，设置水质稳定系数 K，测算补偿指数，核算补偿资金。每年根据上年的交界断面水质监测数据，测算出补偿指数 P 后实行补偿。当 $P\leqslant 1$ 时，浙江省 1 亿元资金拨付给安徽省；$P>1$ 或者新安江流域安徽省界内出现重大污染事故，安徽省 1 亿元资金拨付给浙江省。不论何种情况，中央财政 3 亿元全部拨付给安徽省。

第二轮（2015—2017 年）补偿试点：中央财政继续对第二轮试点工作给予支持，按照逐步退坡的原则，分年补助安徽省 4 亿元、3 亿元、2 亿元。同时，皖浙两省各新增 1 亿元补偿资金。

第三轮（2018—2020 年）补偿试点：中央财政取消拨款，皖浙两省每年各出资 2 亿元，与前两轮试点的实施方案相比，此轮协议水质考核标准更高，补偿资金使用范围有所拓展。

安徽省得到的流域生态补偿资金，按照 90%和 10%的比例分配给黄山市和绩溪县。补偿资金专项用于新安江流域环境综合治理、水污染防治、生态保护建设、产业结构调整和产业布局优化等方面，重点用于两省交界地区农村污水处理、垃圾集中处置、农业面源污染治理、污水处理厂提标改造等工作，提高环保基础设施建设水平。

7.2.1.2 皖苏两省滁河流域生态补偿

皖苏两省建立了针对滁河流域的生态补偿制度。滁河为长江下游左岸一级支流，发源于合肥市肥东县，主要流经皖苏两省的合肥、滁州、马鞍山及南京 4 市，全程 269.2 km。

皖苏两省滁河流域生态补偿的主要政策文件是《关于建立长江流域横向生态保护补偿机制的合作协议》。该文件约定以两省跨界、流经滁州的滁河陈浅断面作为考核断面，若该断面年度水质达标，下游的江苏就补偿安徽，资金拨付至滁州市；如不达标，安徽则补偿江苏，资金拨付至南京市。根据该协议，到 2020 年年底前，安徽、江苏两省以滁州市域内的陈浅断面水质为依据，以生态环境部与两省政府签订的水污染防治目标责任书确定的年度水质类别目标作为指标，实施“谁超标、谁补偿，谁达标、谁收益”的双向补偿机制。若年度水质达到Ⅱ类或以上时，江苏补偿安徽 4 000 万元；年度水质达到Ⅲ类时，江苏补偿安徽 2 000 万元。反之，若年度水质为Ⅳ类时，安徽则补偿江苏 2 000 万元；年度水质为Ⅴ类及以下时，安徽补偿江苏 3 000 万元。月度水质达到Ⅲ类及以上时，安徽省按月补助 300 万元给滁州市。

补偿资金将专项用于滁河环境综合治理、生态保护建设、生态补偿、经济结构调整和产业优化升级等，鼓励和支持受偿方通过 PPP、基金、绿色债券、融资贴息、后奖补等方式，积极引入社会资本加大滁河综合整治和绿色产业投入。

7.2.2　省级层面流域生态补偿实践情况

国务院及相关部委从 2016 年开始全面推进生态补偿制度建设。长三角区域作为社会经济发展水平相对较高、生态环保制度较为完善的地区，其省级流域生态补偿政策实施较早，探索出了一些具有特色的地方模式。在我国新一轮推进生态补偿机制建立的过程中，长三角区域结合自身流域问题、制度基础进行了调整。长三角区域三省一市流域生态补偿制度建立相对较早。上海市、江苏省、浙江省分别于 2007 年前后即制定了较为全面的流域生态补偿机制。而安徽省流域生态补偿起步相对较晚，从 2012 年参与新安江流域跨省生态补偿之后，逐渐建立了大别山区水环境生态补偿制度，并在国家部署推进生态补偿制度后进一步推广到全省所有流域。到目前为止，三省一市建立了适合自身流域特征的生态补偿制度。

省级流域生态补偿制度的建立基于省级政府已经制定的流域管理相关制度。在流域生态补偿制度建立之前，为了保护水源地、控制流域环境污染等问题，省级政府通常制定了水源地保护、河流断面考核等相关制度。这些制度为流域生态补偿制度的建立提供了基础。

7.2.2.1 上海市流域生态补偿情况

（1）基本情况

上海市的流域生态补偿制度主要是针对水源地保护的纵向生态补偿制度。根据因素法，市级给区（县）生态补偿转移支付。区（县）用于生态保护，没有直接补偿给农户等水源地地区的个体。另外，基本农田生态补偿、生态公益林补偿在很大程度上补偿了水源地地区农户被限制发展的损失。

早在 1985 年，上海市制定了《上海市黄浦江上游水源保护条例》以加强水源地保护。2009 年，上海市制定了《上海市饮用水水源保护条例》，其中第六条明确提出“建立饮用水水源保护生态补偿制度”。[①]经过多年的不断调整和完善，建立了水源保护生态补偿制度。上海市流域生态补偿主要政策见表 7-2。

表 7-2　上海市流域生态补偿主要政策

年份	政策文件	主要措施
2009	《关于本市建立健全生态补偿机制若干意见》《生态补偿转移支付办法》	正式启动生态补偿，明确了“政府为主、市场为辅”的原则，并建立生态补偿资金的分配、使用、管理及考核等方面的具体工作机制
2009	《上海市饮用水水源保护条例》	2009 年立法，2017 年和 2018 年分别进行了修正。提出了要建立饮用水水源保护生态补偿制度
2010	《关于贯彻〈上海市饮用水水源保护条例〉的实施意见》	进一步完善饮用水水源保护生态补偿制度，加大投入力度，健全保障机制，积极探索除财政转移支付以外的其他补偿方式
2011	《生态补偿转移支付办法》	进一步完善了生态补偿政策运行机制
2017	《市对区生态补偿转移支付办法》	明确了上海市对各区的生态补偿转移支付办法以及制定了对各区转移支付的预算

① 《上海市饮用水水源保护条例》（2018 年修正）：第六条　本市建立饮用水水源保护生态补偿制度。市和区人民政府应当建立饮用水水源保护生态补偿财政转移支付等相关制度，促进饮用水水源保护地区和其他地区的协调发展。具体办法由市发展改革行政管理部门会同市财政等有关行政管理部门提出方案，报市人民政府批准后执行。

年份	政策文件	主要措施
2018	《上海市人民政府关于印发〈上海市饮用水水源保护缓冲区管理办法〉的通知》（沪府规〔2018〕25 号）	市、区政府在饮用水水源保护生态补偿财政转移支付过程中，将缓冲区纳入转移支付范围。补偿标准可按照饮用水水源准保护区的一定比例执行

（2）运行机制

2009 年发布、2011 年修订的《生态补偿转移支付办法》对上海市水源地生态补偿政策的运作实施进行了详细的规定。总体来说，上海市水源地生态补偿政策基于政府财政转移支付的纵向补偿模式。其具体的运作机制如下。

补偿资金总量核算：采用的是基于全市财政统筹平衡的总量核算拨款机制。

补偿资金分配方法：基于相关因素的权重分配法，即基于水源地生态保护因素及其不同权重进行计算，形成各受补偿地区的生态补偿资金分配方案。水源地生态保护各因素包括各区县水源地保护区面积、水源区环保投入及年度工作考核成绩等。

补偿资金运作方式：由市级财政部门通过政府间一般性财政转移支付方式，向受补偿地区所在区（县）财政部门转移支付。

补偿资金的使用要求：要求各区（县）将该笔资金主要用于水源保护区内的环境保护，包括污染源治理与监督、环保设施运行与维护、水环境质量改善、河道整治等。

补偿资金管理：一是要求区（县）财政部门应将市财政局下达的生态补偿转移支付资金全额列入本级预算；二是要求市级主管部门加强对区（县）补偿资金使用的指导；三是生态补偿资金的安排和使用过程中，区（县）相关部门应建立协商机制；四是要求人大、审计等部门加强监督检查；五是要求市级主管部门对区（县）开展生态补偿工作年度考核；六是要求区（县）政府建立生态补偿资金使用效果后评估机制。

（3）实施情况

2009 年，上海市对黄浦江上游水源保护区所涉的青浦、松江、金山、奉贤、闵行、徐汇、浦东 7 个区（县）进行了生态补偿，补偿资金为 1.85 亿元。2010 年，《上海市饮用水水源保护条例》颁布实施，市政府确定了青草沙、黄浦江上游、陈行、崇明东风西沙 4 个将长期保留的水源地，划定和调整了饮用水水源保护区范围。2010 年的水源地生态补偿范围在 2009 年的基础上进一步扩大，受补偿区（县）增加到 9 个，即四大饮用水水源保护区所在的青浦、松江、金山、奉贤、闵行、徐汇、浦东、宝山、崇明等区（县）全部纳入补偿范围，补偿资金在 2009 年的基础上提高到 3.74 亿元。2009—2018 年累计拨付资金约 59 亿元，对完善保护区环境基础设施和提升日常环境管理起到积极作用。

7.2.2.2 江苏省流域生态补偿情况

（1）基本情况

江苏省流域生态补偿包括两个部分：一是针对水源地等生态空间管控区域的纵向生态补偿，二是基于监测断面考核的横向“双向补偿制度”。该制度是基于监测断面考核及其奖惩机制建立的，该制度的主要形式是水质超标“罚款赔偿”和水质达标“奖励补偿”，也是在全国应用最广泛的生态补偿制度，具体政策见表 7-3。

表 7-3 江苏省流域生态补偿主要政策

年份	政策文件	主要措施
2007	《江苏省环境资源区域补偿办法（试行）》	实行“双向补偿”，补偿资金依据为断面的水质和水量。在太湖流域部分断面试行试点结束后，在太湖流域及其他流域推行
2007	《江苏省太湖流域环境资源区域补偿试点方案》	在试点区域建立跨行政区交界断面和入湖断面水质控制目标，实行双向补偿
2013	《江苏省水环境区域补偿实施办法（试行）》	实行补偿加奖励，补偿为“双向补偿”，补偿资金依据为断面的水质，水质连续 3 年达标或好于断面水质目标的，由省财政对断面所在市、县给予适当奖补
2014	《江苏省水环境区域补偿工作方案（试行）》	正式开展全省全流域双向补偿工作，并对补偿断面、国考断面以及饮用水水源地连续达标情况作出奖励。共设置 66 个补偿断面和 6 个对照断面
2015	《江苏省水环境区域补偿工作方案》	将流域生态补偿断面增加到 112 个，并分类提高补偿标准

年份	政策文件	主要措施
2013	《江苏省人民政府关于印发江苏省生态红线区域保护规划的通知》（苏政发〔2013〕113 号）	在全省共划定 15 类 779 块生态红线区域，总面积为 24 103.49 km^2。包括饮用水水源保护区、重要水源涵养区
2013	《江苏省人民政府办公厅关于转发省财政厅、省环保厅江苏省生态补偿转移支付暂行办法的通知》（苏政办发〔2013〕193 号）	省级财政每年根据年度财力情况安排一定额度的生态补偿转移支付资金。生态补偿转移支付为一般性转移支付，分为补助和奖励两部分
2020	《江苏省政府关于印发江苏省生态空间管控区域规划的通知》（苏政发〔2020〕1 号）	确定了 15 大类 811 块陆域生态空间保护区域，总面积为 23 216.24 km^2，包括饮用水水源保护区、重要水源涵养区

（2）运行机制

其一是针对水源地等生态空间管控区域的纵向生态补偿。《江苏省人民政府关于印发江苏省生态红线区域保护规划的通知》（苏政发〔2013〕113 号）划定了生态红线区域并予以生态补偿。2020 年进行了修订，并制定了《江苏省政府关于印发江苏省生态空间管控区域规划的通知》（苏政发〔2020〕1 号），确定了 15 大类 811 块陆域生态空间保护区域，总面积 23 216.24 km^2，占全省陆域土地面积的 22.49%。其中，国家级生态保护红线陆域面积为 8 474.27 km^2，占全省陆域土地面积的 8.21%；生态空间管控区域面积为 14 741.97 km^2，占全省陆域土地面积的 14.28%。这 15 类分别是自然保护区、风景名胜区、森林公园、地质遗迹保护区、湿地公园、饮用水水源地保护区、海洋特别保护区（陆地部分）、洪水调蓄区、重要水源涵养区、重要渔业水域、重要湿地、清水通道维护区、生态公益林、太湖重要保护区、特殊物种保护区。其中，与水源地直接相关的包括饮用水水源地保护区、重要水源涵养区等。

根据《江苏省人民政府办公厅关于转发省财政厅、省环保厅江苏省生态补偿转移支付暂行办法的通知》（苏政办发〔2013〕193 号），对《江苏省生态红线区域保护规划》所列 15 类生态红线区域，列入转移支付测算范围。省级财政每年根据年度财力情况安排一定额度的生态补偿转移支付资金。生态补偿转移支付为一般性转移支付，分为补助和奖励两部分。补助部分为生态补偿转移支付的主体部分。省财政厅根据各市、县（市）列入转移支付测算范围的生态红线区域的级别、类型、面积以及地区财政保障能力等因素，综合计算各地标准生态红线区域面积，并据此计算各地生态补偿转移支付补助资金。奖励部分为生态补偿转移支付的激励性部分。省财政厅、省环保厅每年会同有关部门根据《江苏省生态红线区域保护监督管理考核暂行办法》，对上一年度各市、县（市）生态红线区域保护任务完成情况进行综合考核，依据考核结果，分配奖励资金。如发生重大污染事件，导致本地区生态环境受到严重影响或考核不合格的，取消该地区年度考核奖励资格。

省级生态补偿转移支付资金全部用于生态红线区域内的环境保护、生态修复和生态补偿。各市、县（市）按照集中财力办大事的要求，整合相关专项资金，增加本级财政投入，进一步加大生态红线区域保护和修复力度。

其二是基于监测断面考核的横向“双向补偿制度”。2007 年开始，江苏就率先在太湖流域开展跨市横向生态环境补偿试点，2014 年扩展至省域全境，建立了覆盖全省的流域水环境质量双向补偿机制，全省共有补偿断面 112 个，其中沿江 8 市共有 76 个。按照“谁超标、谁补偿，谁达标、谁受益”的原则实行双向补偿：当断面水质超标时，由上游地区对下游地区予以补偿；当水质达标时，由下游地区对上游地区予以补偿；滞流时，上游、下游地区之间不补偿。截至 2018 年，江苏全省水环境区域补偿资金累计近 20 亿元。补偿资金连同省级奖励资金全部返还地方，专项用于水污染防治工作，有效推动了区域水环境质量的改善。《江苏省水环境区域补偿实施办法（试行）》和《江苏省水环境区域补偿工作方案》于 2014 年 10 月 1 日起正式施行。江苏水环境区域补偿遵循“经济倒逼、承前启后、统一标准、双向补偿、奖励达标”的总体思路，按照“谁超标、谁补偿，谁达标、谁受益”的原则，通过科学设置断面和考核因子，实行“双向补偿”，即补偿断面水质劣于水质目标时，由上游地区补偿下游地区，补偿断面水质达到水质目标时，由下游地区补偿上游地区。水质超标 0.5 倍以下（含 0.5 倍）的，月补偿基数为 25 万元；水质超标 0.5 倍以上、1 倍以下（含 1 倍）的，月补偿基数为 50 万元；水质超标 1 倍以上的，月补偿基数为 100 万元，而当补偿断面水质各考核因子均达标时，下游给上游的月补偿标准为 20 万元。补偿资金按月结算，资金解缴下游给上游的月补偿标准为 20 万元。补偿资金按月结算，资金解缴以年为单位，每年 10 月 1 日至次年 9 月 30 日为一个核算年度。补偿断面连续 3 年达到水质目标时，省财政于期末给予该断面补偿责任地区奖励 100 万元。国家重点考核断面和集中式饮用水水源地连续 2 年达标的，省财政分别给予断面责任地区 150 万元和 50 万元的奖励资金。

（3）实施情况

其一是针对水源地等生态空间管控区域的纵向生态补偿。2013 年，江苏省在全国率先开展生态红线划定工作，将自然保护区、风景名胜区等 15 类 779 块区域 24 103.49 km^2 纳入《江苏省生态红线区域保护规划》。配套制定《生态红线监管考核暂行办法》《生态补偿转移支付暂行办法》，截至 2018 年年底，省财政累计安排 110 亿元生态补偿资金。

其二是基于监测断面考核的横向“双向补偿制度”。2007 年起，江苏省作为最早实践流域生态补偿制度的省份之一，在太湖流域试点跨市水环境资源区域补偿方案，随后逐步将补偿制度从太湖流域扩大到全省范围，从单向补偿进化为双向补偿，从手工监测发展为自动监测，补偿范围、指标逐步扩大，补偿标准逐步提高，建立了较为完善的补偿制度。双向补偿制度以改善水环境质量为目标，以“谁达标、谁受益，谁超标、谁补偿”为原则，配套实施《江苏省水环境区域补偿办法》，所有设区市签订跨区域断面水质补偿协议，当断面水质超标时，由上游地区对下游地区予以补偿；当水质达标时，由下游地区对上游地区予以补偿。2009—2018 年，累计发生补偿资金超过 21 亿元。在补偿制度的带动下，地方政府主动治污的积极性明显提高，2018 年，江苏省累计补偿资金 3.66 亿元，各设区市与周边市签订了补偿及生态保护合作协议。

7.2.2.3　浙江省流域生态补偿情况

（1）基本情况

浙江省流域生态补偿包括两个部分：一是针对流域上游地区的纵向生态补偿，二是普通流域区域的横向生态补偿。浙江省横向流域生态补偿的一个突出特点是浙江省级层面仅仅出台了指导性意见，由各个流域内部的地市自行达成生态补偿协议，具体政策见表 7-4。

表 7-4 浙江省流域生态补偿主要政策

年份	政策文件	主要措施
2005	《浙江省人民政府关于进一步完善生态补偿机制的若干意见》	全面实施主要污染物的排放总量控制计划，逐步探索推行政府管制下的排污权交易，引导鼓励生态环境保护者和受益者之间通过自愿协商实现合理的生态补偿
2006	《钱塘江源头地区生态环境保护省级财政专项补助暂行办法》	对钱塘江源头地区生态环境保护加大财政转移支付
2008	《浙江省生态环保财力转移支付试行办法》	在完善原钱塘江源头地区专项补助试点办法的基础上，由省对八大水系源头地区的 45 个市、县全面实施生态环保财力转移支付
2012	《浙江省生态环保财力转移支付试行办法》	将转移支付范围从 45 个市（县）扩大到全省 63 个市（县）；改变了原办法对水质考核奖罚的规定；同时，对具体分配因素和资金分配权重等作了修改完善
2017	《浙江省人民政府办公厅关于建立健全绿色发展财政奖补机制的若干意见》	规定了主要污染物排放财政收费标准，实施单位生产总值能耗财政奖惩制度，规定了出境水水质财政奖惩标准
2020	《浙江省人民政府办公厅关于实施新一轮绿色发展财政奖补机制的若干意见》	对主要污染物排放财政收费标准、出境水水质财政奖惩标准进行了更改，惩罚力度更大，奖励措施更强
2008	《浙江省跨行政区域河流交接断面水质监测和保护办法》	对省域内跨县级以上行政区域的河流交接断面进行水质监测和保护管理。实行污染物排放总量控制
2009	《浙江省跨行政区域河流交接断面水质保护管理考核办法（试行）的通知》	交接断面考核，考核根据市、县是否纳入省生态环保财力转移支付范围执行不同的考核标准
2013	《浙江省跨行政区域河流交接断面水质保护管理考核办法的通知》	对断面水质考核的等级标准进行了修改完善；对污染物浓度的计算方式进行了更为合理细致的更改
2016	《浙江省跨行政区域河流交接断面水质保护管理考核办法》（2016 年修订）	对断面水质的等级标准重新进行了更新，取消了水质污染物浓度的计算方法（由省环保厅制定）以及奖惩办法
2017	《关于建立省内流域上下游横向生态保护补偿机制的实施意见》	从 2018 年起，在省内流域上下游县（市、区）探索实施自主协商横向生态保护补偿机制，到 2020 年基本建成。在钱塘江干流实施试点

（2）运行机制

其一是针对流域上游地区的纵向生态补偿。主要政策文件是生态环保财力转移支付和绿色发展财政奖补政策，具体包括：《浙江省生态环保财力转移支付试行办法》（2008 年）、《浙江省生态环保财力转移支付试行办法》（2012 年）、《浙江省人民政府办公厅关于建立健全绿色发展财政奖补机制的若干意见》（2017 年）、《浙江省人民政府办公厅关于实施新一轮绿色发展财政奖补机制的若干意见》（2020 年）。例如，《浙江省人民政府办公厅关于实施新一轮绿色发展财政奖补机制的若干意见》（2020 年）文件中明确规定了“出境水水质财政奖惩制度”，即省财政对部分地域出境水水质实行奖惩制度。对淳安县、开化县出境水水质按Ⅰ类、Ⅱ类占比，每年每 1 个百分点分别给予 360 万元、180 万元奖励；出境水水质按Ⅳ类、Ⅴ类占比，每年每 1 个百分点分别扣罚 180 万元、360 万元。对衢州市及所辖县（市）（不含开化县）、丽水市及所辖县（市）和文成县、泰顺县、磐安县，出境水水质按Ⅰ类、Ⅱ类占比，每年每 1 个百分点分别给予 180 万元、90 万元奖励；出境水水质按Ⅳ类、Ⅴ类占比，每年每 1 个百分点分别扣罚 90 万元、180 万元。对上述市、县（市），Ⅰ类水、Ⅱ类水占比比上年提高的，每 1 个百分点分别奖励 500 万元、300 万元；Ⅰ类水、Ⅱ类水、Ⅲ类水占比比上年下降的，每 1 个百分点分别扣罚 500 万元、300 万元、200 万元。

其二是普通流域区域的横向生态补偿。浙江省省级层面的流域横向生态补偿政策主要包括三组文件。第一组文件是“交接断面考核办法”，具体包括《浙江省跨行政区域河流交接断面水质保护管理考核办法（试行）的通知》（2009 年）、《浙江省跨行政区域河流交接断面水质保护管理考核办法的通知》（2013 年）、《浙江省跨行政区域河流交接断面水质保护管理考核办法》（2016 年修订），其中，前两份文件中的第十一条明确规定了交接断面水质考核结果与经济奖励处罚相挂钩，尽管有经济奖励处罚，但是并不是横向生态补偿。2016 年的文件则取消了经济奖励与处罚条款。

第二组文件则是《关于建立省内流域上下游横向生态保护补偿机制的实施意见》（2017 年），为浙江省内的流域横向生态补偿搭建了基本框架。一是明确补偿基准。将流域交接断面的水质水量和上下游县（市、区）的用水总量和用水效率作为补偿基准，以交接断面水质自动监测系统数据为考核依据。二是科学选择补偿方式。流域上下游地区可根据当地实际需求及操作成本，除资金补偿外，可探索开展对口协作、产业转移、人才培训、共建园区等补偿方式。三是合理确定补偿标准。流域上下游地区应当根据流域生态环境现状、保护治理和节约用水成本投入、水质改善的收益、下游支付能力、下泄水量保障等因素，每年在500万～1 000万元范围内协商确定。四是建立联防共治机制。流域上下游地区应当建立联席会议制度，按照流域水资源统一管理要求，协商推进流域保护与治理，联合查处跨界违法行为，建立重大工程项目环评共商、环境污染应急联防机制。五是签订补偿协议。补偿基准、补偿方式、补偿标准、联防共治机制等，应通过流域上下游地方政府签订具有约束力的协议等方式进行明确。六是省级资金引导。对达成协议的流域地区，省财政通过水质考核奖惩、“绿色指数”给予引导支持，鼓励早建机制。

第三组文件则是《浙江省人民政府办公厅关于实施新一轮绿色发展财政奖补机制的若干意见》（2020年），这是将《关于建立省内流域上下游横向生态保护补偿机制的实施意见》（2017年）包括进来并整合所有绿色发展财政奖补机制的综合性文件。该文件第十一部分规定了横向生态补偿制度框架，主要规定了水质要求和补偿额度建议。补偿基准为流域交接断面的水质水量，国家或省已确定断面水质目标的，补偿基准应高于国家或省的要求。补偿标准由流域上下游县（市、区）根据生态环境现状、保护治理成本投入、水质改善的收益、下游支付能力和下泄水量保障等因素，在500万～1 000万元范围内自主协商确定。

（3）实施情况

关于流域横向生态补偿，浙江省级层面建立了基本框架，鼓励流域内地市之间自行协商达成横向生态补偿协议。一个案例是诸暨市分别与浦阳江上游浦江县、下游萧山区签订了水环境补偿协议。

2017年12月，浙江省财政厅等四部门联合发布实施意见，诸暨市成为全省首批建立流域上下游横向生态保护补偿机制的区、县（市）。2018年4月，诸暨市分别与浦阳江上游浦江县、下游萧山区签订了水环境补偿协议。该协议约定，浦阳江流域上下游共同设立水环境补偿资金，2018—2020年每年1 600万元（上下游各出800万元）。

横向生态保护补偿着眼于流域上下游之间，两两进行生态补偿，不再单一依靠中央、省级财政给予的纵向补偿资金。按照该协议，诸暨市、浦江县、萧山区按照上下游关系，两两结对。如浦江（上游）和诸暨（下游）结对，诸暨（上游）和萧山（下游）结对，按照交界断面的水质检测情况，以及用水量、用水效果等指标，决定谁受奖励、谁受处罚。以诸暨市和浦江县之间的结对关系为例，两地以过去 3 年交界断面水质监测数据的平均值作为基准，如果今年测出的数据好于这个数字，则下游诸暨要给浦江 800 万元，如果今年测出的数据出现下降，上游浦江则要给诸暨 800 万元。如达不到补偿基准，但交界断面水质满足国家或浙江省要求断面水质标准目标的，则互不拨付。这种补偿机制更加体现“谁受益，谁付费”的原则。

补偿资金将专项用于浦阳江流域产业结构调整和产业布局优化、流域综合治理、水环境保护和水污染治理、生态保护等方面。

7.2.2.4　安徽省流域生态补偿情况

（1）基本情况

安徽省的流域生态补偿制度包括两个部分：一是以水质断面考核为主的横向“双向补偿”制度；二是针对河流上游区域的纵向生态补偿制度。其中，后者主要针对新安江流域的黄山市、绩溪县，大别山区域的六安市、岳西县，滁河流域的滁州市。在这些市县，安徽省财政会予以一定的纵向生态补偿。除此之外，则以横向生态补偿为主。

从流域来看，包括三个部分：一是跨省界的新安江流域和滁河流域；二是生态较为重要的大别山区和沱湖流域；三是全省其他流域。特别关注的 4 个流域是新安江（安徽—浙江）（黄山市、绩溪县）、大别山（省内）（六安市、岳西县—合肥市）、滁河（安徽—江苏）（滁州市）、沱湖（省内的淮北市、宿州市、蚌埠市），具体政策见表 7-5。

表 7-5　安徽省流域生态补偿主要政策

年份	政策文件	主要措施
2014	《安徽省大别山区水环境生态补偿办法》	设立大别山区水环境生态补偿资金 2 亿元，其中省财政出资 1 200 万元，合肥市出资 4 000 万元，六安市出资 4 000 万元，省级补偿资金按照流域面积因素分配，其中：六安市 11 800 万元、岳西县 200 万元，并详细规定了补偿资金的使用范围

年份	政策文件	主要措施
2016	《安徽省人民政府办公厅关于健全生态保护补偿机制的实施意见》（皖政办秘〔2016〕37 号）	全面开展生态保护补偿，适当提高补偿标准。在淮河、长江干流以及重要支流启动开展省内地表水跨界断面生态补偿。加大水土保持生态效益补偿资金筹集力度
2017	《安徽省地表水断面生态补偿暂行办法》（皖政办秘〔2017〕343 号）	“双向补偿”：即断面水质超标时，责任市支付污染赔付金；断面水质优于目标水质一个类别以上时，责任市获得生态补偿金
2017	《关于加快建立流域上下游横向生态保护补偿机制实施方案的通知》（财建〔2017〕208 号）	对省流域上下游横向生态保护补偿机制进行了进一步细化，对实施方案做出了指示
2020	《安徽省 2020 年水环境生态补偿实施方案》	明确了新安江流域、滁河流域、沱湖流域、大别山区水环境生态补偿细则，提出全面实施地表水断面生态补偿办法

（2）运行机制

安徽省流域生态补偿机制主要见于《安徽省 2020 年水环境生态补偿实施方案》。该方案规定了新安江、大别山、滁河、沱湖重点区域的流域生态补偿制度，也规定了针对全省其他流域的横向生态补偿机制。

横向生态补偿机制：对国家考核断面和主要跨市界断面实施污染赔付和生态补偿的“双向补偿”，其中污染赔付依据高锰酸盐指数、氨氮和总磷三项指标超标情况，单项因子月度最高赔偿 300 万元；生态补偿依据水质改善情况，断面水质优于目标水质 1 个类别的，每月获得 50 万元生态补偿金。沱湖流域也是横向生态补偿，不过其支付机制与普通的不同，对流域内淮北、宿州、蚌埠三市按照“谁达标、谁受益，谁超标、谁赔付”的原则实行双向补偿。生态补偿（赔付）基准暂定为 200 万元/月。

安徽省流域横向生态补偿的一个特点是赔付额度较高，而奖励额度较低，奖惩标准不一致。具体而言，污染赔付依据高锰酸盐指数、氨氮和总磷 3 项指标超标情况，单项因子月度最高赔偿 300 万元；生态补偿依据水质改善情况，断面水质优于目标水质 1 个类别的，每月获得 50 万元生态补偿金。

重点流域生态补偿机制混合了横向生态补偿和纵向生态补偿机制。这里包括了皖浙两省的新安江流域生态补偿，也包括皖苏两省的滁河流域生态补偿，还有安徽省内的大别山区水环境生态补偿。这些机制都类似于新安江模式，即一方面这些流域的上下游之间存在横向生态补偿机制；另一方面，上级政府（例如安徽省政府或中央政府）也会予以一定的纵向生态补偿，其支付情况见表 7-6。

表 7-6　重点流域纵向生态补偿的支付情况

序号	流域	上游	下游	如果上游达标	如果上游不达标
1	新安江流域	黄山市、绩溪县	浙江省	浙江省支付黄山市、绩溪县；安徽省政府支付黄山市、绩溪县	安徽省支付浙江省
2	滁河流域	六安市、岳西县	江苏省	合肥市支付六安市、岳西县；安徽省支付六安市、岳西县	六安市支付合肥市；安徽省支付六安市、岳西县
3	大别山区	滁州市	合肥市	江苏省支付滁州市；安徽省支付滁州市	安徽省支付江苏省

总体而言，在国务院新一轮推进生态补偿制度建立的过程中，上海市和江苏省沿用并完善了自身建立的流域生态补偿制度；浙江省是一方面完善自身建立的流域生态补偿制度，另一方面也鼓励地方政府自行建立流域横向生态补偿机制；安徽省是在国家政策指导下，借鉴周边省份的实践经验，建立了适合自身流域特点的流域生态补偿制度。

（1）省级政府与地方政府的相互关系

在省级流域生态补偿制度中，根据省级政府与市（县）政府关系的相对紧密程度，其相互关系可以分为三种类型。

一是省级政府引导、地方政府为主。在省级流域生态补偿制度中，省级政府主要是引导者、鼓励者，不会直接出台流域生态补偿的具体制度，只是提供了基本的原则，并对市（县）政府自行达成的协议予以指导、奖励。当然，市（县）政府需要根据自身需要，与流域内的其他市（县）自行协商建立横向的流域生态补偿机制。浙江省鼓励市（县）政府建立的横向生态补偿属于这一类。

二是省级政府主导、地方政府参与。在这一情形中，省级政府及其部门主导着流域生态补偿制度的建立，具体规定了补偿发生的条件、补偿额度等制度内容。

地方政府之间由于需要相互补偿或赔偿也形成联系。在基于断面考核与奖惩构建的流域生态补偿中，这是主要的政府关系形式，江苏省、浙江省、安徽省的流域生态补偿都属此类。

三是省级政府主导、地方政府接受。在这一情形中，省级政府及其部门依然制定了流域生态补偿制度的各项内容。与上一种情形不同的是，地方政府相互之间不直接发生补偿或赔偿联系。上海市的水源保护生态补偿机制即属于这一类，上海市财政与各区财政直接支付。

（2）补偿额度的确定

在针对上游地区水源保护的纵向生态补偿中，补偿额度下限是上游地区承担的保护成本。当然，这一补偿成本很难核算，因此，通常根据上游地区的流域面积、人口、自然保护区面积、森林面积、水环境质量等多个因素来确定生态补偿资金。例如，上海市水源保护生态补偿资金根据各区水源地保护区面积、水源区环保投入、年度工作考核成绩等因素确定。

在针对下游地区控制水质的横向生态补偿中，补偿额度通常是根据水质考核结果确定的。流域断面水质要求分为历史标准和目标标准两类。历史标准指的是基于过去三年或若干年的水质情况并辅以一定的水质改善要求；目标标准则是某个确定的可以长期维持的水质要求。一般情况下，历史标准主要是在水质向目标逐渐改善过程中所应用的标准，通常在水质未达到预期的情形下使用。生态补偿额度，应用最为广泛的是达标则“补偿奖励”和不达标则“赔偿惩罚”。补偿额度则是根据补偿基准，通过达标或超标的情况确定。理想的补偿额度是在双方的成本与效益之间。江苏省、浙江省、安徽省均采用了“双向补偿”方式。当水质超标时，超标倍数越多，赔偿惩罚越多；当水质达标时，通常是基于水质改善类别的递增补偿奖励。

（3）省级政府资金投入

流域生态补偿是对流域内多个行政区之间的相互补偿。理论上而言，流域内一个行政区的支付应该等于另一些行政区的获得，整个流域内所有行政区总体上的支付是零。但是，实践中，由于省级政府也参与流域生态补偿的资金往来，并使得整个流域内地方行政区的总支付并非为零。省级政府在某个流域中的支付情况，可以分为三种情形。

一是省级政府支付为零。这时，省级政府既没有鼓励流域加强水质提升，也没有惩罚流域内的水质恶化。

二是省级政府有正的支出。这时，省级政府通常补贴了流域内的水质提升行为，具有鼓励水质提升的作用。这也反映了省级政府认为流域内采用的补偿标准低于预期，无法达到预期的水质目标。

三是省级政府有正的收入。这时，省级政府通常惩罚了流域内的水质恶化行为，具有遏制水质恶化的作用。这也反映了省级政府认为流域内采用的补偿标准低于预期，无法达到预期的水质目标。在长三角区域的三省一市，省政府都有资金投入，具有激励和引导作用。

（4）补偿标准的动态调整

流域内各个行政区的社会经济发展水平不断变化，相应地，水质改善或恶化的成本和效益也在改变。为此，需要相应地调整流域生态补偿标准。通常，对于既定的水质要求和补偿标准，上游地区具有选择排放量的主动权，如果补偿标准低于其水质保障的成本，那么其有动机多排放污染物。这时，就需要相关各方再次协商补偿标准，如提高补偿标准；甚至协商补偿基准的变化，如提高断面水质的要求。在长三角区域流域生态补偿实践中，流域生态补偿的补偿标准通常是不断调整的，多为 3～4 年调整一次。例如，浙江省分别于 2009 年、2013 年、2016 年制定或修订了断面考核办法。

7.2.3　市县层面流域生态补偿实践情况

在省级流域生态补偿制度或框架下，江苏省、浙江省、安徽省的大部分地级市都建立了相应的流域生态补偿制度。总体上，也可以分为针对水源地或河流上游的生态补偿和流域内基于断面考核的双向补偿。这里简要列出相关政策文件，具体见表 7-7。

表 7-7　长三角区域地市层面流域生态补偿政策

地市	年份	政策文件	主要内容
江苏省			
苏州	2010	《中共苏州市委、苏州市人民政府关于建立生态补偿机制的意见（试行）》	综合性补偿意见

地市	年份	政策文件	主要内容
苏州	2013	《中共苏州市委、苏州市人民政府关于调整完善生态补偿政策的意见》	水源地：纵向
苏州	2014	《苏州市生态补偿条例》	综合性补偿意见
苏州	2015	《苏州市生态补偿条例实施细则》	水源地：纵向
苏州	2016	《苏州市政府印发关于调整生态补偿政策的意见的通知》	水源地：纵向
镇江	2015	《镇江市主体功能区生态补偿资金管理办法（暂行）》	综合性补偿意见
南通	2014	《南通市水环境区域生态补偿暂行办法》	综合性补偿意见
南通	2016	《南通市政府办公室关于调整全市水环境区域生态补偿断面的通知》	综合性补偿意见
南京	2016	《南京市生态保护补偿办法》	综合性补偿意见
连云港	2015	《连云港市水环境区域补偿监测管理办法（试行）》	水环境监测办法
无锡	2014	《中共无锡市委、无锡市人民政府关于建立生态补偿机制的意见（试行）》（锡委发〔2014〕52 号）	综合性补偿意见
无锡	2014	《市政府办公室关于印发〈无锡市生态补偿专项资金管理办法（试行）〉的通知》（锡政办发〔2014〕205 号）	补偿资金申报
无锡	2014	《关于下发〈无锡市补偿专项资金申报办法（试行）〉的通知》（锡农委〔2014〕306 号）	补偿资金申报
无锡	2016	《无锡市农业委员会、无锡市国土资源局关于进一步做好无锡市区生态补偿专项资金申报工作的通知》（锡农委〔2016〕185 号）	补偿资金申报
无锡	2019	《无锡市生态补偿条例》	综合性补偿意见
常州	2007	《常州市人民政府关于印发〈常州市环境资源区域补偿试点工作方案〉的通知》（常政发〔2008〕126 号）	断面考核补偿
常州	2009	《常州市人民政府关于印发〈常州市环境资源区域补偿实施方案（试行）〉的通知》（常政发〔2009〕167 号）	断面考核补偿
常州	2017	《常州市政府办公室关于印发〈常州市区太湖流域水环境综合治理省级专项资金和项目管理办法〉的通知》	资金使用办法
淮安	2013	《淮安市人民政府办公室关于印发〈淮安市淮河流域暨南水北调水环境质量区域补偿实施方案〉的通知》（淮政办发〔2013〕6 号）	断面考核补偿

地市	年份	政策文件	主要内容
淮安	2016	《淮安市政府办公室关于转发市环保局 市财政局淮安市水环境区域补偿工作方案（试行）的通知》（淮政办发〔2016〕37 号）	断面考核补偿
淮安	2018	《淮安市政府办公室转发市环保局、市财政局关于淮安市水环境区域补偿工作方案的通知》（淮政办发〔2018〕29 号）	断面考核补偿
扬州	2018	《扬州市政府办公室关于印发〈扬州市水环境区域补偿工作方案（试行）〉的通知》（扬府办发〔2018〕2 号）	断面考核补偿
		浙江省	
绍兴	2006	《绍兴市人民政府关于进一步完善生态补偿机制的实施意见》	综合性补偿意见
绍兴	2019	《绍兴市人民政府办公室关于印发汤浦水库和平水江水库生态补偿资金提升方案的通知》	水源地（汤浦水库、平水江水库）：单向
绍兴	2015	《绍兴市人民政府办公室关于印发绍兴市汤浦水库水源保护区生态补偿专项资金管理办法的通知》	资金使用范围
杭州	2005	《中共杭州市委办公厅、杭州市人民政府办公厅关于建立健全生态补偿机制的若干意见》	综合性补偿意见
杭州	2016	《杭州市生态补偿专项资金使用管理办法》	因素法+奖惩分配资金
湖州	2006	《湖州市人民政府关于建立生态补偿机制的意见》	综合性补偿意见
金华	2018	《金华市流域水质生态补偿实施办法（试行）》	断面考核补偿
宁波	2006	《宁波市人民政府关于建立健全生态补偿机制的指导意见》	综合性补偿意见
衢州	2006	《衢州市人民政府关于建立健全生态补偿机制的实施意见（试行）》	综合性补偿意见
台州	2008	《台州市人民政府关于建立健全生态补偿机制的若干意见》	综合性补偿意见
温州	2008	《温州市人民政府关于建立生态补偿机制的意见》	综合性补偿意见
舟山	2006	《舟山市人民政府关于进一步完善生态补偿机制的实施意见》	综合性补偿意见

地市	年份	政策文件	主要内容
安徽省			
淮北、宿州、蚌埠	2019	《沱湖流域上下游横向生态补偿实施方案》	断面考核补偿
六安	2015	《六安市人民政府办公室关于印发六安市大别山区水环境生态补偿实施方案的通知》	水源地(大别山水环境)：单向
合肥	2018	《合肥市地表水断面生态补偿暂行办法》	断面考核补偿
合肥	2019	《合肥市水环境生态补偿民生工程实施办法》	断面考核补偿
合肥	2019	《十五里河流域生态补偿办法（试行）》	水源地（十五里河)：横向
滁州	2016	《滁州市人民政府办公室关于健全生态保护补偿机制的实施意见》	综合性补偿意见
滁州	2018	《滁州市地表水断面生态补偿暂行办法》	断面考核补偿
黄山	2017	《黄山市人民政府关于健全生态保护补偿机制的实施意见》	综合性补偿意见
安庆	2016	《安庆市人民政府办公室关于健全生态保护补偿机制的实施意见》	综合性补偿意见
亳州	2018	《亳州市地表水断面生态补偿暂行办法》	断面考核补偿
池州	2018	《池州市地表水断面生态补偿暂行办法》	断面考核补偿
淮北	2018	《淮北市地表水断面生态补偿暂行办法》	断面考核补偿
淮南	2018	《淮南市地表水断面生态补偿暂行办法》	断面考核补偿
芜湖	2018	《芜湖市地表水断面生态补偿暂行办法》	断面考核补偿
宿州	2017	《宿州市人民政府办公室关于建立健全生态保护补偿机制的实施意见》	综合性补偿意见
宣城	2018	《宣城市地表水断面生态补偿暂行办法》	断面考核补偿

总体而言，在国务院新一轮推进生态补偿制度建立的过程中，长三角区域三省一市根据自身情况制定了相应的流域生态补偿制度。流域生态补偿分为两类：一类是针对上游地区（水源地）的纵向生态补偿，另一类是流域内横向生态补偿。上海市主要针对水源地建立了纵向流域生态补偿，未建立横向流域生态补偿。江苏省基于断面水质考核，建立了双向补偿的横向流域生态补偿，也基于生态空间

管控区域补偿，对水源地等河流上游进行了纵向流域生态补偿。浙江省在省级层面建立了横向生态补偿基本框架，鼓励流域内的市县自行协商建立横向生态补偿机制；针对位于流域上游的市县，基于出境水水质，建立了纵向流域生态补偿制度。安徽省建立了基于断面考核的横向流域生态补偿，针对位于流域上游的市县建立了基于出境水水质要求的纵向生态补偿。三省一市建立的流域生态补偿制度的主要内容见表 7-8。

表 7-8　三省一市流域生态补偿制度简要比较

省份	纵向补偿（水源地，上游市县）	横向补偿
上海市	明确 9 个区； 市对区转移支付； 因素法确定； 环境治理和生态建设，不给个人	无
江苏省	明确 15 类生态空间管控区域； 省对市转移支付，市县加码； 按照各类生态空间面积； 环境治理和生态建设，不给个人	断面考核； 断面水质要求和补偿额度：省定； 各市与省支付； 省政府额外奖励
浙江省	明确县市； 省对市县转移支付； 出境水水质量化补偿； 环境治理和生态建设，不给个人	断面考核； 断面水质要求和补偿额度：水质要求不得低于国家和省的水质要求，补偿额度省定指导范围（500 万～1 000 万元），具体双方自行协商； 双方相互支付； 省政府引导
安徽省	明确重点流域或区域的市、县； 省对市县转移支付； 满足水质要求后一笔总额支付； 环境治理和生态建设，不给个人	断面考核； 断面水质要求和补偿额度：省定； 自行相互支付； 省政府未进一步奖励

7.3 长三角流域生态补偿存在的问题分析

7.3.1 跨行政区河流尚未完全建立流域生态补偿机制

长三角区域跨省界河流较多，到目前为止建立流域生态补偿的流域主要是皖浙之间的新安江流域、皖苏之间的滁河流域，还有不少跨界河流尚未建立流域生态补偿机制。

虽然长三角区域的省级流域补偿政策已经较为全面，但在跨省流域的补偿问题上，除了新安江、滁河等少数跨省流域签订了补偿协议，其他跨省流域并没有建立起相应的联系，在各省份已发布的制度文件中，对直接入海、入湖、入江、入河断面及出省断面所在区域，实行与省级财政进行相结算的办法，由于行政单元职权割裂而无法实现长三角区域协同治理，可能造成跨界污染问题，不利于更加安全的区域生态格局形成。

此外，一个较为特殊的情形是长三角区域是临海地区，有诸多河流入海，关于入海断面尚未建立考核和奖惩的生态补偿机制。而河流入海口附近水质相对较差，建立入海断面考核奖惩的生态补偿机制非常必要。可以考虑由中央政府及其部委代理入海断面的下游一方。

7.3.2 流域生态补偿机制由省级政府主导，市县政府主动性不足

在江苏省和安徽省制定的省级流域生态补偿方案中，跨市界断面考核要求和奖惩标准主要由省级政府确定，当然也征求了相关地市的意见，但是并不是以市（县）政府为主体的。而在浙江省，省级政府确定了跨市断面的水质要求底线、支付额度范围，具体的考核要求和支付额度由断面两侧的地方政府自行协商，地方政府在其中具有更为主动的作用。通常，地方政府更了解自身的污染排放和治理情况，双方通过协商也能确定更为合适的支付额度。

例如，关于水质的要求、补偿的额度，流域断面双面协商权利很小，应允许有一定的弹性空间；特别地，断面上游一方具有较高的主动权。明确省级政府角色，如提供制度平台、监测断面水质和开展必要的协调工作。

7.3.3　流域生态补偿标准具有奖惩不一、离散式、水平式特点

长三角区域已经建立了以河流断面考核和奖惩为主要内容的流域生态补偿制度。其中，奖惩标准是整个制度中的关键内容。目前实施的一些奖惩标准存在奖惩不一、离散式、水平式等特点。首先，奖惩不一体现为超标罚款标准和改善奖励标准不对应，罚重奖轻；其次，离散式体现为奖惩标准并非渐变的，而是离散的，例如，一旦达标，下游支付上游，而一旦不达标，上游支付下游，在达标和未达标之间，奖罚跨度很大；最后，水平式体现为一些奖惩标准虽设置了梯度，但是梯度数量较少，呈水平式特点，因为污染排放的边际成本通常递增，因此奖惩应具有较为明显的梯度。

7.3.4　流域生态补偿资金使用限制较多、保障层级不高

目前的流域生态补偿资金主要用于污染治理、生态保护和修复、农村环境整治等内容，这些都侧重于有形的生态补偿，忽视无形的生态补偿——发展机会的损失。相较而言，生态公益林补偿是针对损失的补偿，补偿给权利受损的个人和单位。也就是说，补偿资金不应该限定支出范围，应该纳入财政统筹使用，可以选择更好的用途，提供基本公共服务。当然，现阶段对流域生态补偿资金专款专用也符合当前流域污染治理的需要。在未来，当流域环境治理达到较好水平时，是否仍然需要生态补偿、生态补偿资金如何使用是需要认真考虑的问题。“对补偿资金的规范使用”，规范到专项的污染治理，还是规范到一般的公共服务上，则是需要讨论的问题。建议“专项的污染治理”，只是“过渡期”的情况；长期来看，应该允许将生态补偿资金用到一般的公共服务方面。

为了达到水质要求，上游有两类选择，一类是加强污染治理，另一类是关闭污染工厂。长期来看，上游污染治理比较到位，正常允许可以满足水质要求。那么，下游仍然需要补偿上游，因为上游仍然损失了发展机会。在这样的情形下，不能因为不再需要污染治理，就不再进行补偿。在政府财政资金管理上，各级政府需要明确生态补偿资金的优先级，在财政不足时，是否优先保障的问题，或者在什么情况下保障到什么程度的问题。

7.3.5 流域生态补偿制度与水环境质量相关制度交叉，流域内非零和支付

除了水环境质量考核、水污染治理补贴等制度交叉外，流域生态补偿还与其他制度交叉。流域生态补偿与河长制、其他专项资金投入、水源区或上游地区生态补偿（例如公益林补偿、湿地补偿、农田补偿、重点生态功能区转移支付）等存在一定程度的交叉重叠，理顺流域生态补偿与这些制度之间的关系，将使得补偿资金能够发挥更好的效果。此外，流域生态补偿与污水治理专项补贴、水环境质量考核等政策密切相关，实施中也容易交叉重叠。首先，流域生态补偿与污水治理专项补贴交叉，这意味着在流域生态补偿框架内，中央和省级财政额外注入了资金，通常以奖励的形式；而在另一些情况下，省级财政保留了一些流域生态补偿中未达标方支付的资金，通常用于监测设施的建设、运行、维护等。这两种形式都意味着污水治理补贴、监测能力建设与流域生态补偿制度本身发生了交叉，可能使得整个流域内的总支付和总受偿不相等，即非零和支付。其次，流域生态补偿与水环境质量考核交叉。各个地方政府都不得不满足水环境质量考核的要求，实际上流域生态补偿的激励作用、资源配置作用都被弱化。因此，如果建立了流域生态补偿机制，则需要适当弱化水环境质量考核制度的约束作用。

7.4 完善长三角区域生态补偿制度的对策建议

尽管长三角区域已经建立了省级流域生态补偿机制，但是为了更好地发挥生态补偿的经济激励作用、促进流域生态资源的有效配置，还可以从以下几个方面进一步完善。

7.4.1 提高地方政府在生态补偿制度完善中的主动性

当前的生态补偿机制多由省级政府主导，市县政府参与性不足。关于水质的要求、补偿的额度，流域断面双面协商权利很小，应允许有一定的弹性空间。明确省级政府角色，如提供制度平台、监测断面水质和开展必要的协调工作。

在流域生态补偿机制日趋完善的过程中，提高流域内地方政府的主动参与。

流域生态补偿机制的初期主要是由省级政府主导建立。从掌握各方面信息的程度来看，流域内各方最为了解各自情况，而省级政府了解的情况相对有限。相应地，省级政府制定的断面水质要求和生态补偿标准较难适合流域内的实际情况。因此，在相关各方熟悉流域生态补偿的运行机制之后，省级政府可以进一步发挥地方政府在制度建设中的主动性，地方政府可以发挥其信息优势，从而使得生态补偿机制更加符合当地的实际情况。当然，鉴于地方政府在协商过程中存在无法达成协议的风险，也存在违反协议的风险，这时仍然要发挥省级政府的协调和监督作用。

7.4.2 适当放松流域生态补偿资金的使用限制

目前的流域生态补偿资金主要用于污染治理、生态保护和修复、农村环境整治等内容，这些都侧重于有形的生态补偿，忽视无形的生态补偿——发展机会的损失。相比较而言，生态公益林补偿是针对损失的补偿，补偿给权利受损的个人和单位。也就是说，补偿资金不应该限定支出范围，应该纳入财政统筹使用，可以选择更好的用途，提供基本公共服务。当然，现阶段对流域生态补偿资金专款专用也符合当前流域污染治理的需要。在未来，当流域环境治理达到较好水平时，是否仍然需要生态补偿、生态补偿资金如何使用将是需要认真考虑的问题。

7.4.3 完善断面考核中的奖惩标准

首先是尽量使得奖励和惩罚标准统一。其次是设置具有明显梯度的奖励和惩罚标准，以更好地反映污染排放的边际外部成本和污染治理成本，促进资源有效配置。

7.4.4 加强资金筹集和资金使用的激励作用

流域生态补偿中，各个行政区由其政府作为代表，资金往来也发生在省级政府和各地方政府之间。通常，资金筹集由政府财政支付，资金使用则由地方政府根据资金使用管理规定进行。上游地区水污染的过度排放者、下游地区水质改善的受益者并未真正支付资金；而上游地区生态保护成本的承担者、下游地区水质恶化的受害者均未获得资金补偿。这意味着流域生态补偿的经济激励作用仅针对政府而言，而并未进一步延伸至相应的排污者等具体行为主体。未来，在流域生态补偿机制不断完善的情况下，当制度条件可行时，可以将生态补偿资金的筹集和使用向具体行为主体延伸，以切实发挥流域生态补偿的激励作用，促进流域生态系统服务资源的有效配置。

7.4.5 理顺流域生态补偿制度与其他制度的关系

流域生态补偿，特别要理顺与环境质量考核、河长制、其他专项资金投入、水源区或上游地区生态补偿（例如公益林补偿、湿地补偿、农田补偿）等之间的关系，使得补偿资金能够发挥更好的效果。我国环境保护法律规定了地方政府在改善辖区环境质量中的责任，省级政府也制定了对市（县）政府水污染防治的考核办法，那么这些办法与流域生态补偿制度之间关系如何，则是一个需要理清的问题。例如，某行政区只要愿意支付相应的惩罚，是否可以突破其水污染防治考核的目标要求等。或者，其他旨在加强生态保护的补偿已经可以确保较好的水质目标，那么流域生态补偿再次予以补偿是否低效等。这些流域生态补偿与已有政策之间的关系，需要结合实际情况进行梳理，从而更好地发挥流域生态补偿机制在优化资源配置中的作用。

第 8 章

长三角区域一体化保护的污染治理模式创新

——长三角区域环境污染第三方治理

8.1 长三角区域环境污染现有治理模式

8.1.1 环境污染治理的政策工具

政策工具的有效使用是政府治理效能的保障，了解环境污染治理政策工具变迁是认识、把握和治理区域环境污染问题的一个关键切入口。按照政府直接管制程度的高低，可将环境政策工具划分为命令控制型、经济刺激型和劝说鼓励型三类。其中，命令控制型政策工具通常包括排放标准制定、禁令、许可、督查问责、整改、分类控制；经济刺激型环境政策工具包括排放收费、环境税、补贴补助、排污权交易、生态补偿、科技研发；劝说鼓励型环境政策工具包括信息公开、公众参与、宣传教育、绿色供应链、环境标志制度。图 8-1 显示了现有环境治理的一般模式。

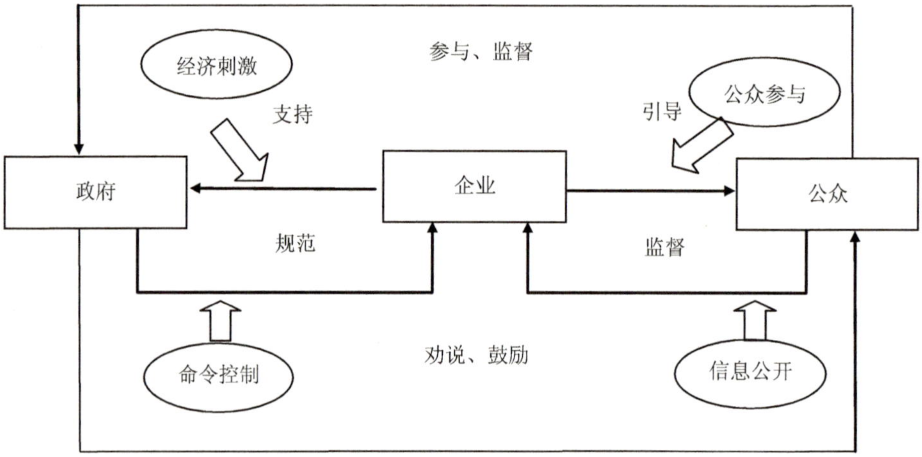

图 8-1 现有环境治理的一般模式

不同的政策工具具有不同的特点和应用领域，有效的环境工具选择是提高环境治理绩效的重要途径。一般而言，命令控制型政策工具适用的优势领域在于公共性和总体性较强，需要一定强制性的环境管理事务，及在创造和维护人与人的环境权益进行合理交易的秩序方面。命令控制手段由行政机关实施，因此能够保证政策的强制性和效果。简言之，命令控制手段适用于宏观环境管理，其作用的对象为公共性和总体性较强的主体，如环境立法、制定环境标准、协调政府内部不同职能部门之间的行动、监测并公布环境质量状况等。命令控制政策还适用于较集中的污染源，如对典型污染源和危害到人们生产生活的流域、地区，就适用目标责任制、限期治理、关停并转污染源等命令控制手段。命令控制手段还适用于处理那些由于环境外部性问题而引起的紧急环境事件，特别是公害事件。当某个公害事件的环境污染或生态破坏超过了环境容量，或者发生了异常原因导致的灾害时，由于情况紧急，而且持续时间不长，用命令控制手段能迅速明显地实现既定管理目标，综合效果良好。

而对于那些大量发生但分散度大，每一项又涉及较大管理成本的环境权益冲突的处理，就不适合用命令控制手段，而适合用经济刺激手段（市场型政策工具）。简言之，经济刺激手段适用于微观环境管理。例如，随着中国民营经济的不断发展，国内产生了大量的中小企业，而对诸多小型企业采取逐一监控、逐一管理的命令控制政策，成本会非常高，执行效果也很难保证，因此在微观环境管理领域需要一种自发发挥作用，从而帮助实现环境利益均衡的机制。或者说需要大量政府以外的社会力量（第三方）来从事环境监督和制约工作，这些社会力量没有编制，主要由企业构成，利用市场的力量来发挥作用。

在现代的环境治理体系中，主角不再仅限于政府和企业，公民个人和社会组织也成为了系统中重要的组成部分，只有公民的持续参与，环境治理才能够建立起有效的监督机制，才能够实现环境治理目标。公众参与环境事务的逻辑起点是对政府机制和市场机制缺陷的弥补，公众是本地环境质量的直接受影响人群，任何一种环境污染都会直接或间接地影响到特定的或全体的公众，故公众对当地环境的参与管理是实时的、广泛的、有效率的且可持续的。当人们越来越认识到环境对人类生存质量的重要性，以及环境与人类其他财产价值的密切关联性时，其对环境的参与是有基本动力的。他们在为自身利益呼吁的同时，必将促进社会整体利益的提高。而数字时代的来临更是为社会力量广泛参与提供了技术支撑。截至 2020 年 6 月，中国网民规模达 9.4 亿人，普及率为 67%，当前人们普遍应用社交媒体、网络问政平台表达环境诉求。

8.1.2　长三角区域环境治理既有行政管理体制

由于环境污染存在外部性，因而政府行政主导是环境污染治理最基本的方式，世界各国鲜有例外。同时，政府作为环境监管的主要责任人，无论是市场型政策工具还是公众参与环境治理，最终都要在政府许可、推动下才能发挥作用，因而地区的行政管理体制将极大地影响地区的环境治理模式，并最终影响各类政策工具的治理效果。

长三角区域作为中国经济较发达的地区之一，环境治理任务重、压力大，这其中政府部门扮演了主要的角色。脱胎于中国既有的行政体制，当前区域环境治理已经形成了一套较为完整、各司其职的环境行政机制，具体如图 8-2 所示。

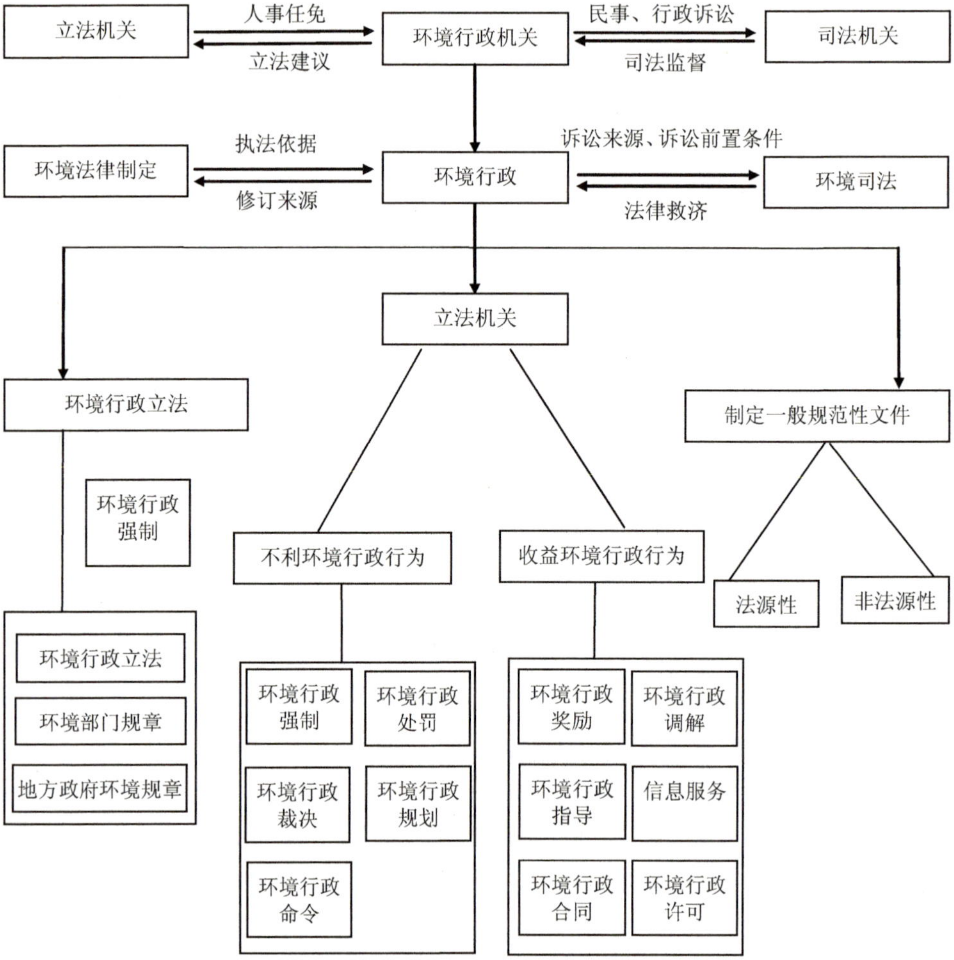

图 8-2 长三角区域环境行政基本框架

在既有的行政架构下，环境保护涉及环境立法机关、环境行政机关和环境司法机关。其中，环境行政机关是环境保护的专职部门，负责建立区域内环境保护各项工作的基本制度、区域生态环境问题的统筹、协调以及监督管理区域内环境保护日常工作。当前长三角区域的环境保护行政部门主要包括四级，即生态环境部、生态环境部华东督察局①、长三角区域内三省一市的省级生态环境厅（局）和

① 生态环境部华东督察局设置在南京，监管区域为上海、江苏、浙江、安徽、福建、江西、山东 7 省（市）。

市/县生态环境局。其中，省级生态环境厅（局）和市/县生态环境局实行地方人民政府和生态环境部的双重领导，但主要隶属地方人民政府。地方人民政府则主要对各级生态环境保护专职部门进行财权和事权的控制与管理。各行政部门的具体分工如图 8-3 所示。

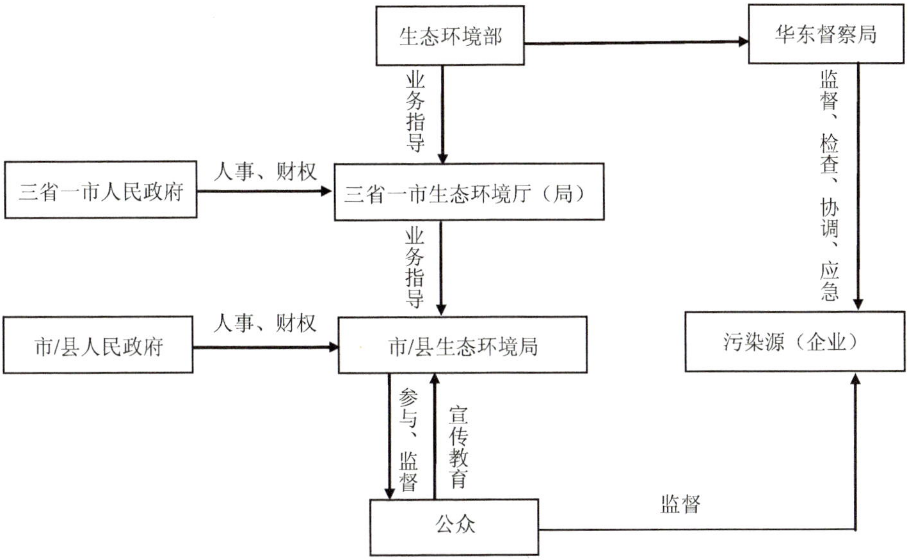

图 8-3　长三角区域生态环境行政管理部门运行框架

长三角区域环境保护方面除了专职的生态环境部门之外，部分行政部门也参与到特定环境介质的环境保护工作中来，形成生态环境部门主导、多头监管的环境治理体系，表 8-1 是其他行政部门参与的具体环境保护工作。

表 8-1　长三角区域其他行政部门参与环境治理项目分类

环境介质	管理部门
水	水利、住建、农业、海洋
大气	发展和改革委、气象
噪声	城管
固体废物（包括危险废物）	发展和改革委、海关、质检
土壤及生态	林业、自然资源、农业

以上是长三角区域环境污染治理既有的行政运行机制和各行政部门的职责分工，各部门形成了区域环境保护的基本框架，在此基础上，行政部门有意识地通过培育市场主体、鼓励群众广泛参与，构成了区域环境污染治理的全貌。以下结合长三角区域环境保护的具体实践，分类展开各主体和不同政策工具在具体环境污染治理中的应用。

8.1.3 长三角区域环境治理中命令控制型政策工具的应用

命令控制型政策工具是指行政部门根据相关的法律、法规和标准等，达到对生产中的生产工艺或使用产品的管制、禁止或限制某些污染物的排放，以及把某些活动限制在一定的时间、空间范围内，最终影响排污者的行为。命令控制型政策工具是长三角区域应用最广泛的政策工具。表 8-2 显示了长三角区域命令控制型政策工具的具体应用。

表 8-2 长三角区域命令控制型政策工具实践应用

	分类	政策实践
命令控制型	排放标准	长三角区域各省份制定的区域性水污染防治条例、大气污染防治条例、固体废物污染环境防治条例等环保法规中均有条款涉及环境空气质量标准、固定源排放标准、地表水质标准和点源排放标准
	禁令	长三角区域内各地方法院依据《中华人民共和国环境保护法》等相关法律、法规依当事人申请，向环境破坏行为人发出，以禁止其继续实施环境损害行为或命令其采取必要的环境损害补救行为为主要内容的民事裁定。例如，各地区都会制定相应的禁令禁止环境污染行为人用渗坑处理污水、禁止向自然土地倾倒废物等
	许可	结合《中华人民共和国行政许可法》、《中华人民共和国环境保护法》等法律、法规，三省一市分别制定了《上海市污染物排放许可证管理规定》、《江苏省排污许可证发放管理办法（试行）》、《浙江省排污许可证暂行办法》和《安徽省控制污染物排放许可制实施计划》，要求辖区内的企事业单位排放污染需取得行政部门颁发的排污许可证

	分类	政策实践
命令控制型	督查问责	《中华人民共和国环境保护法》第六十七条规定上级人民政府及其环境保护主管部门应对下级人民政府及其有关环保部门环境保护工作进行监督。《上海市行政执法管理规定》、《江苏省行政执法监督办法》、《浙江省行政执法监督办法》和《安徽省行政执法监督条例》对环境督查在内的行政执法督查进行了相应的规定。此外，2016 年以来依托政治体制内的最高权威成立中央环境保护督查组，对 31 个省（直辖市、自治区）进行全面督查
	配额	环境保护领域的配额制往往用在污染减排领域，当前长三角区域这一政策工具运用最为广泛的是碳排放配额的制定，目前区域内各省份每年都会制定年度的碳排放配额分配方案
	主体功能区划	依据国家长江经济带坚持生态优先、绿色发展，“共抓大保护，不搞大开发”的原则，长三角区域将位于苏、浙、沪两省一市行政交界的核心地带，包括上海青浦区、江苏吴江区、嘉兴嘉善县全域划定为长三角生态绿色一体化发展示范区。此外，区域内各省份依据《国务院关于印发主体功能区划的通知》，结合自身实践分别在区域内划定省级的主体功能区，其中限制开发区和禁止开发区与环境保护密切相关
	转移联单	结合《危险废物转移联单管理办法》，长三角区域各省份分别出台了相应的危险废弃物转移联单制度，区域内危险废弃物产生单位在转移危险废物前需向行政主管部门申请领取联单

资料来源：根据生态环境部、各省份环保部门网站相关资料整理。

总体而言，长三角区域已经形成了较为完整的命令型政策体系，命令型政策工具也是当前长三角区域环境污染治理最基本的政策工具，体现了政府在纠正市场不完善、治理环境外部性方面的重要作用，是环境污染治理的第一道防线。

8.1.4 长三角区域环境治理中市场型政策工具的应用

市场型政策工具通常与成本效益相联系，对经济主体具有刺激性而非强制性。主要是指政府管理当局从影响成本效益入手，影响经济当事人进行选择，以便最终有利于环境改善的政策手段。市场型政策工具的理论依据是“庇古定理”和“科斯定理”，表 8-3 显示了长三角区域市场型政策工具的具体应用。

表 8-3 长三角区域市场型政策工具实践应用

	分类	政策实践
市场型	环境税	长三角区域内各省份地方税务部门依据《中华人民共和国环境保护税法》，对大气污染物和水污染物按照排污系数和物料衡量方法进行征税，例如，当前长三角区域对二氧化硫、氮氧化物的税额标准分别为 7.6 元/污染当量和 8.55 元/污染当量
	财政补贴	环境治理领域的财政补贴一般对某些清洁、节能的行业给予一定的优惠补贴。当前长三角区域依据《国务院节能减排综合性工作方案》和《中华人民共和国循环经济促进法》对区域内符合一定要求的行为主体给予财政补贴。例如，各地均出台了对新能源汽车的补贴；上海市、浙江省对光伏发电、风电项目进行补贴
	财政转移支付	环境治理财政转移支付扩展了环境外部性的边界，跨区域环境问题由上级政府负责，不具有外部性，将外部问题内部化，进而解决市场失灵问题，而鉴于长三角一体化的特殊背景，长三角区域环境治理财政转移支付还包括区域内省级行政部门间的财政转移。长三角区域环境污染的财政转移支付政策实践主要包括：上海市在每年的一般财政转移预算方案中都会划定针对生态保护的转移支付，2019 年上海市划定 33.8 亿元的一般性转移支付针对生态环境保护；江苏省每年安排财政资金对苏北地区生态保护引领区进行财政转移支付；浙江省制定《浙江省生态环保财力转移支付试行办法》，对省内主要水系源头市、县进行生态环保财力转移支付；安徽省制定《安徽省重点生态功能区转移支付办法》，对省内禁止和限制开发的生态功能区、淮河中游湿地洪水调蓄重要区、皖江湿地洪水调蓄重要区等地实行财政转移支付
	环境违规罚款	环境违规罚款是将企业环境污染内部化的重要手段。长三角区域内各级环境执法行政部门依据《中华人民共和国环境保护法》、《中华人民共和国环境行政处罚法》以及地方性的法规条例，对环境污染违法、违规企业开展环境违规罚款。2019 年长三角区域内各省级行政部门针对长三角一体化的大背景，还制定了《长三角地区生态环境行政处罚自由裁量基准规定（试行）》
	使用者付费	环境污染使用者付费原则是环境污染治理的基本原则，体现了环境保护的公平性原则。当前长三角区域环境污染使用者付费实践包括：政府部门针对环境治理的各项公共支出，包括市政环境基础设施投资、污染源防治投资、农村环境保护投资、环保设施运转费用等项目；《中华人民共和国环境保护法》规定的各类企业在建设项目中防治污染的设施，应当与主体工程同时设计、同时施工、同时投产使用的“三同时”制度；当前国务院和各省份均在大力推行的环境污染第三方治理

	分类	政策实践
	生态补偿	生态补偿主要针对产生环境正外部性的生态服务供给者给予一定的资金补偿，长三角区域政策工具实践包括：上海市出台《关于本市建立健全生态补偿机制若干意见》对辖区内的公益林、水源地、基本农田展开生态补偿；江苏省依据《江苏省生态红线区域保护规划》对省内 15 类生态红线区域开展生态补偿；浙江省发布《浙江省人民政府关于进一步完善生态补偿机制的若干建议》对省内重要生态功能区、水系源头地区、自然保护区开展生态补偿；安徽省出台《安徽省建立市场化、多元化生态保护补偿机制行动方案》对重点生态功能区、水源地等进行生态补偿。此外，长三角区域省际间也存在一些生态补偿，例如，新安江流域的生态补偿、太浦河流域的生态补偿等
市场型	排污权交易	排污权交易实现低成本区域污染物排放总量目标控制的最有效的环境政策手段，当前长三角区域排污权交易已经在部分领域得到开展，例如，上海市环境能源交易所已开展碳排放及其衍生品的排污权交易；江苏省发布《江苏省排污权有偿使用和交易实施细则（试行）》，对省内的大气和水污染开展排污权交易；浙江省已建立浙江省排污权交易网，对省内水污染和大气污染指标进行排污权交易；安徽省当前正在探索完善新安江流域的排污权交易机制
	专项基金	长三角区域内各省级行政部门对下级行政部门特定的环境治理项目设立专项基金。例如，上海市近几年每年的地区转移支付预算方案都会划定专项基金专门针对辖区内的二级水源地保护、苏州河环境综合整治；江苏省按照因素法分别设立大气污染防治专项基金、水污染防治专项基金和土壤污染防治专项基金；浙江省设立钱塘江源头地区专项补助基金；安徽省财政厅每年下达省级环保专项资金
	政府绿色采购制度	政府采购是政府财政支出的重要组成部分，政府绿色采购制度有利于驱使企业生产、投资和销售活动有利于环境保护目标的实现。当前长三角区域内各级行政部门按照《中华人民共和国绿色采购法》和《中华人民共和国政府采购法》优先采购节能、环保设备材料

资料来源：根据生态环境部、各省份环保部门网站相关资料整理。

从实践来看，在长三角区域环境治理过程中，市场型政策工具是应用程度仅次于命令控制型政策工具的第二大治理手段，市场型政策工具在治理长三角区域环境污染过程中发挥了重要的作用，但是总体而言还有待发展，尤其是排污权交易制度、生态补偿、环境污染第三方治理等治理手段还处于探索之中，发挥作用有限，但是可以预期，随着环境治理难度的不断加大和领域范围的不断拓宽，未来市场型政策工具在环境治理领域将扮演越来越重要的角色。

8.1.5 长三角区域环境治理中劝说鼓励型政策工具的应用

利用劝说鼓励手段，管理者的最终目的是强化被管理者的环境意识，并促使其去自觉地以管理者所希望的方式或自发地去保护环境。同时该手段也代表了当事人在决策框架中的观念和优先性的改变，或者说“全部”内化到当事人的偏好结构中，在决策时主动选择劝说鼓励手段。对于政策客体，其原理是干系人参与理论，这种参与更多地基于外在的引导，通过改变内在的价值观念，达到主动参与环境保护的目的。

劝说鼓励型政策工具的特点是成本低，兼具事前预防和事后治理，因此其使用范围非常广泛，对于大量发生的较为分散的各类环境问题基本适用。但同时由于其强制性弱，因而对于紧急的环境问题，如突发公害事件的解决，不适用使用该手段。此外，作为一种劝说手段也不能滥用，避免公众产生逆反心理。实践中这一政策工具主要包括以下几类：环境信息公开、公众参与、项目绩效评估、清洁生产、ISO 14000、绿色供应链、企业环境保护（社会责任）报告、环境标志制度。当前长三角区域劝说鼓励型政策工具的应用主要见表 8-4。

表 8-4 长三角区域劝说鼓励型政策工具实践应用

	分类	政策实践
劝说鼓励型	环境信息公开	环境信息公开是环境行政主管部门依据相关法律法规将环境信息及时准确地向社会公布。当前长三角区域内各省份依据《中华人民共和国环境保护法》和《企业事业单位信息公开办法》，结合地方实际，建立了各类环境信息公开平台，目前上海市建立了企业事业单位环境信息公开平台；江苏省建立了企业事业单位环境信息公开网；浙江省通过浙江省生态环境厅官方网站对企事业单位环境信息进行公开；安徽省通过安徽省生态环境网公开企业事业单位环境信息，通过这些信息保障了居民的环境知情权，为公众参与环境保护提供了基础信息

	分类	政策实践
劝说鼓励型	清洁生产[①]	根据联合国环境规划署的定义，清洁生产是将整体预防的环境战略持续应用于生产过程、产品和服务中。当前长三角区域内个省份依据《中华人民共和国清洁生产促进法》积极推动辖区内的企业开展清洁生产，其中上海市通过设立清洁生产专项资金项目对符合要求实行清洁生产的企业给予一定的资金补助，并且成立了上海市推进清洁生产办公室；浙江省发布了《浙江省人民政府关于全面推行清洁生产的指导意见》
	绿色供应链	绿色供应链是为了环境友好，从产品设计、采购、生产、分销以及原材料的使用及再使用等对供应商采取的管理策略，使绿色发展理念传导路径由原来的“自上而下”政府主导模式切换到“生产责任延伸”的企业主导模式。从 2013 年开始上海市启动绿色供应链示范项目行业龙头企业试点；2019 年成立长三角绿色供应链联盟，上海市牵头江苏、浙江和安徽搭建跨区域平台
	公众参与	公众参与环境治理是环境治理中政府和市场之外的重要补充力量。2019 年，生态环境部正式颁布《环境影响评价公众参与办法》，赋予公众参与环境治理监督的权利。当前长三角区域公众参与环境治理的途径较多、形式多样，例如嘉兴市成立了民间闻臭师监督企业污染排放。而制度性的参与方式则包括市长热线、环境监管部门提供的举报热线、人民网的地方领导人留言板[②]、媒体曝光等方式
	企业环境保护社会责任报告	企业环境保护社会责任报告是企业将其经营活动对环境造成的直接和间接影响通过报告的形式向社会公布。当前长三角区域各省份依据《上市公司环境信息披露指南》，对辖区内非重污染型上市企业鼓励其主动发布企业环境保护社会责任报告。此外，上海市经济团体联合会自 2012 年开始与部分企事业单位合作开展企业环境保护社会责任报告发布会；浙江省和江苏省省属企业主动发布企业环境保护社会责任报告
	环境标志制度	环境标志制度是指依据有关的环境标准和规定，由国家指定的认证机构确认并颁发的正式，属于自愿性的生态标志计划。当前长三角区域之一政策工具的实践如下：2019 年长三角三省一市公布首批长三角绿色农产品生产加工供应基地；浙江省积极开展有机产品认证宣传周；江苏省制定《江苏农业品牌目录制度》，通过政府引导鼓励企业积极开展绿色有机食品认证；安徽省组织开展一年一度的有机食品展，激励企业进行产品有机认证

资料来源：根据生态环境部、各省份环保部门网站和相关文献整理。

① 江苏省和安徽省当前只对部分重点企业进行强制清洁生产要求，对其余企业还没有出台地方性的指导意见。

② 人民网“地方领导人留言板”是一个全国性的网络问政平台，2006 年开始试运行，2008 年开始正式运行，是全国唯一的网络问政平台，覆盖所有省、市、县三级党政一把手。

劝说鼓励型政策工具作为一种软性的政策工具，在长三角区域环境污染治理中已有一定程度的应用，但应用程度较低，主要是作为一种补充的方式发挥作用，因而在治理效果上不如前两种治理方式直接、有效。然而，劝说鼓励型政策工具的特点是面广、可持续、低成本，随着公民意识的觉醒和信息手段的进步，以及社会整体对生态环境产品需求的加大，预期未来这一政策工具将发挥更大的作用，成为区域环境治理中不可或缺的一环。

8.2 长三角区域环境污染现有治理模式存在的挑战

8.2.1 长三角区域环境污染既有治理模式总结

通过对长三角区域环境污染治理各项政策工具梳理发现，经过几十年的逐步发展完善，当前长三角区域在环境污染治理政策体系上已经形成了兼具命令控制型、市场型和劝说鼓励型三大类政策手段的环境污染治理体系，这一体系的形成使得长三角区域在环境污染治理方面能够实现贯通事前预防、事中治理和事后惩戒各环节、一体化的综合防治，具体环境污染治理体系框架如图 8-4 所示。

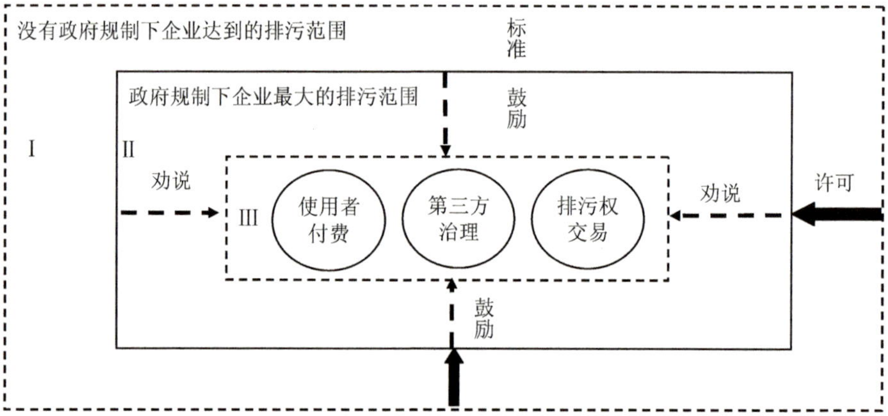

图 8-4 长三角区域既有环境治理体系

注：图中最大的虚线框表示在没有政府规制下企业将达到的污染程度（I），最大的实线框表示政府规制下企业将达到的最大污染程度（II），小的虚线框表示在劝说鼓励型非强制性政策工具的作用下企业实际达到的污染程度（III），椭圆形实线框表示既有污染物存量下的社会环境污染治理手段。从图中可知，在现有的环境污染治理模式下，总体而言，环境污染被限制在一定的范围内，并且随着各类政策工具使用强度的提升，企业环境污染排放的标准在不断提高，即社会整体环境排放的流量在逐渐缩减。

从治理绩效来看，图 8-5 显示了 2004—2016 年长三角区域工业污染治理完成投资情况。从图中可知，自 2004 年以来长三角区域工业污染治理完成投资情况虽然存在年际间的波动，但是总体而言有较大幅度的增长，2016 年区域内工业污染治理完成投资额接近 100 亿元。受益于日益增长的工业污染治理投资，近年来长三角区域环境污染程度在某些领域有所缓解。依据长三角三省一市的生态环境状况公报，长三角区域空气质量达标天数有所增加，而 COD 排放量、总氮排放量、总磷排放量、二氧化硫排放量和烟尘排放量均有所下降。

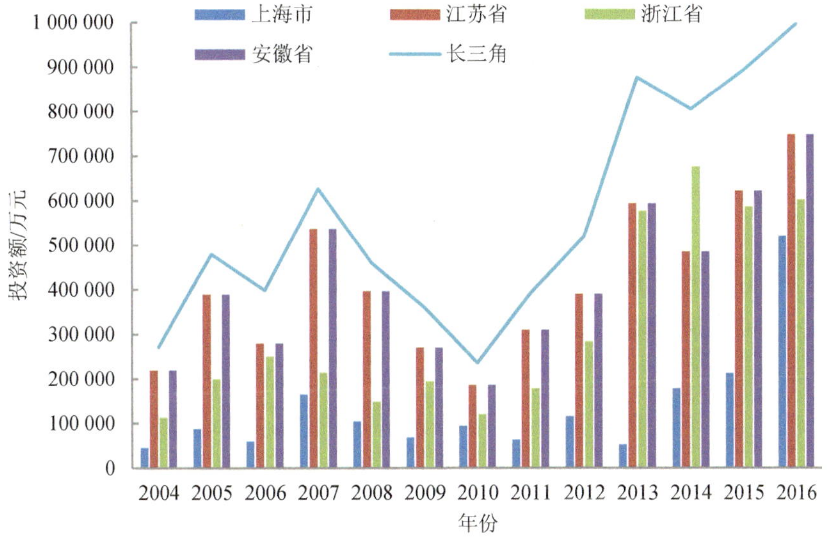

图 8-5　2004—2016 年长三角区域工业污染治理完成投资情况

数据来源：国家统计局网站，https：//data.stats.gov.cn/publish.htm？sort=1。

此外，随着区域环境治理模式的不断完善，当前长三角区域已经建立起较为有效的环境治理体系，这体现在区域内的突发环境事件占比不断降低，表明长三角区域环境污染常规治理机制已经可以预防绝大部分环境突发事件。表 8-5 显示了 2011—2018 年长三角区域突发环境事件数量及占全国比重。

表 8-5　2011—2018 年长三角区域突发环境事件数量及占全国比重

年份	上海/件	江苏/件	浙江/件	安徽/件	长三角/件	全国/件	长三角占比/%
2011	197	27	31	12	267	542	49.3
2012	192	77	23	20	312	542	57.6
2013	251	125	26	6	408	712	57.3
2014	108	70	27	9	214	471	45.4
2015	10	27	22	8	67	330	20.3
2016	3	13	16	3	35	304	11.5
2017	0	8	13	4	25	302	8.3
2018	1	8	11	4	21	286	7.3

数据来源：国家统计局网站，http：//www.stats.gov.cn/。

综上所述，长三角区域的环境污染治理模式在减少污染源排放、规范企业环保行为、治理区域污染存量等方面是有效的。“十一五”时期以来，随着政府对环境规制程度不断加强，长三角区域内图 8-4 中第Ⅱ部分的范围在不断缩小；并且伴随环境污染多元化社会共治体系的日益规范和公众环境意识的不断增强，非强制性环境政策在长三角区域环境治理中作用有所显现；此外，环境污染市场化治理主体被逐步培育，环境污染第三方治理在降低长三角区域环境污染存量方面已初见成效。因而，长三角区域环境污染治理模式同时还是一种治理效率持续改善的动态治理机制。

8.2.2　长三角环境污染既有治理模式面临的挑战

不可否认，一方面，治理模式在长三角区域环境治理中取得了显著成效；另一方面，不可忽视的是当前的环境污染治理机制依然存在不少问题，尤其是综合考虑长三角区域环境污染的现实成因、长三角区域在国家整体发展格局中的定位，以及长三角区域社会整体转型升级的内在要求，环境治理模式面临较大的挑战，具体体现在以下五个方面：

第一，环境污染跨区域治理的协调性有待加强。2018 年长三角区域一体化发展上升为国家发展战略，但是基于中国现实的行政架构，当前长三角区域环境治理依然以省级行政单位为治理主体。目前，在长三角跨区域的环境治理方面，虽然《长江三角洲区域一体化发展规划纲要》《长江经济带生态环境保护规划》《长三角生态绿色一体化发展示范区总体方案》均有所涉及，但在具体执行力上不及跨区域的专职行政机构。未来长三角区域在大气污染治理、跨流域生态补偿、跨流域水体污染等方面的协同治理需要进一步提升。

第二，环境污染监管部门机构重叠，监管主体责任欠清晰。由表 8-1 可知，除了噪声污染治理外，其他污染类型监管均涉及 3 个以上的部门，多头监管的结果往往导致主体责任不清，容易出现部门间的相互推诿。此外，多头监管还增加了企业的审批程序，加重企业负担。

第三，政府环境监管的有效性较弱。从已有环境保护的法律法规来看，政府已对各类污染源制定了较为详尽的法律法规条文，相关的环保标准参照国际准则也基本可以做到有理可据，但是从长三角当前的污染状况来看，政府监管的有效性有待提升。从实践来看，政府对工业园区、重点企业的监管已经相当到位，但是对一些低小散企业由于行政执法人员有限，只能通过随机执法和群众监督的方式，低小散企业监管的有效性严重不足。而作为中国民营经济最发达的地区，长三角集聚了大量低小散的工业企业，这成为长三角环境污染治理的一大挑战。

第四，环境治理主体单一，多元共治的环境治理体系尚未有效运转。虽然当前长三角区域已经构建了一个较为完整的环境政策体系，但是无论是从实践来看，还是从《中华人民共和国环境保护法》对环保的主体要求来看，政府和排污企业都是环境污染治理的主体。而社会力量参与存在有效性和程序化偏低，产业化的污染治理企业也有待培育。环境污染治理主体单一严重影响了环境治理绩效，同时也加重了行政机构的负担。

第五，市场化、专业化、产业化的环境污染第三方治理机制不够完善。环境污染治理专业性强，不同污染源需要不同的治理方式，同时污染治理效果还受自然环境的影响较大，因而对治理方式的精准度要求较高，这在客观上需要专业化较强的第三方治污企业来对污染源进行对症下药。而专业化的治污企业需要市场化的方式才能高效运转，自生能力也较强。虽然受益于长三角的市场环境，这一地区的环境污染第三方治理企业有一定程度的发展，尤其是在《国务院办公厅关于推行环境污染第三方治理的意见》发布后，区域内三省一市出台了相应的政策来推动环境污染的第三方治理。但是总体来看目前长三角区域环境污染第三方治理企业还是发展迟缓，不能满足区域环境污染的现实需求，与中央部门的预期也存在较大差距。

以上挑战是完善长三角区域既有环境污染治理模式必须加以妥善解决的问题。但是考虑到政策目标的优先序和制度建设的过程性，完善环境污染的第三方治理应当是当前阶段长三角区域需要重点着力的地方。主要基于以下五点：

第一，从“十一五”时期以来的环境政策演变和《中共中央关于制定国民经济和社会发展第十四个五年规划和二〇三五年远景目标的建议》可以判断，随着时间的推移，命令型政策工具将会沿着已有轨迹不断完善。

第二，劝说鼓励型环境政策作为一种非强制性政策，只能起到补充的作用，约束力较弱。但随着信息技术的发展、国家治理体系的完善，社会力量在环境治理中的参与度将会有实质性的提高。

第三，从现实来看，环境规制政策存在一定的限度，即便是当前发达国家也存在大量的污染源排放问题，因而环境污染治理的实质是在社会可接受的污染排放量的前提下，如何治理这些污染源。这客观上要求在市场竞争优胜劣汰的条件下治理能力较强的治污企业发挥治污主体功能，提高治污效率。

第四，从环境污染治理的特点来看，在环境污染治理中，环境污染介质、污染浓度、污染源组合千差万别，这要求专业化的污染治理企业承担污染治理的任务，而政府由于信息来源渠道窄、程序化处理时间长、专业化不足等问题无法替代市场演化，只能通过引导、扶持的方式加以培育。

第五，综合考虑长三角区域环境污染现状、产业结构和人口规模，当前这一区域环境污染十分严峻，迫切需要专业的治理主体进行环境污染治理，从而提高区域环境治理绩效，同时也要求专业化的第三方治污企业替代原来排污企业自治的模式。

8.3　长三角区域环境污染第三方治理总体现状

8.3.1　长三角区域环境污染第三方治理的应用空间

根据《国务院办公厅关于推行环境污染第三方治理的意见》对环境污染第三方治理的相关定义，环境污染的排污者既可以是普通大众，也可以是各类排污企业。前者通常以政府购买公共服务的形式出现，例如，生活污水处理、生态环境修复等；后者则是排污企业根据相关的环保要求与第三方治污企业签订合同，采用委托运营或委托治理的方式开展，例如，火电、化工、餐饮等领域。这意味着环境污染的第三方治理既可以应用在公共服务领域，也可以应用于各类排污企业污染物的末端治理，因而其可应用的空间巨大。

在工业环境污染治理领域，由于长三角区域投资和营商环境优越，截至 2018 年，长三角区域内仅省级以上工业聚集区就达 393 个，占全国总量的 15.8%。此外，长三角区域还存在大量分散的工业企业和省级以下工业园区，由此衍生出体量巨大的工业污染治理市场。

此外，长三角区域作为中国人口较密集的区域之一，2019 年长三角全域常住人口总数为 2.27 亿人，占全国总数的 16%，人口密度为 632 人/km^2，是全国平均水平的 4.36 倍。庞大的人口数量意味着公用环保行业巨大的市场潜力。而随着国家治理体系和治理能力现代化建设的推进，政府和市场的关系将进一步理顺，可以预期不久的将来第三方污染治理企业将更加深度参与环境公用设施供给、生态修复、区域环境监测等领域，其应用空间将进一步得到拓展。

根据国家统计局的数据：2017 年长三角三省一市仅城镇环境基础设施建设总额一项就高达 1 114.5 亿元。如果进一步考虑该区域农村生活垃圾和污水处理、固体废物处理、秸秆焚烧、土壤修复等领域，加上城市和村镇工业污染治理，预计长三角全域环保行业将存在几千亿元的市场潜力，这表明第三方治理在长三角区域存在巨大的应用空间。

8.3.2 长三角区域环境污染第三方治理现状

作为中国市场化程度最高的区域之一，长三角区域对市场型政策工具在环境污染治理中的应用注重较早。20 世纪 90 年代，上海市、江苏省和浙江省就有部分企业涉足环境污染的第三方治理，当前环境污染的第三方治理在长三角区域已有一定程度的发展，其区域内各省份现状大体如下。

上海市环境污染第三方治理现状：当前上海市已在火电厂除尘脱硫脱硝、城镇污水处理、工业废水处理、有机废气治理、餐饮油烟监控、建筑扬尘控制、自动连续监测 7 大领域开展第三方治理。截至 2017 年，上海市共有第三方治理企业 150 家，其中上市公司 29 家，产值规模达到 50 亿元。从治理的主要业务来看，水污染和固体废物处理与资源化是治污企业涉足的主要领域。在制度建设方面，为了保证环保产业的健康发展，上海市成立了第三方环境治理产业联盟，致力于推动第三方治理产业向规范化方向发展。此外，随着 2019 年上海市通过《上海生活垃圾管理条例》，政府对生活垃圾的管控更加严格，有望推动生活垃圾第三方治理产业的发展。

浙江省环境污染第三方治理现状：浙江省环境污染第三方治理开展领域包括火电厂除尘脱硫脱硝、村镇污水处理、生活垃圾处置、排污企业和工业园区污染治理、重点污染源在线监测 5 大领域。截至 2017 年浙江省从事环保服务的企业有 812 家，其中有资质参与第三方治理的企业为 520 多家，上市公司 49 家，环保从业人员达到 12.11 万人，产值规模在 310 亿元左右。从业务来源看，浙江省第三方污染治理企业业务主要集中在大气污染防治、固体废物处理与资源化以及环境监测与检测 3 大领域。在制度建设方面，为促进辖区内第三方污染治理企业有序发展和规范运营，浙江省生态与环境修复技术协会联合浙江省信用协会定期对区域内部分治理环境污染的第三方企业进行信用等级评价，引导和培育企业服务能力与水平。此外，为缓解第三方治污企业融资约束，浙江省还联合省内的中国建设银行、上海浦东发展银行、农商银行与宁波银行积极探索第三方治污企业收益权质押贷款模式。

江苏省环境污染第三方治理现状：在环境污染第三方治理开展领域，江苏省主要集中于工业园区污染治理、流域水体治理、城镇生活污水处理和大气污染治理等方面。其中工业园区污染的第三方治理江苏省走在全国前列。在国家相关部委已发布的 12 个全国第三方治理典型案例中，江苏省的苏州工业园区污泥处置及资源化利用案例、无锡市芦村污水处理厂污泥处理工艺改造案例、苏州工业园区融合式环保综合创新服务平台项目和镇江新区大气污染治理综合治理 PPP 项目 4 个案例成功入选，占案例总数的 1/3①。从环保产业的市场规模来看，据估计，江苏省仅在 A 股上市的环保企业涉足的市场规模就达 140 亿元左右。截至 2018 年，江苏省在 A 股上市的环保企业已达到 53 家，占长三角区域环保企业在 A 股上市总数的 40%左右。在制度建设方面，江苏省生态环境厅已开始着力建设第三方机构信息服务平台，对第三方机构实施动态信用信息征集和监督，规范和引导行业的有序发展。

安徽省环境污染第三方治理现状：市政污水处理、工业园区污染治理、环境监测、固体废物防治、跨流域水体治理是安徽省环境污染第三方治理开展的主要领域。其中，在跨流域水体治理中积极探索 PPP 模式是安徽省的一大特色。例如，在大别山跨流域生态补偿项目中通过引入国祯环保集团开展第三方治理；在巢湖流域生态治理中安徽省投入资金 140 亿元，完成项目建设 110 个，其中相当部分通过 PPP 模式实现，有力地推动了当地环保产业的发展。当前安徽省已有部分环保企业做大做强，截至 2018 年，安徽省在 A 股上市的环保企业数量已达到 16 家，这些企业为后续安徽省深入推进环境污染的第三方治理提供了现实基础。此外，鉴于安徽省环保行业总体还处于起步阶段，为进一步推动全省环境污染的第三方治理，安徽省政府较为注重对环保（治污）行业整体的培育。在 2017 年发布的《安徽省支持政府和社会资本合作（PPP）若干政策》中就明确提出“安徽省探索将部分环境污染直接治理资金，调整为第三方治理项目投资运营补贴或奖励。推行环境综合服务政府采购。将环境污染第三方治理作为生产性服务业、节能环保产业的重要组成部分，严格落实相关税收、奖补、人才等产业扶持政策”。

以上从宏观层面对长三角区域第三方治理的应用空间和区域内三省一市的具体实践展开分析。从中可以了解到，长三角区域环境污染的第三方治理存在巨大

---

① 2017 年由国家发展和改革委员会首次公布了 6 个在全国范围内的环境污染第三方治理典型案例，2019 年由生态环境部公布全国第二批环境污染第三方治理典型案例。当前，生态环境部正在评选全国第三批环境污染典型案例，但最终名单还未公布。

的应用空间，并且还发现当前各地区政府均出台了第三方治理扶持政策，在制度建设方面也有一定的行动，部分第三方治理企业已做大做强，第三方治理行业也初具规模，但总体而言还处在起步阶段，存在较大的成长空间。

8.4 长三角区域环境污染第三方治理成效与问题：基于嘉兴市调研分析

嘉兴市作为长三角中心区 27 城市之一，地处长三角杭嘉湖平原腹地，扼太湖南走廊之咽喉，是长三角城市群、上海大都市圈重要城市，浙江大湾区核心城市和杭州都市圈副中心城市，与上海、杭州、苏州、宁波等城市相距均不到百公里，作为沪杭、苏杭交通干线中枢，交通便利。2019 年嘉兴市 GDP 总量为 5 370.32 亿元，区域内工业发达，第二产业占比高达 53.9%，且以重工业为主。根据 2019 年国家发展和改革委员会发布的《长三角生态绿色一体化发展示范区总体方案》，嘉兴市嘉善县与上海市青浦区、苏州市吴江区一同被划入长三角生态绿色一体化发展示范区，率先探索区域绿色生态发展的新路径。鉴于嘉兴市的产业结构和在长三角区域生态绿色发展中的特殊地位，选取其作为典型案例，透视当前长三角区域环境污染第三方治理实践成效与存在的问题。

8.4.1 嘉兴市环境污染第三方治理实践概况

嘉兴市在环境污染第三方治理领域起步较早，基础较好。早在 2015 年，嘉兴市环保局结合《国务院办公厅关于推行环境污染第三方治理的意见》，印发了《关于鼓励推行环境污染第三方治理的实施意见》。提出要积极探索环境治理新模式，健全“统一规范、竞争有序、监管有力”的第三方治理市场，对全市推行环境污染第三方治理提出了指导性意见。目前，嘉兴市在环境污染第三方治理政策文件方面已经形成中央和地方相互补充较为完善的体系，表 8-6 为当前指导嘉兴市环境污染第三方治理的相关政策文件。

表 8-6　指导嘉兴市环境污染第三方治理相关政策文件

序号	名称	印发部门
1	《国务院办公厅关于推行环境污染第三方治理的意见》（国办发〔2014〕69 号）	国务院
2	《关于印发〈环境污染第三方治理合同〉（示范文本）的通知》（发改办环资〔2016〕2836 号）	国家发展和改革委员会
3	《环境保护部关于推进环境污染第三方治理的实施意见》（环规财函〔2017〕172 号）	环境保护部
4	《关于全面加强生态环境保护坚决打好污染防治攻坚战的意见》	国务院
5	《生态环境部全国工商联关于支持服务民营企业绿色发展的意见》（环综〔2019〕6 号）	生态环境部
6	《关于从事污染防治的第三方企业所得税政策问题的公告》（财政部　税务总局　国家发改委　生态环境部公告 2019 年第 60 号）	财政部等四部委
7	《关于推荐环境综合治理托管服务模式试点项目的通知》（环办科财函〔2019〕473 号）	生态环境部
8	《国家发展和改革委办公厅、生态环境部办公厅关于深入推进园区环境污染第三方治理的通知》（发改办环资〔2019〕785 号）	国家发展和改革委员会、生态环境部
9	《国家发展和改革委员会关于开展园区环境污染第三方治理第二批遴选工作的通知》	国家发展和改革委员会、生态环境部
10	《关于构建现代环境治理体系的指导意见》	中共中央办公厅、国务院办公厅
11	《关于营造更好发展环境　支持民营节能环保企业健康发展的实施意见》	国家发展和改革委员会等 6 部门
12	《关于鼓励推行环境污染第三方治理的实施意见》	嘉兴市环保局

资料来源：根据公开资料整理。

在具体实践上，当前嘉兴市在市政工程建设和公共服务、工业园区、小散企业、环境监测等方面均已不同程度地引入第三方治理。通过调研，了解到在市政工程建设和公共服务方面，较为典型的如杭州至海宁城际铁路、杭州湾跨海大桥北岸接线二期、嘉兴内河港海宁港区环城河作业区、嘉善生活垃圾焚烧发电项目和秀洲区新安老年护理之家 5 个 PPP 项目，总投资 206 亿元，并已入选国家 PPP 项目库。在工业园区方面，较为典型的如嘉善县引入浙江工业环保设计院和浙江显泰环保科技有限公司为嘉善县经济开发区集中提供第三方治理服务。在低小散企业方面，如海宁市引入第三方治理企业为辖区内低小散的乡镇企业开展“体检式”排查巡检，并对症下药、指导整改。在环境监测方面，较为典型的如西塘镇引入国信环保，依托该企业建立“环保智慧化管理系统”，2020 年 1 月上旬开始建设，2020 年 6 月底前上线并投入使用。该系统上线后配套西塘镇“环保管家”服务，可实现线下排查数据实收上传、环境风险预警、整改前后情况对比等线上查询功能，并可定制区域性排放源、固定排放源或厂界的 VOCs 排放情况远程监管等内容。

而在环境污染第三方治理内容方面，当前嘉兴市已经初步形成较为完整的第三方治理服务项目。以实地走访的嘉兴港区为例，由于嘉兴港区内聚集了大量的工业企业，而各类工业企业污染排放物存在差异，客观上需要不同类型的环境污染第三方治理服务，而通过调研了解到，目前这些环境治理服务港区内的第三方治污企业基本都能完成。表 8-7 是嘉兴港区第三方治污企业提供的各类治污服务。

表 8-7　嘉兴港区环境污染第三方治理服务内容

类型	公司（项目）名称	服务内容
固体废物处置	浙江惠禾源环境科技固体废物有限公司	危险废物填埋场项目填埋能力 2.5 万 m^3；飞灰水洗、高温熔融项目
	浙江归零环保科技有限公司	3.45 万 t/a 特种危险废物项目综合利用，回转窑焚烧 3 万 t/a，等离子 0.45 万 t/a
	浙江嘉利宁环境科技有限公司	2.5 万 t/a 含盐含酸综合利用
	浙江嘉化能源股份有限公司	500 t/d 一般污泥处置能力
智慧监管	嘉兴港区智慧环保平台	嘉兴港区智慧环保平台三期项目，具体包括园区环境气象分析系统升级、企业污染源视频建设、环保专网升级改造、园区异味监测网络升级等
	嘉兴港区有毒有害气体监控平台	嘉兴港区有毒有害气体监控平台项目

类型	公司（项目）名称	服务内容
第三方技术支撑	第三方现场环境监理服务	开展现场核查，提供环保优化审计方案咨询
	化工园区封闭管理社会化服务	采取进驻式服务与专家咨询的方法提供整体架空技术服务，排查安全隐患等
	HSE 综合保险服务	为企业在安全生产、环境保护、公共消防、职业健康等全方位提供风险减量管理
第三方托管运维	嘉兴石化有限公司污水设施运维	污水设施运维
	浙江信汇合成新材料有限公司污水处理设施运营托管	污水设施日常管理全权负责

资料来源：根据调研资料整理。

此外，在第三方治理形式方面，当前嘉兴市通过环保医院和环保管家的形式开展第三方治理。其中环保管家是当前嘉兴市主推的第三方治理形式。例如，嘉善县依托浙江工业环保设计研究院和浙江显泰环保科技有限公司为企业提供环保管家服务。海宁市根据“查”“管”“改”的总体思路要求，遵循“突出重点、循序渐进、细化量化”的工作原则，依托环保管家对海宁市乡镇企业开展全面的“体检式”排查巡检，并对症下药、指导整改。企业按照污染物产排情况分为：A 类、B 类；其中 A 类企业每月不少于一次，B 类企业每季度不少于一次。在重大活动（会议）期间或重点时段，适当增加巡检频次，每次现场巡检后应向管理对象出具现场巡查记录。除此之外，海宁市其他环保管家服务内容还包括建立监管企业环保数据库、项目把关、企业环保咨询及培训、第三方监管等。另外，西塘镇于 2019 年 10 月引入嘉兴国信环保科技有限公司，以“环保管家”的形式协助环保方面的相关工作，主要服务内容包括全方位的环保排查工作、日常巡查工作、配合专项工作服务、专项督查要求预查和配套服务。

除以上内容外，在第三方治理方面，嘉兴市针对辖区内企业对第三方环保治理服务的需求，还专门成立了嘉兴环保产业园。该产业园当前由嘉兴市南湖环保产业园管理有限公司运营，是嘉兴市智慧环保治理的重要组成部分。园区依托“科学家在线”平台，由北京赛时科技有限公司、嘉兴市南湖街道以及浙江东方绿谷投资管理有限公司合资建设，旨在集聚环保专家与高质量第三方治理供应商，为五县两区开展环境污染的第三方治理，当前已经有一批环境污染第三方治理企业入驻园区。

8.4.2 嘉兴市环境污染第三方治理取得的成效

嘉兴市引入环境保护第三方治理以来总体而言取得了一定的成效，具体表现在以下四个方面。

第一，发挥第三方治理企业的专业优势，提升环境治理绩效。从调研的情况了解到，作为环境治理主体的排污企业和政府部门的环保专业人士较少，尤其是对一些低小散企业而言，在环境治理方面更是缺乏专业技能和必要知识，而环境污染治理恰需要透彻地了解环保政策、法律法规、环境标准、污染治理工艺等。这是“谁污染、谁治理”理念下环境治理存在的一大困境。一般而言，第三方治理企业都具有专业的环境污染治理人员，例如，浙江工业环保设计研究院在环境治理方面就有高级工程师 25 人、注册工程师 17 人，通过这些专业第三方治理企业提升了环境治理绩效。以调研的嘉兴港区为例，作为全国知名的化工新材料工业园区，园区日常污染排放的体量较大，在引入浙江航天嘉恒数据有限公司、嘉兴港区工业污水处理有限公司、嘉兴市固体废物处置有限公司、浙江省环境科技有限公司、浙江环科工程监理有限公司和浙江和惠污泥处置有限公司 6 家第三方治理企业之后，治理绩效有较大的提升。表 8-8 是基于已有工艺测算的园区环境污染第三方治理项目完全运营后治理绩效的变化。

表 8-8 嘉兴港区第三方治理项目完全运营后预期绩效变化

指标名称	单位	2018 年（基期）	2020 年（完全运营后）
河长制断面优于III类水质比例	%	0	80
空气环境质量好于二级标准的天数比例	%	85.9	90
颗粒物（PM_{10}）年均浓度	$\mu g/m^3$	66	48
颗粒物（$PM_{2.5}$）年均浓度	$\mu g/m^3$	32	30
一般工业固体废物综合利用量	万 t	25.88	33.30
氮氧化物排放量	t	750.25	750
氨氮排放量	t	3.45	1.49

指标名称	单位	2018 年（基期）	2020 年（完全运营后）
危险废物集中处理处置规模	万 t	1	25
工业固体废物（含危险废物）处置利用率	%	28.3	80.4
危险废物安全无害化处置率	%	96.94	100
危险废物单位规范化管理抽查优良率	%	88.8	100

资料来源：嘉兴港区开发建设管理委员会。

第二，帮助政府摸清环保家底，降低企业环境隐患。政府作为环境监管部门，对辖区内的环境隐患存在监管责任。但是摸查辖区内企业的环境状况需要专业的知识和技能。而在调研中，发现在市、县、乡镇三级环保监管部门工作人员中，环保专业毕业的人数较少，而且即便是环保专业毕业的管理人员也承认环境污染治理工艺和知识太复杂，不同类型的环境污染源处理方式差异极大。此外，涉及环保相关的法律、法规、工艺标准极其复杂，非相关专业的人士很难胜任，因而如果没有环境污染治理第三方企业参与企业环保家底摸查，单纯依靠政府执法企图降低企业环境隐患并不现实。例如，嘉善县就依托专业的第三方治理企业对辖区内的县经济开发区、天凝镇等相关区域的近千家企业进行环保摸查，在对县经济开发区 540 多家群租企业排查中发现，许多企业建设项目已列入环境准入负面清单，没有环评、没有环保审批、没有环保治理设施、危险废物暂存库建设不规范、台账记录不完整、环保管理制度不健全等环境管理问题；通过第三方治理企业专业人员的排查，及时摸清了企业环保问题和环境隐患，为政府部门及时处置这些隐患提供了依据。

第三，帮助企业规避环境责任风险。随着新环保法及配套法规的实施，排污企业对其环境违法行为和破坏生态行为不仅要承担巨额罚款、行政拘留、停产停业等行政处罚风险，而且还要受到严厉的刑事责任和民事责任追究。目前有较多企业环境管理水平缺失给企业带来了较大的环保法律风险。而第三方治理企业具有较强的环境管理能力，能正确应用好环境保护的法律条文、政策法规，推动企业环保合规管理，履行环境法律规定的义务，适应环境行政执法监管日益严格的要求，并进而有效防范或降低环境法律责任风险。

第四，提升政府监管能力，提高政策执行效率。在环境行政执法中面临的一个现实问题是监管力量和监管任务的严重失衡，导致现实中环境执法虽然能够做到有法可依，但是并不能完全做到违法必究。以调研的魏塘街道和南湖街道为例，魏塘街道辖区内共有各类企业 1 000 多家，而环境执法人员不足；而南湖街道执法的压力更大。在这样监管力量与监管任务严重不对称的现实下，单纯依靠政府部门的随机执法想要实现有效的环境监管并不现实。而引入第三方企业后，政府通过购买服务的形式可以做到对辖区内的有效监管。嘉善县依托第三方企业对辖区内接近 700 家企业进行排查，及时发现企业环境隐患就是很好的实例。

8.4.3 嘉兴市环境污染第三方治理存在的问题

引入环境污染的第三方治理虽然给嘉兴市的环境污染治理带来了新气象，但是在调研中，也发现了在实践中存在不少问题。在调研中发现的问题具体可概括为以下七点。

第一，环境污染第三方治理实践与中央部门的规划存在较大差距。根据 2014 年《国务院办公厅关于推行环境污染第三方治理的意见》(国办发〔2014〕69 号)，到 2020 年，在环境公用设施、工业园区等重点领域环境污染第三方治理方面取得显著进展，污染治理效率和专业化水平明显提高，社会资本进入污染治理市场的活力进一步激发。但是从调研情况来看，当前第三方治理整体还处于起步阶段，在行业规范、产业发展、社会资本参与等方面都与中央部门的规划存在较大差距。

第二，环境污染第三方治理企业参差不齐，行业整体较为混乱。通过调研了解到，当前政府监管的环保事项通过简政放权的形式让渡给了市场，这一方面优化了营商环境，但另一方面也造成了第三方治理行业的混乱。由于目前进入第三方治理行业整体门槛较低，许多不具备第三方治理资质的企业也进入这一市场，通过较低的价格为许多低小微企业提供服务，而对小企业来说价格是他们最在意的因素。小企业更多地只是在程序上完成任务，治理成效并不显著。

第三，第三方治理市场体系不健全，缺乏有效的价格形成机制。成熟的市场体系，各类环境治理服务的价格应该是公开透明且是竞争性的。而通过调研了解到，当前各类环境治理服务价格基本是治污企业自行定价，行业整体没有统一的参考价格。而由于治污行业是一个高度专业化的市场，排污企业如果没有参考价格做依据，一方面会造成市场整体的逆向选择，另一方面也会导致部分排污企业承担过高的治理成本。此外，在对嘉兴市工业园区和环保产业园的调查中还发现，治污企业中本地企业的占比高达 80%以上，这在一定程度上表明嘉兴市环境污染第三方治理市场并非处于完全竞争状态，第三方治理市场体系不健全。

第四，政府缺乏对第三方治理企业的有效监管。根据《中华人民共和国环境保护法》，排污企业是环境污染的第一责任人，而排污企业和治污企业之间的行为纯粹是一种市场行为，因此环境监管部门缺乏对第三方治理企业监管的依据，客观上使得第三方治理行业处于监管真空的状态。从调研情况来看，目前嘉兴市环境联合会在对第三方治理企业进行一些资质的认定、公示，但是这些都是软性的手段，缺乏对第三方治理企业的有效约束。

第五，政府对第三方治理企业的扶持力度较弱，行业整体发展缓慢。从嘉兴市的调研了解到，虽然嘉兴市生态环境局针对区域内的第三方治理实践出台了指导意见，但是目前第三方治理市场整体处于自行发展阶段，政府在产业发展初期并没有出台相应的培育政策，这客观上导致部分企业发展困难。在一定程度上表明当前阶段政府的扶持对第三方治理企业整体的发展将起到较大的推动作用。

第六，第三方治理中的激励机制存在改进空间。市场机制的一大优势是能够有效激励企业进行技术改造升级。但当前在第三方治理市场中排污企业对治污企业的支付主要是基于治理结果是否符合环保部门的要求，而并未对治污企业在治污达标前提下减少的污染物排放量进行奖励，这在一定程度上挫伤了治污企业提升技术、改进工艺的积极性。虽然目前浙江省已开始构建排污交易权与第三方治理联动机制，但就区域整体看依旧处于起步阶段。

第七，环境污染治理难度最大的小微分散企业第三方治理发挥作用有限。从调研中了解到，当前嘉兴市的重点企业、工业园区环境治理成效较好，尤其是重点企业，已经安装了时时监控设备，环境监管部门可以通过系统随时了解企业的排污情况。而针对小微零散企业，政府部门受限于行政资源，监管存在较大困难。但是在环境污染第三方治理市场上却呈现了两极分化的状况，对于大企业而言，他们在乎环境治理的成效，而对环境治理的成本不敏感，第三方治理企业热衷于这一类型的客户群体；而对于小微企业而言，他们更加注重成本，对环境治理成效关注度较低，这对于一些优质的第三方治理企业来说这类客户群体利润有限，承接此类业务的动机不强。并且通过调研了解，目前第三方治理的优势主要体现在治理成效上，而在治理成本上基本没有优势，这使得第三方治理企业对小微零散企业同样缺乏吸引力。在双重作用叠加下，环境污染治理难度最大的小微分散企业第三方治理发挥作用更是有限，这与政府出台第三方治理的初衷存在脱节。

8.4.4 嘉兴市环境污染第三方治理实践的启示

从嘉兴市环境污染第三方治理的实践来看，作为一项市场型政策工具，环境污染的第三方治理在提高环境治理绩效、节约行政资源、规避企业法律风险，以及提高环保法规执行效率方面具有独特的优势。同时，鉴于环保治理领域的复杂性，行政部门和排污企业本身可以发挥的作用有限，而市场机制自身的激励机制可以演化出为市场需要、种类繁多的环境治理服务内容，因而在长三角环境治理领域，环境污染的第三方治理应该发挥重要作用。此外，考虑到长三角区域工业发达、排污体量巨大，对环境治理绩效较高的第三方治理具有较为迫切的现实需求。以上因素都要求在长三角区域内进一步发展环境污染的第三方治理市场。

不可否认，环境污染的第三方治理市场可以通过市场自身的演化加以发展、规范。然而基于已有关于产业经济学的相关知识可知，政府培育对幼稚产业的发展起到十分重要的作用。从嘉兴市当前完全市场化的条件下来看，第三方治理市场发展混乱的现象更加确证政府有必要在环境污染第三方治理行业发展初期出台必要的行业规范和扶持政策。当然不仅是政府，当地的一些行业协会在资质审核和公示、治污与排污企业供需信息发布等方面也可有所作为。总之，对于环境污染的第三方治理市场的发展不能仅停留在“黑板经济学”阶段任其自行发展，政府和社会组织应该有所作为。

8.5 优化长三角区域环境污染治理模式对策建议

环境污染是经济社会发展过程中必然会遇到的问题，20 世纪 40 年代的美国洛杉矶光化学烟雾事件、50 年代伦敦的光化学烟雾事件、60 年代日本的四日市事件都表明发达国家在经济发展的过程中曾遭遇过严重的环境问题。不走发达国家“先污染，后治理”的老路是当前国际社会的共识。这就涉及各国，尤其是发展中国家如何处理经济发展与环境治理的关系，同时也涉及在环境治理过程中如何有效地利用政策手段提高环境治理效率。对于处理经济发展和环境污染的关系，习近平总书记早就有过“绿水青山就是金山银山”的科学论断，党的十九大更是明确提出要实行最严格的生态环境保护制度。因此，在政府层面已将实行严格的环境保护制度作为发展理念的前提，优化环境污染治理模式，提高环境治理效率已成为当下首要关注的议题，也是践行国家生态文明建设的重要现实举措。

长三角区域作为中国经济发展程度较高的区域之一，由于受产业结构、能源结构、人口基数等现实因素的影响，区域内经济增长和环境发展还不够协调。从研究来看，当前长三角区域虽然已基本形成较为完整的环境治理体系，但从治理结构来看，依然以命令控制型的强制性政策工具为主，市场型政策工具和环境污染的第三方治理发展依然不够充分，劝说鼓励型政策工具也有待进一步的发展。这与长三角区域的经济发展、战略定位极不相称。

8.5.1　长三角区域环境污染第三方治理发展展望

总体预判，未来长三角区域环境污染第三方治理市场将会得到长足发展，环境污染行业将成为区域发展的新业态。具体而言，预计环境污染第三方治理服务内容将不断扩充，行业规范将不断完善，治污企业与排污企业信息不对称的现状将得到较大缓解，竞争性的价格机制将逐步形成。总之，第三方治理将成为长三角区域环境污染治理模式中非常重要的组成部分。这主要基于以下五点理由。

第一，从政府层面来看，随着中国社会的纵深发展，社会整体的复杂度在不断增强，客观上要求政府在管理体制上进行创新。而在环境治理领域，以强制性政策工具为主的治理方式由于缺乏制度弹性，越来越不能满足新时代社会中环境治理的现实需求。市场化演化由于本质上是一个不断调整的动态机制，可以满足社会高速发展情境下各阶层的需求。从近年来各级政府不断出台与第三方治理相关的法律法规和政策意见可以看出政府有较强的愿望来推动第三方治理的发展。

第二，从长三角区域层面来看，一方面出于区域环境污染现状，长三角区域各级政府有较强的动机推动环境治理效率，同时将第三方治理作为区域环境治理主要的政策手段。另一方面鉴于长三角特殊的战略定位，该地区需要在各方面起到引领性作用，包括环境治理手段和治理理念的创新。

第三，从排污者的角度出发，随着环境规制的不断加强，环境污染的违法成本在不断上升，而环境污染治理程序复杂，环境法规、标准等文本繁杂，作为企业的从业者既无过多的精力关注企业经营之外的事物，并且受限于知识技能的专业性，也未必有能力来学习这些内容，因而排污企业对环境污染的第三方治理存在潜在的需求。

第四，从第三方治理企业的角度出发，作为市场主体之一，第三方治理企业只要市场有利可图，就会提供相应的服务。虽然在行业发展初期，可能由于规范性差、竞争无序等因素举步维艰，但是市场在哪里，供给就在哪里。第三方治理市场随着政府市政工程建设、环境公共服务类项目逐步开放，环境规制要求趋严等多种因素的影响，市场潜力将会越来越大，因而第三方治理企业有较强的动机参与、推动这一行业的发展，进而实现企业较高的盈利水平。这从资本市场对环保行业的景气度评级就可窥知一二。

第五，从市场演化的角度出发，一个行业的发展成败与市场潜力和行业发展初期政府的培育息息相关。从当前的动向来看，环境污染的第三方治理市场潜力巨大，并且政府有意愿去培育这一行业的发展，因而客观上环境污染第三方治理市场发展已经具备了良好的现实基础。

8.5.2 完善长三角区域环境污染治理模式对策建议

第一，以长三角生态绿色一体化发展示范区为突破口，着力推动区域联防联治。考虑到水体污染、大气污染的跨区域特点，有必要推动区域的联防联治。当前长三角一体化发展虽然已经上升到国家战略层面，但因为时间较短，联动机制尚未有效构建，严重影响了区域环境治理的效率。在当前环境下，长三角区域各级政府既要严格落实《长江三角洲区域一体化发展规划纲要》提出的推动区域环境协同防治，同时又要以长三角生态绿色一体化发展示范区建设为先手棋，探索环境污染治理一体化行之有效的制度安排，起到做实一小片、协调一大片、引领一整片的作用，切实推动区域环境的协同治理。

第二，捋顺各级部门环境监管的权责，做到主体责任清晰，监管有效、高效。环境的多头监管不仅浪费行政资源，同时也给企业造成了不必要的麻烦。行政执法作为环境治理的重要手段是长三角区域环境治理体系不可或缺的一部分。未来长三角区域要践行推动国家治理体系和治理能力现代化的理念，将环境监管责任和权力相对标，捋顺各级部门的监管权责，有效利用行政资源，把好环境污染防治的第一道门。

第三，有效利用环境污染治理的第三方力量，提高政府环境监管的绩效。长三角区域营商环境优越，工业企业遍布各地，以当前的行政资源想要有效监管辖区内所有的工业企业既不现实，也无必要。各级政府可以积极利用市场机制，通过引入第三方治理的力量，实现对区域内污染源的有效监管。通过四两拨千斤的方式，一方面形成市场和政府的良性互动，另一方面提高监管效率。

第四，优化环境治理模式，形成多元共治的环境治理体系。以行政手段治理环境污染必不可少，但是单一的治理手段一方面容易出现漏洞，另一方面难以形成合力，影响治理效果。当前长三角区域已经初步形成了命令控制型、市场型、劝说鼓励型多元化的环境治理体系，但在治理过程中还是命令控制型治理手段一家独大。未来长三角区域要加强培育市场型政策工具的发展并推动劝说鼓励型政策工具的发展。善于运用各类政策工具的强项，通过多管齐下的方式，形成合力，提高区域环境治理的绩效。

第五，推动环境污染的第三方治理，以市场化、专业化、产业化的方式，解决区域经济发展过程中的环境问题。环境污染治理最大的特点是工艺复杂，并且污染源会随着产业结构的升级而产生变化。而市场机制可以高效实时地汇集有效信息，并且演化出市场需求的环境治理服务内容，当前长三角区域已经在多领域中引入环境污染的第三方治理，并且产生了较好的环境效益。未来长三角区域各级政府要进一步积极引导环境污染第三方治理市场的发展，培育环境污染治理更多的新业态，满足区域环境治理的现实需求。

8.5.3　完善长三角区域环境污染第三方治理对策建议

第一，消除第三方治理市场的地域壁垒，推动第三方治理市场的良性竞争。长三角区域各地区要营造公平的竞争环境，消除地域性的行政壁垒，开放地方企业的环境治理市场，对于以政府为责任主体的环境公共设施的建设运营，要严格依据《中华人民共和国招标投标法实施条例》，一律采用公开招标或竞争性谈判方式确定特许经营方或委托运营方。实施综合评标制度，将服务能力与质量、运营方案、业绩信用等列为招投标条件，不得设定地域歧视性条件。为避免出现第三方治理市场低价恶性竞争，政府相关部门、行业协会可以按照行业污染治理的平均成本和运营企业的合理利润水平制定参考价格，引导第三方治理企业通过良性竞争的方式做大做强。

第二，强化市场规范和行业自律，促进第三方治理有序发展。建立第三方治理机构诚信档案，政府监管部门根据监管情况，定期公布第三方治理企业的运营成效，建立企业信用累积制度，划分治理水平等级，并向社会公布。将第三方治理企业违规投标记录、不规范运营、偷排漏排以及运营设施不达标排放等信息，纳入企业征信系统和社会公共信用服务平台，并作为融资、担保等经济活动的重要参考依据。积极鼓励第三方治理企业成立行业协会，发布年度环境责任报告。鼓励行业组织开展业务培训、经验交流、技能比赛、案例分析、展示交流、信息统计、技术咨询、绩效评估等工作，提升行业整体素质。行业协会要加强与政府部门的联系和互动，加强第三方治理技术规范、服务标准和收费基准价格的研究，为政府决策提供参考。

第三，创新政策支持，积极帮助第三方治理企业突破发展瓶颈期。当前阶段政府要积极培育第三方治理市场，加强财政支出方式改革，推行“以奖代补”激励机制，每年在排污费等环保财政专项资金中拨出部分款项专门用于奖励表现突出的第三方治理单位，同时，对于公共领域环境治理，如果在未来收益作为补助的前提下，投资回报仍处于较低水平的话，可部分减免地方企业所得税。此外，还可以积极筹建环保专项产业引导基金、城镇基础设施 PPP 基金等，广泛吸引财政资金、金融资本、社会资本参与出资，组建专业化团队，由财政资金提供绿色担保。

第四，进一步改进第三方治理的激励机制，形成排污交易权与第三方治理的联动机制。市场机制的一大优势是能够有效激励企业进行技术改造升级。但当前在第三方治理市场中排污企业对治污企业的支付主要是基于治理结果是否符合环保部门的要求，而并未对治污企业在治污达标前提下减少的污染物排放量进行奖励，这在一定程度上挫伤了治污企业提升技术和改进工艺的积极性。长三角区域要进一步探索排污权与第三方治理的联动机制，尤其是对一些大型企业和重点工业园区的环境治理，要允许治污企业在完成排污企业排污基本标准后实现的污染物减量进行交易，提高治污企业工艺升级的积极性，进而提升市场整体的治污能力。

第五，加强规划引导，强化第三方治理企业在小微分散企业环境治理中的作用。因为小微分散企业量大，政府通过随机执法方式进行监管，难免使企业存有侥幸心理，环境污染治理上往往重形式而不重结果，因此政府要强化环境监督执法，加大小微企业实施第三方治理的外部压力。同时，政府有关部门在编制产业发展规划、工业布局规划和循环经济发展规划时，可以同时编制第三方治理指南。指南应包括不同行业领域的技术经济条件、合理的平均成本收益水平、治污服务门槛价格以及需要治理的项目清单。利用“互联网+”技术手段，及时将上述规划和指南信息向社会公布，便于排污企业和第三方治理机构能清楚地了解环境治理的需求，引导排污企业和第三方机构选择最适宜的方式治理环境污染，降低小微分散企业在进行环境污染第三方治理方面的交易成本，进而间接推动小微分散企业采取第三方治理的积极性。

第9章

长三角区域一体化保护的环境风险管控模式创新

——长三角区域生态风险防范一体化

环境风险是由人类活动引起或由人类活动与自然界的运动过程共同作用造成的，通过环境媒介所传播的，能够对人类社会及其生存的生活环境造成损害甚至破坏性影响的作用等不利后果的一种事件的发生概率。长三角作为全国经济较发达、现代化程度较高的区域之一，高强度的资源消耗致使能源约束趋紧、污染排放显著以及生态系统退化等问题越发严峻。在此背景下，长三角区域突发环境事件高发，关系群众健康、生态安全的环境风险问题集中，对国民经济平稳运行、社会健康发展以及生态环境保护构成了不可忽视的威胁。加之长三角区域人口密集、城镇集中、水系发达，经济稳定发展和公众对风险控制的诉求都对该地区风险管理提出了更高的要求，重视环境风险防控迫在眉睫。目前，多数风险事件发生后借助地表水、地下水、大气、土壤等多种环境介质的综合传播作用对生态环境和人群健康产生危害，同时由于自然环境的整体性和环境介质的传导性，环境风险具有难以抗拒的跨界性，因此风险事件的应对、评估、修复以及未来的预防管控将涉及相邻区域内政府及多部门的协调配合。

9.1 长三角区域主要的生态环境风险类型及表现

“十二五”时期以来，环境风险防控已成为我国环境保护的重要任务之一，其研究内容不仅以企业环境风险防控为重点，同时关注环境风险防范与应急救援体系的同步推进。环境风险评价是对区域内多个环境风险因素进行的综合评价，主要关注功能布局、产业定位、项目选址等可能引发的大尺度环境风险，并基于区域环境安全目标确定可承受的风险程度。2018 年习近平总书记提出“要有效防范生态环境风险”，指出生态环境安全是国家安全的重要组成部分，是经济社会持续健康发展的重要保障，要把生态环境风险防控纳入常态化管理，系统构建全过程、多层级生态环境风险防范体系。长三角区域占全国总面积的 2.14%，承载了 11.7%的人口，产出 20%的 GDP，是我国经济贡献强度较高的地区之一，同时也是我国单位国土面积资源能源消耗和污染物排放强度较高的地区之一。在工业化、城市化快速发展的过程中，自然资源总量、环境容量等逐渐成为制约长三角区域经济与社会发展的主要因素。因此，识别和研究生态环境风险可以为实现长三角区域环境风险综合管理、规划决策提供科学依据。本章内容将对长三角区域生态环境面临的结构性、布局性和累积性生态环境风险进行识别和分析。

9.1.1 结构性生态环境风险

生态环境风险是一种系统风险，生态环境风险的产生主要与环境资源稀缺性和环境资源配置结构密切相关，如图 9-1 所示。从图中可以看出四种情况，其中矩形Ⅳ处于较理想的状态，即资源相对丰富且环境资源配置结构合理，社会整体也处于相对和谐的状态。矩形Ⅲ表示环境资源不稀缺，但资源配置结构不稳定。矩形Ⅱ是资源配置结构相对合理，而环境资源稀缺的状态。矩形Ⅰ是当前常见的环境问题，即在环境资源稀缺且环境资源配置不合理的情况下，形成不同程度的环境风险。结构性生态环境问题基于环境资源配置的情况，表现出了明显的异质性和不平等性的特征，从而引发区域性的生态环境风险。

随着经济持续高速增长，结构性生态环境风险将取代个体的污染，成为长三角区域环境安全的最大威胁。从原因来看，结构性生态环境风险是由各地区对资源的竞争性开发利用及其造成环境负效应所引起的。由于三省一市工业化、城镇化起步较早，第二产业的迅速发展为推进长三角区域现代化建设提供了巨大的动力，然而以重化工为主的产业结构不可避免地对区域生态环境造成了负荷过大等影响。无论是有色金属产业，还是制造业、纺织业，这些行业所造成的生态环境风险具有一致性特征，即大量的污水排放或固体废物的产生。从短期来看，这些污染源会对周边的水土环境造成污染，导致生态系统功能的缓慢退化，也可能造成某些生态灾害的突发，如2007年太湖蓝藻的突然暴发，造成整个无锡市居民无水饮用的严重生态事件，其根源即在于太湖流域污水无序排放。从长期来看，这些产业所产生的废弃物是长久的污染源，其所造成的生态环境风险也是长久的，将对区域内的生态系统造成持续的、长久的影响，将使得生态系统日渐退化、生态功能逐步丧失，人居环境也将继续恶化。产业结构不合理、发展规模过快等问题使长三角区域存在明显的结构性环境隐患，面临较大的结构性环境风险。另外，长三角区域结构性环境风险也与以煤为主的能源结构和以公路运输为主的运输结构有一定的联系。

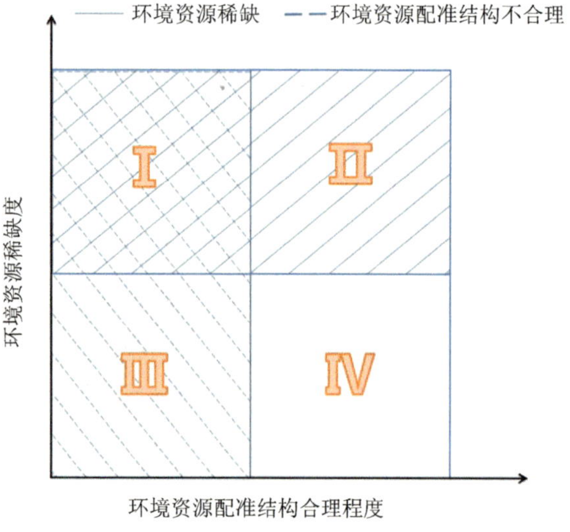

图 9-1　结构性环境风险类型分析

从具体产业来看，在制造业中，单位增加值废水排放强度较高的行业主要包括造纸及纸制品业、化学纤维制造业、化学原料制造业、纺织业、有色金属冶炼业、食品加工业、黑色金属冶炼业、石油加工业等。烟尘排放强度较高的行业主要包括电力生产业、煤气生产业、造纸及纸制品业、有色金属冶炼业、化学纤维制造业、化学原料制造业、黑色金属冶炼业、石油加工业等。二氧化硫排放强度较高的行业主要包括电力生产业、非金属制品业、有色金属冶炼业、造纸及纸制品业、化学纤维制造业、煤气生产业、石油加工业、化学原料制造业、纺织业、食品加工业等。固体废物排放强度较高的行业主要包括电力生产业、石油加工业、文体制品业、家具制造业、塑料制品业、黑色金属冶炼业等。这些行业单位增加值的污染物排放强度是其他制造业的几十倍或几百倍甚至更多。近年来，长三角经济的发展起主导作用的产业多数是上述污染排放强度较高的行业，例如，纺织食品、石油化工、钢铁、化学原料与化纤。

9.1.2 布局性生态环境风险

产业布局具有资源性、地域性、空间性、集聚性等特点。长三角区域的产业布局地域性特点更加突出，涉及产业布局则与各个地方政府的发展规划、经济格局密不可分，地域性特征更加突出，更易造成生态环境风险。长三角区域三省一市是我国的经济中心。长期以来，该地区工业高密度布局，成为我国工业产业的主要集聚区。在经历了较长时期的速度效益型发展阶段后，工业布局不够全面、合理的问题开始凸显，特别是其在江河湖海沿岸、人口稠密区、自然保护区等环境敏感区附近的重点化工企业投资较多，导致环境突发事件频发，且呈现出原因复杂、影响地域敏感、影响范围较大等趋势，造成的环境风险隐患已成为长三角区域持续健康发展的主要“瓶颈”。可以说，工业企业布局不合理是导致工业企业成为环境风险源的基本因素，深层次来说，这也是长三角区域布局性生态环境风险产生的根本原因。

长三角区域面临的布局性生态环境风险主要体现在以下三个方面。

一是高污染产业布局与水体的关系，水体与人类的生活关系密切，水体污染尤其是地下水的污染风险也较高，相比较而言，近年来长三角区域仍处于经济高速发展时期，对生态效益的重视度还有待提高，致使诸多高污染企业建在水体的附近甚至边缘，污染物的排放对水生态的影响非常严重，如2008年前后太湖流域上海部分的水体水质成为Ⅴ类水、水生态严重退化即是明证。

二是高污染产业布局与居民区的关系，长三角区域城镇化进程高于全国平均水平，各地在布局产业时尽量避开人类聚居区，但社会的发展使得一些高污染企业位于居民的生活区，其污染物的排放不可避免地影响着当地居民的正常生活，而且对当地生态也造成严重影响。长三角区域重化工产业发达，企业数量众多，一些企业未进行合理的布局规划且散布在工业园区以外，未能进行有效的管理，有的甚至存在环境风险管控失控的状态。由于许多企业是在荒地、空地上建立起来的，继而带动其他企业构成企业群块，行政区将围绕大型企业设立，最终实现“依厂建区”，使得生产区和生活区交织在一起。然而，随着城区的不断扩展，工业区被居民区所包围，一旦发生环境安全事故，后果将十分严重。

三是产业布局与地形地貌的关系，不同的产业应该布局于不同的地形条件，这样既有利于企业的发展，也有利于污染物的迅速扩散，降低生态环境污染风险。如废气排放量大的企业应该放在地形开阔、风速较大、气流扩散迅速的地区。但是长三角区域的产业布局则较少考虑这些因素，这样就导致污染生态环境的风险增加，一些有害甚至有毒气体的排放直接影响着居民的身体健康，破坏生态环境，致使某些植被退化甚至死亡，影响居民的生活环境和当地的投资环境，乃至影响各地区的长久发展。此外，长三角区域跨界水资源污染问题突出，上下游、左右岸间在治污排污上的矛盾日益显现，从而引起省级和省级以下辖区内的各类跨界水污染问题。由于长三角区域具有独特的自然地理及经济社会行为，区域内水污染现象日益突出且沿河网扩散移动，形成跨界水污染。

9.1.3 累积性生态环境风险

累积性生态环境风险一般比较隐蔽，通常情况下不会立刻显现，是指在建设、生产和生活过程中，由于不利的自然及社会因素经过长期不断的积累，潜在地会对生态环境、人类健康产生危害的行为，并对环境和人类产生长远的不良影响。土壤污染即为典型的累积性环境风险，各类有机物、重金属污染物等通过污水灌溉、大气沉降、固体废物等在土壤中形成累积，且污染程度会随着时间的推移逐渐加重。此外，土壤中的污染物还可以被植物吸收，形成富集作用，通过食物链进入人体，极大地危害了人类的健康。累积性环境问题一旦显现，危害程度较高，影响范围也会较广。可见，累积性生态环境风险事关环境安全和公众健康，需要得到全社会的重视。

近年来，累积性生态环境风险在长三角区域进一步增大。相对于突发性环境风险，该区域对长期累积性环境风险缺乏重视。虽然大部分企业在进行生产的时候已参照了国家出台的各项环境标准，然而区域环境承载能力是有限的，各种类型的低浓度污染物质经过长期积累后，最终会超过区域的环境承载力，爆发环境事故。例如，长期的水体富营养化将会导致河流、湖泊水质变差和超标；长期的污染物排放将会导致大气雾霾污染频发等。长期累积的生态环境风险无论对长三角区域的生态，还是对当地居民的生活都有着不可估量的影响。从累积性生态环境风险的来源来看，其主要体现在两个方面：一是化学品及工业生产累积性生态环境风险。一方面，化学品在生产、加工、运输和使用过程中会释放到环境当中，因其自身毒性、“三致”效应等理化性质对环境和生态造成影响；另一方面，生产加工化学品的过程会向环境排放大量的工业“三废”，造成环境污染和破坏。二是农业生产累积性生态环境风险。传统农业生产方式粗放，农田灌溉水有效利用系数不高，农村化肥、农药、农膜等的过度使用使土壤和水体的重金属和有机污染物长期累积，造成累积性环境风险和健康风险。

9.1.4 跨界性生态环境风险

随着长三角区域工业化、城镇化和区域经济一体化进程的不断推进，原本存在于单一行政区的环境风险正不断地超越其行政管理边界向周边地区、整个长三角区域乃至更大的区域范围扩散，导致长三角区域的各类跨界环境风险由此也进入了高发阶段。与此同时，跨界环境风险所引发的风险冲突和群体性事件，无论在数量与规模上，还是在社会影响方面，亦都呈现出不断上升和扩大的态势。跨界环境风险的突发性、高危性、人为制造性、不确定性以及极易引发风险冲突和社会放大效应的独特性本质，加剧了长三角区域跨界环境风险的复杂性和治理的艰巨性，使其成为区域社会环境安全和可持续发展面临的严峻挑战和亟待关注的重要社会问题。

地球生态系统是一个不可分割的有机整体，包括人类在内的一切生命形式同地球生态系统的相互关系是能量、物质、信息的交换关系，不会受到任何人为疆界的限制和阻隔。例如，大气环流作用会使任何一个地方的空气污染不滞留在一隅之地，而相同水域中上游的水污染也会对下游的水环境产生重要影响。生态系统的这种整体性和传导性使得环境风险具有难以抗拒的跨界性。本书重点关注的是跨越两个及两个以上行政区范围的人为环境风险，即源于某一行政区人们的生产、开发与生活等各类活动，对除了本行政区以外的一个（或多个）行政区的当前或未来的环境质量、人类健康以及经济社会发展等可能产生的威胁及其后果。

长三角区域是中国经济社会较发达、较具活力的地区之一，同时也是人口最密集、资源消费最集中、生态环境十分脆弱的区域。随着区域经济合作的不断深入，不同行政区之间优势互补、资源共享、共同发展已渐成共识。与此同时，区域经济的一体化在一定程度上也加速了区域环境风险的一体化，使得区域内跨界环境风险及其引发的风险冲突日益突出。从风险的来源来看，近年来长三角区域面临的跨界环境风险主要包含以下三种类型。

一是上、下游型跨界环境风险。主要是指共享水资源的上、下游不同地区之间的跨界水环境污染风险。长三角区域水网稠密、水资源丰富，但由于江、河、湖、海的分布往往跨行政区域分布，使得区域内跨界水环境污染风险十分突出。位于苏、浙、沪边界的江苏昆山、吴中和吴江，浙江嘉兴、嘉善和平湖，以及上海青浦和松江等交界地区是长三角区域跨界水污染风险与风险冲突事件的重点发生地区。

二是点源型跨界环境风险。主要是指存在一个或多个潜在污染或事故的来源点，它们威胁到毗邻的一个（或多个）地区。此类跨界环境风险的来源在一个或若干个清晰明确的位置集中，无论毗邻还是距离边界有一定的距离，都会引发对该种环境风险的问题意识或成为风险感知的焦点。长三角区域范围内的垃圾焚烧厂、危险化学品仓库以及长江沿线密布的各类化工厂等均属于这一类型跨界环境风险的重要来源。

三是交互影响型跨界环境风险。这一类型跨界环境风险的产生往往与国家和地区的环境政策、能源与运输体系、经济结构和工业生态等诸多因素相关，风险的成因多元、间接，甚至隐秘，所产生的影响比较广泛和分散，利害关系更趋复杂。近年来频繁出现的雾霾污染是这类跨界环境风险的典型例证。由于地缘关系上的相邻，苏浙沪三地不仅大气污染问题与污染特征趋同，而且彼此间相互影响和相互叠加，形成了交叉型、复合型大气污染风险。

9.2　长三角区域生态环境风险防范一体化的基本现状

作为我国经济发展较活跃、开放程度较高、创新能力较强的区域之一，长三角区域在国家现代化建设大局和全方位开放格局中具有举足轻重的战略地位。然而由于长三角区域的自然资源开发和利用强度高、生态长期超负荷运转，生态环境具有很大的脆弱性，生态环境风险防范一体化的建设仍面临着各种挑战。

长三角作为“长江大保护”的关键地区，推动生态环境的共建共治共享是长三角一体化战略的主要任务之一。近年来，长三角区域三省一市充分发挥协作机制平台优势，在跨界河湖的综合治理和保护、船舶和机动车污染防控、固体废物的处置和利用、流域环境风险防范等多个领域开展协作，推动区域大气和水污染防治工作取得积极成效，区域生态绿色一体化相关工作进展良好。自 2013 年《长三角地区跨界环境污染事件应急联动工作方案》实施以来，三省一市就结成了联合处置突发环境事件和处理跨界环境纠纷的联盟，共同签订《长三角地区环境风险防范与应急联动工作协议》和《长三角跨省突发水污染事件联防联控合作协议》，积极采取各项联防联控措施，开展跨区域、多部门联合、全要素综合应急演练，重点检验突发环境事件及辐射事故的预警、响应和处置水平，不断提高环境应急处置能力，降低生态环境安全风险。表 9-1 反映了 2012—2018 年长三角区域三省一市突发环境事件数量的变动情况。可以看出，长三角区域的突发环境事件数量表现出波动下降的态势，这反映了长三角区域生态环境风险防范能力的增强，但值得注意的是长三角区域突发环境事件在全国的占比却有明显提高，如 2012 年长三角区域突发环境事件发生了 26 件，在全国的占比为 4.80%，而 2018 年突发环境事件下降到 21 件，但在全国的占比却提升到了 7.34%。分区域来看，江苏和浙江的突发环境事件数量较多，而上海和安徽相对较少，江苏和浙江的生态环境风险防范能力建设相对更为紧迫。此外，从突发环境事件原因来看，交通事故次生和企业生产安全事故次生是主要原因，而企业违法排污次生的突发环境事件大幅减少。

表 9-1　长三角区域三省一市突发环境事件数量（2012—2018 年）

年份	上海/件	江苏/件	浙江/件	安徽/件	小计/件	全国/件	占比/%
2012	6	12	8	0	26	542	4.80
2013	3	12	4	2	21	712	2.95
2014	0	4	11	1	16	471	3.40
2015	0	4	7	6	17	330	5.15
2016	4	10	9	4	27	304	8.88
2017	0	9	14	1	24	302	7.95
2018	1	5	11	4	21	286	7.34

9.3　长三角区域生态环境风险防范一体化的主要问题

9.3.1　生态环境风险防范机制不完善

长三角的生态环境长期处于负载状态，面临着较大的生态环境风险。为提升长三角的生态环境风险防范能力，在《长江三角洲区域生态环境共同保护规划》以及各省份的工作方案中都做了要求和部署。但从整体而言，长三角区域开展的生态环境保护工作只注重对生态环境污染的治理，而忽略对生态环境风险防范能力的加强，生态环境风险机制建设缓慢，现阶段其主要面临以下三方面的问题：第一，缺乏相应法律体系的支撑。尽管长三角区域制定了很多与生态环境保护有关的法规，但还没有专门针对生态环境风险管理的。此外，这些已有的法规大多是针对风险发生后的处置，而较少涉及风险源头控制、风险全过程管理。第二，对企业的激励约束机制不足。现阶段长三角区域对重大生态环境风险企业的监管力度不足，缺乏针对不同环境风险企业危险等级的具体性管理措施，且对企业生态环境危险治理不力的行为惩罚偏轻。此外，长三角区域仍未建立完善的生态环境污染强制责任保险制度，对生态环境风险防范较好的企业给予的激励和补偿不足。第三，跨区域生态环境风险预警和应急机制的不完善。

9.3.2　跨区域生态环境风险预警和应急机制不完善

为了应对不断加剧的跨界环境风险问题，近年来长三角区域三省一市的地方政府开始寻求通过建立一定的制度机制以促进区域环境的合作治理。但目前长三角跨区域一体化的风险预警和应急机制还处在初步建设阶段，针对跨区域不同类风险问题还没有形成完整的管理体系，在统一风险管理部门建设、调动公众参与机制建设等方面都有待完善，日益严峻的跨界环境风险的状况表明，已经开展的环境合作无论是在制度的设计还是在机制的运行方面都还难以胜任区域环境合作治理的目标与要求。

一是地方政府间跨界环境风险合作治理的制度设计还不完善。表现之一是目前针对地方政府跨界环境合作的内容还缺乏相关法律法规的支持。尽管《中华人民共和国环境保护法》规定了“跨界行政区的环境污染和环境污染的防治工作，由有关地方政府协商解决，或由上级人民政府协调解决”，但这一规定只是原则性的，在合作治理的权限、治理责任的划分、污染责任的追究、合作治理的方式手段等方面不仅存在不确定性，还缺乏可操作性。表现之二是现有的合作机制更多侧重于一些经常发生跨界污染的区段以及发生环境污染事件之后的协商解决，对于区域环境风险的整体性、预防性和深层次的合作机制，如环境风险的联合监测和预警、环境风险信息和治理技术的共享、跨界联合环境执法、环境风险事件的损害评估与生态补偿、环境危机事件的应急驰援，以及环境风险影响的情境恢复等一系列对于跨界环境风险合作治理十分重要的制度设计，大多还处于起步阶段和草创时期，或仅停留在象征性的宣传和呼吁阶段，亟待建立和完善。

二是已有合作机制的运行效率较低，且缺乏稳定性与持续性。已经建立的长三角环境保护合作联席会议制度，基本上属于一种松散型、自愿承诺式的对话协商机制。由于三省一市的环保部门属于平级机构，而各地的环保工作重点与模式又各不相同，因而经联席会议协商达成的协议往往由于法定约束力不强而难以得到有效执行，从而也使得这一制度能够发挥的作用被大打折扣。加之在目前的环境管理中可以起到实质作用的地方政府之间的关系模式，主要是一种垂直的纵向运行机制，跨界环境风险事件发生后往往是逐级上报，上级政府的决策再逐级下达。在这样的垂直运作机制下，地方政府间横向的环境信息沟通网络往往比较封闭，即使存在联席会议机制，也很难及时发挥协调作用，从而大大降低了机制运行的效率。而其他的合作机制大都是针对某一项具体活动而展开的，如长三角区域内的大气污染联防联控工作机制就是围绕上海世博会和进博会制定和实施的，因而往往具有临时性的特点，活动结束后，由于受到各地政府的环保专项资金无法同时到位、联防联控技术水平参差不齐等条件的限制，这些机制的运行很难再取得实质性的进展。

9.3.3 生态环境信息共享机制不完善

生态环境信息资源共享是生态环境风险防范一体化推进的基础，也是实现生态环境协同治理和风险联合的开展由传统碎片化向全面信息化转变的必然选择。为推动生态环境信息在长三角区域的自由流动，长三角正加紧筹建“一张图”和“一张网”以完善生态环境管理体系，并在 2019 年 5 月印发了《太湖流域水环境综合治理信息共享方案》，旨以太湖流域水环境综合治理信息共享为突破口，逐步实现区域生态环境信息共享体系的建立，现阶段主要存在以下三个方面的问题：第一，生态环境信息资源的共识度不高。生态环境信息资源共识的达成是生态环境信息共享机制建立的前提条件，然而现阶段达成的共识更多的是体现在纸面上，在实际推行过程中各地方政府间还缺乏足够的信任，必须有具体的政策措施作为保障。第二，缺乏统一的生态环境信息资源共享标准。统一的生态环境信息标准是生态环境信息共享机制建立的关键，然而现阶段长三角区域还没有设定共享的标准，这制约了各地方政府信息共享行为协同性和规范性的提高。第三，缺乏法律法规的支撑和保障。现阶段长三角发布的有关生态环境信息资源共享的相关规定大多以政策文件为主，还没有上升到立法的层面，约束力较弱。此外，信息资源共享工作复杂且难度大，需要有统一的机构或部门专门负责相关的工作，并协调好各地区的信息资源，但类似的机构或部门在长三角区域仍未成立。

9.3.4 生态环境风险防范公众参与度不高

社会公众是生态环境问题的直接受害者，也是生态环境风险防范成效的最终受益者，这也决定了社会公众是生态环境风险防范最忠诚的支持者。在 2019 年 10 月召开的首届共创长三角城市群绿色发展论坛上发布了《长三角绿色发展共识》，其倡议在生态环境建设中要联合民间环保力量，加强公众力量的发挥，培育合格的“生态公民”。但是，现阶段社会公众在生态环境风险防范中呈现出“参与意愿较强，实际行动偏弱”的局面，究其原因，主要表现在以下三个方面：第一，社会公众参与生态环境风险防范的渠道匮乏。生态环境制度的建立、企业的清洁生产过程等都需要社会公众的参与，然而现阶段社会公众参与生态环境风险防范还只是公众听证会、知识宣传和教育等浅层面的形式。第二，政府对社会公众的生态环境信息公开度有待提高。社会公众参与生态环境风险防范是以一定的生态环境信息为基础的，但个人在收集信息时是需要付出时间和金钱成本的，政府信息的公开可以降低其成本，且能提高社会公众参与的积极性，但现阶段长三角区域还没有完善的政府生态环境信息公开制度。第三，社会资本进入生态环境领域的程度比较低。现阶段长三角用于生态环境风险防范的资金还是主要来源于政府，面临着很大的缺口，难以满足资金需求，这就需要社会资本的进入作为补充，但当前社会资本的进入面临着渠道少、激励不足、利用制度不完善等问题。

9.4　长三角区域生态环境风险防范一体化的制约因素

尽管长三角各省份的发展紧密相连，但三省一市在政治、经济、文化上的差异使得其在生态环境风险防范方面难免存在一定的制约因素，这给长三角地方政府间的协作带来一定的挑战。本节基于长三角区域的具体情况，详细梳理了制约长三角区域生态环境风险防范一体化建设的因素。

9.4.1　生态环境整体性与行政分割体制之间不协调

生态环境本身是一个有机整体，是不容分割的，其具有公共产品的性质，而行政区域的划分打破了生态环境的整体性。长期以来，我国的生态环境管理体制都是以行政区域为单位进行的，各地方政府按照属地原则，只需对所辖行政区域的生态环境负责，制定的各项生态环境保护政策也大多只针对本行政区域，而当上升到整个区域生态环境时，其政策就缺乏整体性和全局性，进而会带来以下两个问题：第一，跨区域生态环境治理责任难以界定。生态环境问题具有很强的外部性，一个地区的生态环境安全必然关联着相邻地区的生态环境安全，而按照行政区域进行生态环境治理时，人为地打破了区域生态环境的整体性，在以经济指标衡量政绩的导向下，各地方政府则更为注重经济的发展，而可能逃避应承担的跨区域生态环境治理责任，相互推诿。第二，各地方政府制定的生态环境风险防范政策差异化明显。生态环境风险防范政策是依据本地区的生态环境状况所制定的，与地区的经济发展状况、资源禀赋、历史条件和地理位置等都有很大的关联，具有地区属性，这就导致不同地区的生态环境政策在环境税征收标准、污染物排放标准、产业环境准入标准等方面有很大的不同。在生态环境领域缺乏跨区域信用联动惩罚机制时，污染企业倾向于转移到生态环境标准较低的地区。

9.4.2 生态环境科技成果转化水平较低

生态环境科技成果转化是将促进“科技”和“生态经济”结合的关键环节，也是深化科技体制改革的重点任务。近年来，长三角区域深入贯彻创新驱动战略，不断提高环保科研投入，在污染负荷削减、有毒有害污染物控制、饮用水安全、生活垃圾焚烧发电、火电厂烟气超低排放技术等方面实现了重大突破，尽管已有部分技术已得到广泛应用，但从整体来看，生态环境科技成果转化的整体水平还处在一个较低的阶段，这主要受以下三方面因素的制约：第一，尚未建立科学化的生态环境科技成果评价体系。传统的评价体系更为侧重论文数量和专利数量，且仍采用主观性很强的专家审查法进行打分，无法真实反映生态环境科技成果的潜在价值和实用价值。第二，生态环境科技服务体系不完善。政府对生态环境科技服务体系的建设认识不够，主动性欠缺，尚未建立以政府为主导的公共服务体系，网络化的信息服务平台仍处于试验阶段。第三，生态环境科技转化投资风险较高。一方面，生态环境资源具有公共性，污染企业对生态环境治理的需求转化为政府对生态环境治理的需求，进而致使市场对生态环境治理的需求不足，增加了生态环境科技成果转化的难度；另一方面，在生态环境科技成果的转化中，政府资金负担了绝大部分的资金需求，企业、社会资本进入的渠道等受到很大限制，资金的短缺在一定程度上制约了生态环境科技成果的转化。

9.4.3　自然资源管理体制有待完善

自党的十八大提出“五位一体”总体布局以来，我国的自然资源管理体制改革就进入了全面深化阶段。党的十八届三中全会提出要“健全国家自然资源资产管理体制统一行使全民所有自然资源资产所有者职责。完善自然资源监管体制，统一行使所有国土空间用途管制职责”。现阶段长三角区域的自然资源管理已基本形成了综合管理的局面，但仍面临着以下挑战：第一，统一化的自然资源管理格局尚未形成。尽管现阶段已基本形成大集中的自然资源管理，但仍有部分资源仍未被包括在内，如石油、天然气资源的开发和储备，水林草等资源的调查、开发和保护等还未与其他资源管理有机地结合在一起。第二，自然资源市场体系仍未建立。各类自然资源的产权关系尚未理顺，各类产权的权利、责任和范围尚待明晰；自然资源资产管理与资源监管混为一谈，科学合理的自然资源资产价值动态和定期评估体系仍未建立，完善的自然资源市场配置制度还处于建设中，有偿使用范围有待扩展；缺乏统一的资源交易体系和交易信息平台。第三，仍存在严重的部门分割现象。在自然资源管理与生态监管中，仍有依据行业、自然资源管理的现象，属地管理和部门管理尚未厘清，这割裂了生态系统的整体性和系统性，究其原因，主要是由于部门之间的管理分散，职责关系不明确，协调性差等。

9.4.4　生态环境风险的复杂多样性

生态环境风险是指由人为因素或自然因素所导致的自然资源枯竭、生物多样性减少、环境污染和生态系统退化，由此给人类的生产和生活带来不利影响，甚至危及人类的生存和发展。长三角区域面临的生态环境风险有结构性的、布局性的，还有累积性的，具体来说：第一，水体污染风险突出。长三角区域具有独特的自然地理特征，区域内水污染现象日益突出且沿河网扩散移动，容易形成跨界水污染问题，而且跨界水污染在省、市、区、县等不同层级的行政区之间呈现。位于长三角中心的太湖流域包括江苏的昆山、吴江，浙江的嘉善和平湖，以及上海的青浦和松江，区域内河流众多，水网密集，且呈中间低四周高的碟形地势，水污染容易在太湖湖区内积聚，并向周围河网扩散，从而引发大面积环太湖的苏浙沪三地的跨界污染。第二，大气污染风险严重。长三角城市群工业发达，存在大量重化产业，能源尤其是化石能源消耗量仍然十分巨大，对长三角大气环境带来巨大压力。同时，三省一市在烟气治理及大气污染排放、机动车排放标准、油品标准等方面也存在一定差异，而且由于经济发展水平的差异，短期内仍然难以协调。第三，洪涝灾害风险突发。长江三角洲多年平均降水量为 1 147.7 mm，年际变化显著，全年降水量的 60%集中于汛期每年 5—9 月，且持续性暴雨天气频发，每年 6 月中下旬至 7 月上旬易出现梅雨季暴雨，降雨历时长、总量大、范围广，往往造成流域性洪涝灾害；8—9 月出现台风季暴雨，降雨强度大、暴雨集中，易形成山体滑坡、泥石流等区域性洪灾。长江三角洲地势平坦低洼，加之经济发达、人口密集，洪涝灾害往往影响范围广、历时长，经济损失巨大，是该地区主要的水害之一。

9.5 政策措施建议

区域生态环境问题是长三角一体化高质量发展的瓶颈与制约，也是全国面临的共同问题与挑战。实现长三角区域生态环境风险防范一体化是缓解生态环境问题、提升生态环境质量的必然选择，是生态文明建设、实现人口资源环境相协调的内在要求。为帮助解决长三角区域生态环境风险防范一体化推进中遇到的问题，本部分从顶层设计、机制创新、政策协同、风险预警、科技赋能、完善立法等方面提出相关政策与建议。

9.5.1 协同推动政策落实

9.5.1.1 建立健全政策目标协同机制

三省一市的政府能够突破行政壁垒的限制，在生态环境领域开展联防联治的工作，其前提是要确立协同发展的理念，具有完善的政策目标协同机制。三省一市政府间的关系并不是一成不变的，经济发展、产业布局转移和结构调整、生产要素的集聚和流动等都会引起政府间关系的变动。在这种关系的变动中，各地方政府要坚持协同发展的原则，对能提升政府协同合作关系的因素要给予鼓励和发展，而对破坏协同合作关系的因素要及时加以制止和做出改变。生态环境政策的涵盖范围广，各地方政府的生态环境政策主体在确立生态环境建设目标时要加强沟通和交流，相互学习和借鉴，保障政策目标的协同，确保各项政策文件能够有效联动。

9.5.1.2　建立健全信息协同共享机制

现阶段，长三角跨区域的生态环境风险防范信息协同共享服务主要通过自发的协议模式，各方是平等的信息主体，在信息协同共享上并没有受到强制性的行政约束，政策法规没有明确的规定和制定强制措施，使信息协同共享无法可依，这就需要长三角区域建立健全信息协同共享机制，确保信息协同共享的实现。此外，受生态环境涉及利益主体的复杂、跨区域部门间信任程度缺乏等因素的影响，跨区域、跨部门的信息沟通协调困难，其可行的解决措施是利用物联网、大数据、云计算、区块链等技术，建立稳定的信息共享通道和可靠的信息共享环境，加速信息共享平台的建设，提高信息服务效率。

9.5.1.3　建立健全生态环境政策协同评价和反馈机制

对生态环境政策协同的评价和反馈是生态环境政策制定执行过程的最后一个环节，其主要目的是达到对生态环境政策协同效果的客观认识和综合评判，以便不断化解政策间的冲突。现阶段，对生态环境政策协同的评价主要以政府部门自我评价为主，评估手段单一，公众参与度较低，这就要求建立科学合理的生态环境政策协同的评价和反馈机制。另外，生态环境政策是一种公共政策，大多基于当时的生态环境状况及问题所制定的；评价和反馈机制的建立，应该指导政策主体积极主动识别其与市场的需求以及在市场中的适应性，及时根据生态环境的发展变化进行动态调整、更新、完善，不断对政策加以协调和融合，以与现阶段的问题相适应。因此，生态环境政策协同的评价和反馈机制的建立，必须确保政策主体主动识别的灵活性、评价体系的科学性、公众参与的广泛性、反馈响应的及时性、信息共享的便捷化。

9.5.2　提高风险防控能力

9.5.2.1　加强生态环境风险防范一体化基础能力建设

建立突发环境事件应急管理平台，提升对突发环境事件和生态破坏事件的预警、响应、联络、决策、控制及处理能力；推进跨区域、跨部门的突发生态环境事件应急、协调、联动等机制；健全对大气环境、水资源环境、土壤环境、辐射源以及其他风险源行业（企业）的突发生态环境事件的应急预案，确保政府及监管、职能部门的有效衔接，从而建立规范、有效的突发环境事件应急管理系统，保障政府和相关部门的应急处置工作。加强应急培训演练基地的建设，围绕长三角区域生态环境中的风险现状，强化业务培训，定期组织政企联动模拟演练，从而培养专业的、高质量的生态环境应急管理队伍和应急救援队伍。动态修订应急物资储备品种目录，提升物资储备能力建设，建立国家储备和民间储备相结合的应急物资储备体系，优化配置体系。推动应急物资的产业化、社会化和标准化建设加快应急物资全产业链布局，提升应急物资保障能力。

9.5.2.2 建立生态环境风险防范一体化监测和预警智慧化系统

依托大数据、云计算、物联网、5G 等先进技术，精准确立监测重点，构建涵盖生产、经营、运输、储存、使用、处置环节的生态环境风险全程监测和预警智慧化系统，覆盖国土空间天—地—空在内的所有领域。完善生态环境风险评估体系建设，合理界定生态环境风险评估的范围，科学选定生态环境风险评估方法，规范评价流程，强化统筹协调，深入推进跨区域、跨部门的生态环境风险评估工作机制。加强对重点生态环境风险企业的监管水平，积极开展生态环境风险专项整治活动，利用智慧化的风险监测系统，有效识别和监控企业风险源，合理评估和确定企业风险等级，并对企业风险等级提出针对性的防范和管控措施，提升生态环境风险管理效率，同时监督企业定时组织开展应急培训活动，加强应急预案的演练，不断提升应急预案的科学性、可操作性和针对性。

9.5.2.3 强化生态环境风险的重点管控

增强对重金属污染的防治力度以及核辐射安全管理。健全全口径涉重金属重点行业企业清单，严格控制涉重金属重点行业企业产能的持续扩张，加大淘汰涉重金属重点行业企业落后产能的力度。对重金属行业企业实行区域差异化政策，对涉重金属行业企业分布密集、产能规模大、污染严重的地区制定更为严格的环境准入政策和污染物排放标准。不断提高核设施及各种放射源的安全管理水平，确保其安全运行，同时加强对放射性污染的防治，提升对放射性废物的处置能力。增强化学品的管理以及危险废物处理能力的建设。完善化学品目录，严控高风险化学品的生产、使用、储存、进口，逐步淘汰公约管制化学品，限制环境激素类化学品的使用。完善危险废物目录，加强危险废物集中处置设施建设以及风险源企业的配套危险废物处置与利用设施建设，加强危险废物处置设施改造与升级，淘汰技术水平差、不合乎标准规范的危险废物处置设施。

9.5.3　强化科技创新赋能

9.5.3.1　提高生态环境科技创新能力

在政府层面，应牢固树立科技创新引领生态环境一体化发展的思维，积极倡导生态环境科学技术“产-学-研-用”一体化发展，为生态环境科技创新营造宽松的政策环境。加强生态环境科技创新投入力度，优化生态环境领域的科研立项，建立以财政为中心，企业为主体，社会资本投入为支撑的多元化生态环境科技创新投入体系。完善生态环境科技人才的发现、培养、鼓励机制，强化生态科研领域的作风和学风建设，打造良性循环、可持续发展的人才生态。引导企业树立生态环境科技创新的发展理念。对科技型企业，应注重生态环境方面专业人才的引进、使用，积极拓展生态环境技术研究领域。通过技术引进、增加科研投入等方式加强生态环境领域的基础研究和应用研究，开发绿色技术，强化企业的知识产权保护。同时，也要引导企业加强制度创新和管理创新，既可以引进人才，也可以留住人才，还要创造良好的创业环境，促进注重生态环境科技创新的管理制度和企业绿色文化理念的形成。

9.5.3.2　健全生态环境科技服务体系

完善生态环境科技服务体系，是要建立服务型政府，在政策引导、咨询服务、项目审批等各个环节主动为企业排忧解难，营造一个风清气正的营商环境和社会环境。政府应高度重视生态环境科技服务体系的构建对治理体系和治理能力的提升作用，将构建生态环境科技服务体系纳入政府管理职能中，组织和推动专业从事科学技术转化、推广及可提供咨询服务的队伍建设，加快生态环境科技服务信息化平台的建设，及时公开优质的生态环境技术服务中介机构的基本信息和服务动态信息，解决好技术和服务的拥有者和需求者间的信息不对称问题。政府应积极孵化、培育、发展和规范生态环境科技服务市场，用户、研发、技术孵化、技术服务之间的机构发展融合，以及治理需求、治理方案研究、技术研发、装备制造、设施安装运行、治理方案实施等技术服务环节之间的发展融合。加强和规范生态环境技术评估工作，明晰技术评估工作的责任主体和范围，界定生态环境技术评估的内容，提出科学合理的生态环境技术评估的方法体系，构建完备的生态环境技术评估程序和人才队伍建设，加强生态环境技术评估的监督管理。

9.5.3.3 促进生态环境科技成果转化

健全生态环境科技成果评价体系，应降低以论文和专利数量作为衡量生态环境科技成果的主要评价指标，而应在评价体系中注入生态环境污染防治技术验证制度，该制度可对具有商业化潜力的生态环境科学技术进行第三方科学的测试与评价，降低科技成果转化的风险，提升环保企业的投资积极性。搭建长三角生态环境科技成果转化综合服务平台，提供在线查询、需求上传、技术推荐、技术评估等多样化的服务，实现生态环境科技成果转化综合服务信息的融合。设立以生态环境科技成果转化引导专项资金，以政府资金为主导，积极拓宽科技成果转化的融资渠道，以补贴、贷款、绩效奖励等方式发挥资金在生态环境科技成果转化中的助推作用。同时也可以引进企业或者投资，将生态环境科技成果作为专利，使成果转化成为产品，创造价值和利润。要以生态环境科技成果转化为目标，建立生态环境科技成果应用为导向的政府绩效和企业绩效考核机制，使生态环境科技成果造福社会、造福人类、造福美丽中国建设。

9.5.4 完善法治协作机制

9.5.4.1 加强生态环境立法协作

统一的法治环境是长三角区域在生态环境协同治理和风险联合防范的基础和保障。建议在现行的“长三角一体化发展战略合作框架协议”的基础上，要建立和完善三省一市在生态环境立法协作的框架协议，充分考虑各地方政府的合作意识，遵循“目标协同”和“利益协调”两个原则，成立由三省一市行政主体构成的跨省级行政区域立法协作机构，并在明确制定主体的基础上，协商制定超越三地政府且不受任何团体、组织及个人制约的跨省级行政区域的生态环境共同章程，其要明确跨省级行政区域生态环境共同章程的效力等级、适用范围以及各地方政府的责任义务，推动生态环境立法由各自立法向联合立法的转变。此外，所构建的跨行政区域的区域生态环境共同章程要立足于长三角区域面临的生态环境问题，具有针对性及切实可行的操作性。

9.5.4.2　加强生态环境执法协作

加强跨省级行政区域生态环境治理联合执法的法治建设，对现有的国家法律、国家及地方行政法规、部门规章中涉及与生态环境联合执法有关的内容进行完善与补充。建立健全跨省级行政区域生态环境治理联合执法机构，设立常态化的联合执法机构，通过联合会议、联合检查、联合监测、联合探讨等多种形式开展联合执法工作，同时要对联合执法的业务素质和专业水平进行提升，对联合执法工作提供充足的资金保障和技术支持，对联合执法主体的范围、联合执法的事项、联合执法的标准要做出统一界定。健全跨省级行政区域生态环境治理联合执法责任机制，明确联合执法的责任主体和监督主体，对联合执法的责任承担内容应做出清晰界定，并设立完备的联合执法责任追究程序。

9.5.4.3　加强生态环境司法协作

建立长效化的跨省级行政区域生态环境治理司法协作机制，明晰司法协作的主体，包括执行主体和监督主体，对各主体的职责边界进行界定，同时也要强化司法协作中的社会监督，提高社会对跨省级行政区域司法协作制度的认同感和参与度。建立跨区域协作的统一领导、指挥、决策和实施机构，树立公平正义、利益统一、公私协调等司法协作的原则，确立司法协作的范围，包括主体范围和地域范围，各主体的功能应互补和互济，设立完备的司法协作方式，加强司法部门与行政管理部门、执法部门等其他部门的合作，同时也要对配套的监督和责任追究制度做出规定与安排。完善司法协作的程序，加强生态环境案件诉讼制度、协作执行制度、协作监测制度、协作应急制度等的建设，并有完备的制度使得各程序的内容衔接起来。

第10章

长三角区域一体化保护的生态绿色协同发展模式创新

——长三角生态绿色一体化发展示范区建设制度

10.1 一体化示范区成立背景与意义

2018年11月5日，习近平主席在上海首届中国国际进口博览会开幕式上宣布“将支持长江三角洲区域一体化发展并上升为国家战略”，赋予了长三角重大历史使命，注入了强大发展动能。长三角区域一体化战略实施重点在于落实“创新、协调、开放、绿色、共享”五大发展理念，探索区域发展协调机制，缩小地区差距，进而推动整体性的高质量发展。全力打造长三角生态优先绿色发展样板区，坚定不移走以生态优先、绿色发展为导向的高质量发展新路，以“大机制”推进“大保护”，进行集中落实、率先突破、系统集成，有利于打造长三角一体化战略新发展理念的新标杆和引领长三角更高质量一体化发展的新引擎，具有极大的区域带动和示范作用。

2019年1月27日，上海市市长应勇在上海市第十五届人民代表大会第二次会议作政府工作报告，首次提出全力实施长江三角洲区域一体化发展国家战略，合力推进长三角一体化发展示范区建设。2019 年 7 月 2 日，应勇表示，中央已经明确在江苏苏州吴江、浙江嘉兴嘉善和上海青浦建设生态绿色一体化发展的示范区。2019 年 10 月 26 日，国家发展改革委印发《长三角生态绿色一体化发展示范区总体方案》，指出建设长三角生态绿色一体化发展示范区（以下简称“一体化示范区”）是实施长三角一体化发展战略的先手棋和突破口，明确要把保护和修复生态环境摆在优先位置，打造“生态价值”“绿色创新发展”“绿色宜居”新高地。2019 年 11 月 1 日，长三角生态绿色一体化发展示范区建设推进大会在上海青浦举行，中共中央政治局委员、上海市委书记李强，江苏省委书记娄勤俭，浙江省委书记车俊出席会议并讲话，共同为长三角生态绿色一体化发展示范区揭牌。沪苏浙三地深入贯彻习近平总书记重要指示精神，共同拉开了示范区建设大幕，开启了长三角更高质量一体化发展新征程，也标志着一体化示范区进入全面施工期。

在沪苏浙三省市交界区域建设一体化示范区是长三角区域一体化发展的重大实施举措。推进一体化示范区建设，有利于集中彰显长三角区域践行新发展理念、推动高质量发展的政策制度与方式创新，率先实现质量变革、效率变革、动力变革，更好引领长江经济带发展；有利于率先将生态优势转化为经济社会发展优势，探索生态友好型发展模式；有利于率先探索从区域项目协同走向区域一体化制度创新，不破行政隶属、打破行政边界，实现共商、共建、共管、共享、共赢。在示范区改革创新区域一体化体制机制，科学推动跨界率先协调发展，事关长三角区域一体化发展战略意图的落地和操作，能够对长三角区域乃至全国的高质量发展发挥示范引领作用，具有非常重要的战略意义和现实意义。

10.2 一体化示范区基本概况

10.2.1 自然地理

长三角生态绿色一体化发展示范区（30°45′0″～31°17′38″ N，120°21′50″～121°19′26″ E）范围包括上海市青浦区、江苏省苏州市吴江区和浙江省嘉兴市嘉善县（以下简称两区一县），位于沪苏浙交界处，毗邻太湖，总面积为 2 300 km^2

（图 10-1）。青浦区位于上海市西部，太湖下游，黄浦江上游，下辖 3 个街道、8 个镇，总面积 668 km^2。吴江区东临上海，西濒太湖，南接浙江，北依苏州主城区，下辖 4 个街道、7 个镇，全区面积为 1 092 km^2。嘉善县东邻上海市青浦、金山两区，南连平湖市、嘉兴市南湖区，西接嘉兴市秀洲区，北靠江苏省苏州市吴江区和上海市青浦区，下辖 3 个街道、6 个镇，全县面积为 506 km^2。示范区成立先行启动区，包含青浦区的金泽镇、朱家角镇，吴江区的黎里镇（汾湖高新区）和嘉善县的西塘镇、姚庄镇，面积为 659.4 km^2。

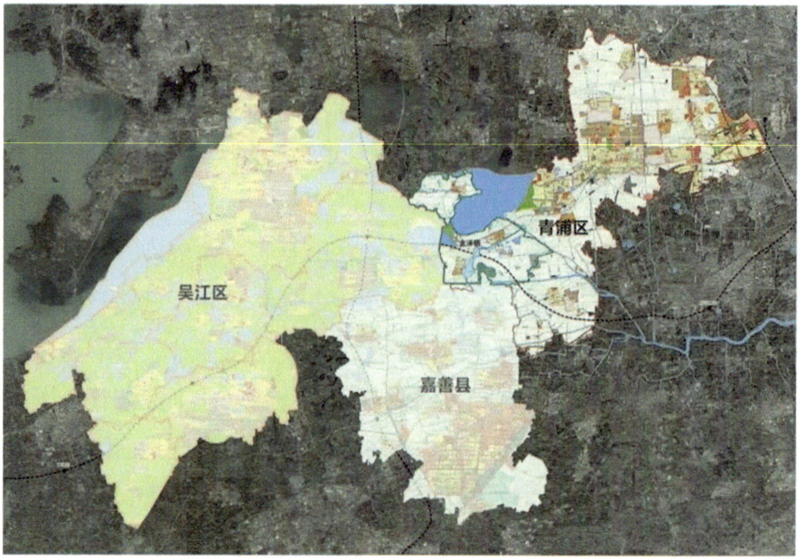

图 10-1　长三角生态绿色一体化发展示范区区位

一体化示范区地形以平原为主，地势低平，平均海拔高度为 4m 左右。青浦区东西两翼宽阔，中心区域狭长，境内地势平坦，地下水位较高。吴江境内是一片大小湖泊众多、碟形洼地广布的平原，地势低平，自东北向西南缓缓倾斜。嘉善县境域轮廓呈田字形，地势南高北低，平均高程为 3.67 m。整个一体化示范区属于太湖流域环淀山湖地带，河江交错，水网密布，湖荡群集，分布有太浦河、汾湖、淀山湖、元荡湖等重点河流湖泊，水域面积达 350 km^2。一体化示范区属于亚热带季风气候，温和湿润，四季分明，雨量充沛，宜于作物生长。全区年平均气温在 16℃左右，降水量达 1 000 mm 以上，无霜期长达 200 多天。

10.2.2 社会经济

根据第七次人口普查数据，一体化示范区常住人口为 346.5 万人。与 2010 年第六次全国人口普查的 292.9 万人相比，增长了 18.31%，年平均增长率为 1.69%。全区人口中，居住在城镇的人口为 258.0 万人，占 74.46%。其中青浦区常住人口为 127.1 万人（城镇人口占比 74.40%），比 2010 年常住人口增长 17.6%，年平均增长率为 1.62%；吴江区常住人口为 154.5 万人（城镇人口占比 75.15%），比 2010 年增长了 21.28%，年平均增长率为 1.95%；嘉善县常住人口为 64.8 万人（城镇人口占比 73.07%），比 2010 年增长了 12.88%，年平均增长率为 1.22%。

在产业结构方面，近年来示范区持续加大传统产业升级，着重发展生态型、创新性、金融型等新兴产业，经济高速发展。目前，青浦区拥有集成电路、人工智能、生物医药等战略新兴产业以及未来产业；吴江区拥有丝绸纺织、电子信息、装备制造、光电通讯四大主导产业集群；嘉善县拥有数字经济、生命健康、新能源新材料三大新兴培育产业和装备制造、木业家居、纺织服装三大传统优势产业。2020 年，示范区总生产总值达 3 852.61 亿元，三次产业增加值比重分别为 1.8%、45.9%、52.3%。青浦区地区生产总值为 1 194.01 亿元，三次产业增加值比重分别为 0.7%、35.3%和 64.0%。吴江区实现地区生产总值 2 002.83 亿元，三次产业增加值比重分别为 1.9%、49.9%和 48.2%。嘉善县实现地区生产总值 655.77 亿元，三次产业增加值比重分别为 3.3%、53.1%和 43.6%。

10.2.3 生态环境

一体化示范区位于典型的江南水乡区域，河网纵横、湖荡密布，水资源极其丰富。受行政区划影响，区域内河湖水环境既受本地各类污染源排放影响，也受上游来水水质影响。近年河道经过综合整治，但都是局部零星治理，未形成整体系列治理，仍然存在河湖水环境面貌不佳和水质状况不稳定等现象。2020 年，青浦区水环境质量显著改善，2 个国考断面、17 个市考断面全部达到水质目标类别，全部断面达到Ⅳ类或优于Ⅳ类，氨氮和总磷较 2019 年分别改善 19.7%和 15.7%，水质目标达标率为 100%。淀山湖水体富营养化状态指数（TLI）为 58.9，评价为轻度—富营养，与 2019 年和“十二五”末评价类别相同，主要污染物总磷和总氮浓度持续下降，较 2019 年分别改善 4.6%和 9.0%，较“十二五”末分别改善 19.9%和36.4%;在饮用水水源地水质达到Ⅱ类水质标准要求，水质综合污染指数为0.36，评价为优，较 2019 年改善 5.3%。2021 年 1—8 月，吴江区水环境质量状况良好。吴江区 11 个国、省考断面中，界标（汾湖大桥）、王江泾、瓜泾口西、太浦闸、太浦河桥五个断面水质类别与上年持平；平望新运河大桥断面因总磷、挥发酚浓度上升，水质较上年同期下降两个类别。国考地表水断面共 5 个，水质达标比例为 80%（平望新运河大桥断面总磷、挥发酚浓度超标，水质类别为Ⅴ类），达到或优于Ⅲ类水质断面比例为 60%（平望新运河大桥断面水质类别为Ⅴ类，元荡湖口断面总磷浓度超Ⅲ类，水质类别为Ⅳ类）；省考地表水断面共 11 个（含国考断面），水质达标比例为 90.9%（平望新运河大桥断面水质类别为Ⅴ类），达到或优于Ⅲ类水质断面比例为 81.8%；市控断面中达到或优于Ⅲ类水质断面比例为 85.7%，无Ⅴ类及以下断面；2 个集中式饮用水水源地水质达到或优于Ⅲ类比例为 100%。嘉善县 14 个水质监测断面中，Ⅱ类断面 2 个，Ⅲ类断面 12 个。水质评价良好。

在大气环境质量方面，2020 年青浦区环境空气质量全面达标，环境空气质量指数（AQI）优良率达到新高，为 85.5%，较 2019 年提高了 8.0%，较“十二五”末提高了 24.7%；细颗粒物（$PM_{2.5}$）年均浓度为 34 μg/m^3，首次低于国家二级标准（35 μg/m^3），较 2019 年下降了 17.1%，较“十二五”末下降了 46.9%。$PM_{2.5}$、O_3、PM_{10}、CO、NO_2 和 SO_2 6 项指标均达到国家环境空气质量标准。地表水环境质量也持续改善。2021 年 1—8 月，吴江区 AQI 范围为 18～184，平均为 74，与 2020 年同期 74 相比持平，优良天数为 197 天，优良天数比例为 81.1%。吴江区 $PM_{2.5}$ 平均浓度范围为 3～94 μg/m^3，平均浓度为 25.6 μg/m^3，与 2020 年同期 29.9 μg/m^3 相比下降了 14.4%。吴江区臭氧浓度范围为 6～249 μg/m^3。2021 年 1—8 月臭氧第 90 百分位数浓度为 176 μg/m^3，与 2020 年同期 174 μg/m^3 相比上升了 1.1%。臭氧超标天数为 38 天，比 2020 年同期增加了 2 天。2021 年 1—8 月，嘉善县空气质量综合指数为 3.45，AQI 优良率为 91.8%，$PM_{2.5}$ 浓度为 26 μg/m^3，O_3 浓度为 153 μg/m^3。

在生态方面，自然生态系统受人类干扰影响明显。示范区森林覆盖率约为 16.8%，与全球城市森林覆盖率 40%～60%的水平相差甚远，也低于全国 22%的平均水平；区域间生态廊道体系规划和设计相互割裂，如太浦河沿岸开发规划和管控要求不同，在建设范围、开发标准和连通性建设等方面也尚未形成统一体系；受人类活动影响，耕地、林地、湿地破碎度呈上升趋势。

10.2.4　存在的问题

绿色竞争优势尚未全面形成。提升产业层次优化产业结构，沿袭传统发展模式和路径的惯性依然存在，积极发展的绿色创新能力仍显不足，经济生态化和生态经济化仍有较大提升空间。优势产业的区域带动性与竞争力不强，与一体化示范区生态绿色发展引领的定位、目标尚存一定差距。

区域空间格局仍需优化。经多年城市化改造和不合理资源开发，区域生态空间遭受挤占，生态安全未得到根本保障。受人类活动影响，耕地、林地、湿地破碎度呈上升趋势，生物多样性保护面临较大威胁。现有生态空间格局与示范区发展愿景还有较大差距，保护和发展总体布局还需进一步优化。

生态环境问题依然突出。区域环境空气质量稳定达到国家二级标准的基础还不稳固，$PM_{2.5}$、O_3、PM_{10} 和 NO_2 等季节性污染问题突出。水环境质量受上游来水影响明显，稳步提升的基础不牢固。农业面源、船舶移动源污染及水体氮、磷污染和溶解氧不达标问题依然突出，水体自净能力和生态系统未根本性恢复。基于天然水域优势的湿地公园等保护体系建设推进力度不足；人均公园绿地面积、建成区绿化覆盖率、生态环境保护投资总额占 GDP 比重还有待提高。

环境治理体系仍需完善。环境治理体系和治理能力现代化的任务十分艰巨。生态环境公共基础设施和服务向农村延伸力度仍显不足，生态环境监管基础与生态环境监管需求不匹配，生态环境监管手段亟待创新，企业环境治理责任体系、全民生态自觉的行动体系还未全面形成。区域性、跨界性环境问题解决机制还不完善，统一开放的市场体系尚未形成，共保共建共赢共享机制有待深入推进。

10.3 一体化示范区制度建设与任务安排

10.3.1 示范区规划、指导意见与行动方案梳理

《长江三角洲区域一体化发展规划纲要》明确提出，示范区要打造生态友好型一体化发展样板，创新重点领域一体化发展制度，加强改革举措集成创新和引领长三角一体化发展。为贯彻落实该规划要求，2019 年 11 月，国家发展改革委印发《长三角生态绿色一体化发展示范区总体方案》，明确了示范区战略定位与发展目标，布置了多项工作方案，旨在推进示范区建设成为生态优势转化新标杆、绿色创新发展新高地、一体化制度创新试验田、人与自然和谐宜居新典范，形成更加成熟、更加有效的绿色一体化发展制度体系，全面建设成为示范引领长三角更高质量一体化发展的标杆。为尽快将示范区打造成为“生态价值”“绿色创新发展”“绿色宜居”新高地，长三角生态绿色一体化发展示范区执行委员会（以下简称示范区执委会），上海市、浙江省和江苏省（以下简称两省一市），青浦区、吴江区和嘉善县等相关部门相继发布规划、指导意见、行动方案等工作文件、通知和政策等（表 10-1），旨在认真贯彻落实《长江三角洲区域一体化发展规划纲要》和《长三角生态绿色一体化发展示范区总体方案》任务与目标建设，不断为示范区一体化生态绿色发展注入新动能，推动示范区高质量发展。

经过梳理发现，自 2019 年 5 月起，已正式发布并公开的示范区生态环境领域相关规划、指导意见、方案、计划等共 30 项，其中综合性类有 16 项，生态环境共同保护专项有 10 项，绿色高质量发展有 4 项。在生态环境共同保护领域，涉及水环境联保共治、空气质量预报、环境标准监管与执法“三统一”系列方案、环评制度改革等。在绿色高质量发展方面，两区一县人民政府签署了《长三角生态绿色一体化发展示范区绿色保险战略合作协议》，旨在通过示范区在生态绿色发展方面的协同示范优势，共同打造绿色金融示范区、生态产融共建区、综合金服创新区，进一步助力长三角更高质量一体化发展。嘉兴市与嘉善县积极融入示范区建设，不断改革深化，建立了排污权申请绿色通道。

表 10-1　出台的和示范区相关的规划、指导意见、方案、计划

类型	序号	出台的规划、方案、行动计划	签发时间	签发部门
综合性	1	《长江三角洲区域一体化发展规划纲要》	2019 年 5 月	中共中央、国务院
	2	《青浦、吴江、嘉善 2019 年一体化发展工作方案》	2019 年 7 月	青浦区人民政府、吴江区人民政府、嘉善县人民政府
	3	《长三角生态绿色一体化发展示范区总体方案》	2019 年 10 月	国家发展改革委
	4	《长三角生态绿色一体化发展示范区国土空间总体规划（草案）》	2020 年 6 月	上海市人民政府、江苏省人民政府、浙江省人民政府
	5	《浙江省人民代表大会常务委员会关于促进和保障长三角生态绿色一体化发展示范区建设若干问题的决定》	2020 年 9 月	浙江省人民代表大会常务委员会
	6	《江苏省人民代表大会常务委员会关于促进和保障长三角生态绿色一体化发展示范区建设若干问题的决定》	2020 年 9 月	江苏省人民代表大会常务委员会
	7	《上海市人民代表大会常务委员会关于促进和保障长三角生态绿色一体化发展示范区建设若干问题的决定》	2020 年 9 月	上海市人民代表大会常务委员会
	8	《长三角生态绿色一体化发展示范区重大建设项目三年行动计划》	2021 年 5 月	示范区执委会、两省一市发展改革部门，苏州市人民政府、嘉兴市人民政府
	9	《关于支持共建长三角生态绿色一体化发展示范区的若干意见》	2021 年 8 月	两省一市市场监管局和一体化示范区执委会
	10	《长三角生态绿色一体化发展示范区先行启动区规划建设导则》	2021 年 10 月	示范区执委会
	11	《吴江区建设长三角生态绿色一体化发展示范区实施方案》	2020 年 2 月	吴江区人民政府
	12	《关于推进美丽吴江建设的实施意见》	2020 年 9 月	吴江区人民政府
	13	《吴江区建设长三角生态绿色一体化发展示范区 2020 年工作要点》	2020 年 5 月	吴江区人民政府

类型	序号	出台的规划、方案、行动计划	签发时间	签发部门
综合性	14	《吴江区推进长三角生态绿色一体化发展示范区建设2021年工作要点》	2021年3月	吴江区人民政府
	15	《长三角生态绿色一体化发展示范区嘉善片区国土空间总体规划》	2021年3月	嘉善县自然资源规划局
	16	《长三角生态绿色一体化发展示范区环境监测联动工作方案》	2020年7月	两区一县生态环境局
生态环境领域专项	17	《长三角生态绿色一体化发展示范区生态环境管理“三统一”制度建设行动方案》	2020年10月	示范区执委会、两省一市生态环境厅（局）
	18	《长三角生态绿色一体化发展示范区人民法院环境资源案件跨域专业法官会议实施方案》	2020年10月	两区一县人民法院
	19	《长三角生态绿色一体化发展示范区人民法院生态环境保护司法协作备忘录》	2020年10月	两区一县人民法院
	20	《长三角生态绿色一体化发展示范区重点跨界水体联保专项方案》	2020年10月	两省一市生态环境厅（局）、水利（水务）厅（局），生态环境部太湖流域东海海域生态环境监督管理局、水利部太湖流域管理局、一体化示范区执委会
	21	《长三角生态绿色一体化示范区空气质量预报工作方案》	2020年11月	两省一市生态环境厅（局）
	22	《长三角生态绿色一体化发展示范区“一河三湖”环境要素功能目标、污染防治机制及评估考核制度总体方案》	2021年5月	两省一市生态环境（厅）局、生态环境部太湖流域东海海域生态环境监督管理局、水利部太湖流域管理局、一体化示范区执委会
	23	《关于深化长三角生态绿色一体化发展示范区环评制度改革的指导意见（试行）》	2021年8月	两省一市生态环境厅（局）、一体化示范区执委会

类型	序号	出台的规划、方案、行动计划	签发时间	签发部门
生态环境领域专项	24	《长三角生态绿色一体化发展示范区重点跨界水体联保 2021 年重点工作计划》	2021 年 8 月	两省一市生态环境厅（局）、水利（水务）厅（局）、生态环境部太湖流域东海海域生态环境监督管理局、水利部太湖流域管理局
	25	《长三角生态绿色一体化发展示范区生态环境监测统一网络建设方案（2021—2023 年）》	2021 年 10 月	两省一市生态环境厅（局）、一体化示范区执委会
	26	《2020 年青浦区长三角生态绿色一体化发展示范区生态环境工作计划》	2020 年 5 月	青浦区生态环境局
绿色高质量发展	27	《关于支持长三角生态绿色一体化发展示范区高质量发展的若干政策措施》	2020 年 7 月	上海市人民政府、江苏省人民政府、浙江省人民政府
	28	《长三角生态绿色一体化发展示范区绿色保险战略合作协议》	2020 年 8 月	两区一县人民政府
	29	《关于开辟排污权申请绿色通道支持长三角生态绿色一体化示范区重大建设项目建设的通知》	2020 年 9 月	嘉兴市人民政府
	30	《长三角生态绿色一体化发展示范区嘉善县生态环境保护和绿色发展规划（2021—2035）》	2021 年 6 月	浙江省发展改革委、生态环境厅

10.3.2　重点建设任务与目标

结合上述相关规划、指导意见、方案、计划，梳理了示范区为实现发展目标设置的相关建设任务。发现示范区为实现生态质量明显提升，一体化制度创新形成一批可复制、可推广经验的目标，布置了大量建设任务，并提出了具体的生态环境治理目标，包括主要水体水功能区水质达标率达到 95%以上，太浦河水质稳定达到III类，淀山湖水质除总氮外所有指标达到Ⅳ类（总氮Ⅴ类），绿化覆盖率达到 42%以上，森林覆盖率达到 20%，一体化示范区骨干绿道达到 500 km 以上等。

通过梳理发现，示范区在生态保护、环境治理、绿色高质量发展和一体化发展制度等方面部署了28项工作任务（表10-2）。具体来说，在生态保护方面，重点部署了生态保护红线监控，生态格局构建、水林田湖泊各类自然资源整体保护、系统修复和综合治理等多项工作任务。在生态环境综合治理方面，重点关注太浦河、淀山湖、元荡、汾湖“一河三湖”跨区水环境治理任务，同时兼顾土、气、固等领域环境治理工作。在绿色高质量发展方面，主要任务是大力发展绿色金融，充分发挥政府投资基金和项目在生态环境领域的示范引领作用。在一体化体制机制建设方面，重点关注饮用水水源保护和主要水体生态管控制度、生态环境“三统一”制度和生态治理新机制等方面的建设工作。

表10-2 示范区生态环境领域重点工作任务

建设领域	建设任务	来源
生态保护	生态保护红线管控	1
	以水为脉、林田共生、城绿相依的自然格局构建	1、2
	区域生态廊道和自然保护地建设	2
	林地绿地、郊野公园、区域绿道串联	2
	城镇与湖荡之间、组团与组团之间的生态空间结构优化	2
	“一河三湖”岸线综合整治	2
	水林田湖泊各类自然资源整体保护、系统修复和综合治理	3
环境治理	“一河三湖”周边及沿岸地区工业点源污染治理	2
	节水减排治污	2
	水体底部水生动物栖息生态环境修复	2
	耕地和水源保护区土壤保护	2
	区域土壤污染治理	2
	乡村水、土、气、林等重点领域环境治理	2
	跨区域河湖水源地保护	2
	能源领域减排	4
	大气污染联防联控	4

建设领域	建设任务	来源
环境治理	移动源排放控制	4
	区域重污染天气联动应对方案	4
	“无废城市”建设	4
	环境治理能力现代化建设	3、4
绿色高质量发展	发展节能环保、绿色低碳第三方服务、绿色金融等产业	4
	发展绿色信贷、发行绿色债券和绿色资产支持证券、推行绿色保险	2
	开展水权、排污权、用能权、碳排放权、节能环保质押融资等创新业务	2
	规范运用政府和社会资本合作模式、金融机构和企业发行绿色债券	2
	促进环境经济政策体系融合	4
	落实生态补偿等财政政策	4
一体化发展制度	统一饮用水水源保护和主要水体生态管控制度	2
	建立生态环境“三统一”制度	2
	创新生态治理新机制	2

注：1——《长江三角洲区域一体化发展规划纲要》；2——《长三角生态绿色一体化发展示范区总体方案》；3——《吴江区建设长三角生态绿色一体化发展示范区实施方案》；4——《长三角生态绿色一体化发展示范区嘉善县生态环境保护和绿色发展规划（2021—2035）》；5——《关于支持长三角生态绿色一体化发展示范区高质量发展的若干政策措施》。

分地区而言，嘉善县先后发布了《长三角生态绿色一体化发展示范区嘉善县生态环境保护和绿色发展规划（2021—2035）》《推动建设长三角生态绿色一体化发展示范区的实施意见》，针对区域特征细化了《长江三角洲区域一体化发展规划纲要》《长三角生态绿色一体化发展示范区总体方案》中关于生态环境领域的建设任务要求，明确了生态环境保护和绿色发展的总体要求、重点任务和工作举措。吴江区制定了《吴江区建设长三角生态绿色一体化发展示范区实施方案》，对水环境保护、水林田湖泊系统修复等方面提出建设任务，此外，还细化落实了 2020 年和 2021 年工作计划，对落实建设任务制订了详细的工程项目计划。

10.3.3 一体化政策体制机制建设

区域一体化发展是一个渐进完善的过程。改革开放以来，无论是长三角的一体化，还是珠三角的一体化，项目协同总是一体化最先开始的地方。通过基础设施项目的推进实现互联互通，可首先达成物理层面的一体化。但是从示范区而言，只有项目协同难以实现其定位和发展目标。从国际经验来看，与生态绿色一体化发展相近的可持续发展、绿色增长都是以政策议程的形式来不断取得共识，并在实践中得以运用和推广的。因此，示范区的绿色生态一体化发展过程一定伴随着区域一体化制度的建设过程，通过区域一体化制度创新，推动示范区的生态绿色一体化发展，走出一条生态友好型发展之路。《长江三角洲区域一体化发展规划纲要》和《长三角生态绿色一体化发展示范区总体方案》明确示范区的战略定位为实施长三角一体化发展国家战略的重要承载区，提出积极探索深入落实新发展理念、一体化制度率先突破、深化改革举措系统集成的路径，充分发挥其在长三角一体化发展中的示范引领作用的要求。具体打破行政壁垒，聚焦一体化制度创新，建立有效管用的一体化发展新机制；系统集成改革举措，增强改革的系统性、整体性、协同性，放大改革效应，为长三角区域全面深化改革、实现高质量一体化发展提供示范。

自 2019 年以来，示范区不断进行大保护体制机制改革，部署了一系列的体制机制建设任务。本书按照“生态共同保护”“环境联防联治”“绿色高质量发展”三个领域进行梳理，发现示范区共部署了 24 项生态环境保护制度和体制机制建设（表 10-3），其中生态共同保护领域 9 项，涉及水源保护、联合河湖长机制、生态保护红线机制等方面；环境联防联治领域 7 项，涉及水和大气保护机制、环境监测机制等方面；绿色高质量发展领域 8 项，涉及生态补偿、环境市场化等方面。

表 10-3 示范区生态环境保护制度和体制机制建设梳理

建设领域	建设任务	来源
生态共同保护	建立覆盖一体化示范区全域的“四线”管控体系	1、2
	建立跨区域生态项目共同投入机制	2
	形成统一协调的“三线一单”分类管控方案	3

建设领域	建设任务	来源
生态共同保护	建立严格的生态保护红线管控制度	2
	加快建立统一的饮用水水源保护和主要水体生态管控制度	2
	建立原水联动及水资源应急供应机制	2
	建立生态环境“三统一”制度（标准、监控、执法）	2
	建立重点跨界水体联合河（湖）长机制	4
	制定实施示范区饮用水水源保护法规	4
环境联防联治	协调统一“一河三湖”等主要水体的环境要素功能目标、污染防治机制以及评估考核制度	2
	建立企业环境风险评级制度和信用评价制度	2
	建立协同联合执法会商机制，建立健全执法互认机制	4
	推进生态环境监测数据共享，共用持续完善流域信息共享平台	4
	深度实施区域大气协同控制	3
	实施长三角区域车辆排放-油品质量一体化标准	3
	健全环境治理收费机制	3
绿色高质量发展	率先推动实施高质量发展的指标体系、政策体系、标准体系、统计体系、绩效评价及政绩考核体系	2
	建立市场主体社会责任报告制度和责任追溯制度	2
	探索水权、排污权、用能权、碳排放权、节能环保质押融资等创新机制	5
	建立多元化生态补偿机制	2
	建立跨区域生态治理市场化平台	2
	建立吸引社会资本投入生态环境保护的市场化机制	2
	支持金融机构和企业发行绿色债券，探索绿色信贷资产证券化	2
	完善与“绿色指数”挂钩的生态环保财力转移支付制度	3

注：1——《长江三角洲区域一体化发展规划纲要》；2——《长三角生态绿色一体化发展示范区总体方案》；3——《长三角生态绿色一体化发展示范区嘉善县生态环境保护和绿色发展规划（2021—2035）》；4——《长三角生态绿色一体化发展示范区重点跨界水体联保专项方案》；5——《关于支持长三角生态绿色一体化发展示范区高质量发展的若干政策措施》。

10.3.4 专项行动

为推动长三角一体化发展，共同打赢长三角区域污染防治攻坚战，建立完善青浦、吴江、嘉善三地污染防治协作机制，切实维护三地生态环境安全，2019 年 1 月，两区一县环境保护局签订了《青浦区、吴江区、嘉善县一体化生态环境综合治理框架协议》，根据合作协议，三地一体化示范区生态环境综合治理工作的开展，将坚持以生态共享安全为前提，以改善区域环境质量为中心，以协作机制为基础，共商发展；以标准统一为支撑，共治污染减排；以生态文明示范区为目标，共建区域生态环境；以环境信息共享为依托，共赢创新一体化发展；以完善市场机制为补充，共保区域污染防治。努力通过联防联控联动，共同加强区域内一体化示范区生态环境综合治理工作，切实提升区域内生态文明建设水平，实现生态环境保护工作的共建共创共赢。合作协议的签订，标志着青浦区、吴江区和嘉善县在生态环境共同保护领域开启了一体化保护治理的道路。

2016 年，三地政府为共同保障区域饮用水水源地太浦河水质，签订了《太浦河流域跨界断面水质指标异常情况联合应对工作方案》，要求增强跨界区域环境联合执法监督，建立信息共享机制，形成常态化协作的有利局面，探索打破行政区域的“藩篱”，同守“一泓清水”。2020 年 9 月两省一市生态环境（厅）局、水利（水务）厅（局），生态环境部太湖流域东海海域生态环境监督管理局、水利部太湖流域管理局以及长三角生态绿色一体化发展示范区执委会等 9 个部门联合制定了《长三角生态绿色一体化发展示范区重点跨界水体联保专项方案》，围绕建设饮用水水源安全共保、水污染共治和水生态资源共享的联保合作新格局，以太浦河、淀山湖、元荡、汾湖等“一河三湖”是加强跨界水体联保共治为重点，确定了 6 个方面的工作内容，包括建立联合河湖长制、实施联合监管机制、开展联合执法会商、完善联合监测体系、健全数据共享机制和深化联合防控机制。长三角示范区执委会联合其他相关部门制定形成了《长三角生态绿色一体化发展示范区重点跨界水体联保 2021 年重点工作计划》，开展“清剿水葫芦，美化水环境”联合专项整治行动，落实太浦河区域船舶含油污水、生活污水和生活垃圾“零排放等工作。2017 年开始，青浦、吴江、嘉善三地共同探索联合河长制，解决示范区交界河湖管理难、执法难、保洁难等难点痛点问题。2019 年 10 月 30 日，青浦、吴江、嘉善三地联合举行“不忘初心、牢记使命，长三角生态绿色一体化发展示范区协同治水启动仪式”，实现示范区省际交界河湖“联合河长制”全覆盖。两年来，青浦、吴江、嘉善三地紧扣“一体化”和“高质量”两个关键词，围绕“联合河长制”协同治水，深入开展联合巡河、联合监测、联合执法、联合保洁、联合治理，联合印发了《2020 年示范区“联合河长制”工作推进会会议纪要》《示范区跨界河湖联合河长湖长巡河工作制度》；联合建立长三角“水滴”志愿者护河突击队，组织开展“水滴”青年联合护河活动。

10.4　一体化示范区生态绿色一体化发展制度创新成果

为贯彻落实《长江三角洲区域一体化发展规划纲要》（中发〔2019〕21 号）和《长三角生态绿色一体化发展示范区总体方案》（发改地区〔2019〕1686 号）的有关要求，两省一市人民政府和长三角生态绿色一体化发展示范区执行委员会认真部署，不断探索统一的生态环境保护制度，在加快建立生态环境“三统一”制度、饮用水水源保护和主要水体生态管控制度以及生态治理新机制等方面做出了一定成效。不仅打造了一个区域协调发展的“样板间”，也创造了一批可复制、可推广的制度经验，对长三角全域乃至全国区域经济高质量发展发挥了重要示范带动作用。一体化示范区成立以来，聚焦巩固示范区生态绿色本地，形成了 3 项新成果，包括生态环境标准、监测、执法“三统一”实施机制、水环境保护相关机制、一体化示范区环评制度改革集成。

10.4.1　生态环境管理“三统一”制度创新

在“三统一”制度方面，印发了 3 项示范区生态环境标准。2020 年 10 月 19 日，两省一市生态环境局（厅）会同示范区执委会及相关部门制定并印发了《长三角生态绿色一体化发展示范区生态环境管理“三统一”制度建设行动方案》（以下简称《行动方案》），标志着示范区在不破行政隶属、打破行政边界，实施跨区域生态环境一体化管理的制度创新上迈出了坚实的一步。《行动方案》内容主要包括了生态环境标准统一、环境监测统一和环境监管执法统一的工作目标、主要任务和制度保障，明确了 3 个方面 56 项具体工作清单。2021 年 4 月，长三角生态绿色一体化发展示范区执委会会同两省一市市场监管、生态环境部门，召开示范区首批生态环境统一标准新闻发布会，联合批准发布了《长三角生态绿色一体化示范区挥发性有机物走航监测技术规范》、《长三角生态绿色一体化示范区固定污染源废气现场监测技术规范》和《长三角生态绿色一体化示范区环境空气质量预报技术规范》三项技术规范，标志着长三角生态绿色一体化发展示范区生态环境标准统一工作取得了重大阶段性成果。这是长三角生态绿色一体化发展示范区“标准统一”的组成部分，是“监测统一”的重要基础，也是“执法统一”的技术支撑，将规范相关工作开展，引领相关技术发展，使之更好地服务于示范区、长三角乃至全国范围的环境监测与执法工作中，为长三角区域内更大范围的推广奠定基础，同时也为打赢蓝天保卫战提供支撑。在生态环保“三统一”制度基础上，组建跨省生态环境保护综合行政执法队，联合开展地表水环境手工监测和应急监测演习，推进先行启动区生态环境监测设施共建共享，开展多次区域联合执法，稳定推进一体化示范区生态环境执法互认工作，发布一体化示范区生态环境轻微违法行为不予行政处罚目录。

10.4.2　跨区域水体联防联治创新

在水环境制度方面，完成了一体化示范区“一河三湖”环境要素功能目标、污染防治机制及评估考核机制。2021 年 5 月，由两省一市生态环境（厅）局、生态环境部太湖流域东海海域生态环境监督管理局、水利部太湖流域管理局以及长三角生态绿色一体化发展示范区执委会 6 个部门联合制定的《长三角生态绿色一体化发展示范区“一河三湖”环境要素功能目标、污染防治机制及评估考核制度总体方案》（以下简称《方案》），首次针对太浦河、淀山湖、元荡、汾湖等跨界水体及其周边重点区域的不同功能要求，统一建立精细化管控机制，破解上下游、左右岸跨界协同管控等难点，进一步改善示范区水生态品质、增强污染物防治水平，为提升示范区流域一体化治理水平、夯实生态优势转化的生态基底提供制度支撑。《方案》的出台标志着一体化示范区在跨区域生态环境一体化管理制度创新上迈出了坚实一步。在方案的基础上，一体化示范区积极参与太湖流域综合治理，重点推进了 10 个生态环保项目。其中，太浦河共保联治示范段完成 22 km 生态绿廊建设，在共同提升水环境、美化水岸景观过程中，三地深化“联合河湖长制”，跨界共治一方水。元荡岸线（二期）工程全面提速，作为一体化示范区水生态联保共治的样板项目，在跨域水体生态修复和岸线贯通工程中统一规划、统一设计、统一标准，并在修复中融入绿色、低碳技术和理念，彰显示范性。

10.4.3　环评制度改革集成创新

在环评制度改革集成方面，印发一体化示范区环评制度改革实施意见，实施"正面清单"制，实现最大范围简政放权。2021 年 10 月，两省一市生态环境部门及长三角生态绿色一体化发展示范区执委会联合印发《关于深化长三角生态绿色一体化发展示范区环评制度改革的指导意见（试行）》（以下简称《指导意见》）。《指导意见》为示范区的环评制度一体化改革试行政策，主要包括强化规划环评与项目环评联动、实施项目环评管理"正面清单"制度、做好环评制度与相关生态环境制度的统筹衔接、加强事中事后环境监管四个方面提出了 14 条具体措施。《指导意见》的形成为系统集成两省一市环评制度改革既有成果，大力提升一体化示范区环评制度效能，积极助推示范区绿色高质量发展，加快探索环评审批制度一体化改革经验提供了重要的基础。

10.5　一体化示范区生态环境制度创新政策建议

一体化示范区肩负着"积极探索深入落实新发展理念、一体化制度率先突破、深化改革举措系统集成"的重任，为保障一体化示范区生态环境制度持续创新，发挥长三角建设引领作用，应加强政策决策顶层设计，强化多方沟通协作，通过创新绿色金融机制，支持重点领域制度创新。

10.5.1　加强顶层设计，创新组织管理机制

为了在涉及多个平行行政主体的框架下探索形成一体化发展新机制，建议尽快确立一体化示范区以"分工合作、条块结合、综合协调"为特色的组织管理机制。横向上，各行政管理部门需要主动跨前一步，打破行政边界束缚，加强与跨省毗邻地区相关部门的沟通协调，从区域层面更加系统、高效地推进生态绿色发展。对于一体化示范区生态环境机构（或联合机构），建议赋予更大的管理权限。

近期重点聚焦“三线一单”管控机制对接、共同制定实施示范区饮用水水源保护法规、共同谋划区域“十四五”生态环境保护规划等重点工作，定期形成以问题为导向的有待协商解决的重大事宜清单，报请一体化示范区理事会研究决策，必要情况下，由理事会报请“国家推进长三角一体化发展领导小组”统筹协调和指导。纵向上，各行政管理部门需要加强上下层级之间的对接，特别是与生态绿色发展密切相关的规划与土地利用、能源、交通、水务、绿化市容等相关管理部门，建立完善推进示范区生态绿色一体化发展自上而下和自下而上有机结合的推进机制，对于一批跨区域、跨流域的重大项目，纳入国家战略布局，帮助协调完善项目推进机制，推动解决“瓶颈”问题。

10.5.2 强化沟通宣传，促进多方协作建设

建议三地地方人大加强与全国人大的沟通协商，研究建立与国家法律法规体系相配套、与国际惯例相接轨、与一体化示范区发展目标和需求相匹配的生态绿色一体化发展架构。在政府主导的示范区绿色发展协作推进机构基础上，学习吸收欧盟、日本等跨行政区域多方协作治理经验，研究建立如“区域绿色发展决策咨询委员会”等形式的协调协作机制，成员涵盖中央及地方政府部门、研究机构、企业及社会团体等利益代表。协作机制不仅为区域绿色发展决策和执行提供多方视角，使社会各界的利益诉求和政策偏好得到充分表达，又能为推进区域生态绿色一体化发展规划的实施落地搭建必要的平台和桥梁。同时，针对区域环境基础设施建设、生态环保科技集成、生态环境宣传教育及绿色生活绿色消费等行为引导方面，建议大力鼓励行业协会、生态环境 NGO 组织、专家以及市民等多方参与，通过政府、企业、公众和社会组织良性互补，逐步推动区域协作从行政主导向市场化、社会化多元共治转型。

10.5.3 深化多元融资，持续绿色金融创新

三省一市由于经济社会发展水平不一和独特的区位因素，形成了各具特色的发展模式和省市优势。上海作为长三角区域核心城市，应当充分发挥自身在经济、金融、科技和教育方面的优势，不断提供高新技术和资金资本，拓宽科研攻关和人才培养的渠道，从而辐射带动周边省份共同发展。同时，发挥区域内三省份在

特色产业、政策扶持和流域区位等方面优势，不断反哺上海，促进彼此联动机制的转型升级。改变以往生态环境基础设施建设中政府大包大揽的做法，充分总结、吸收两区一县生态环境建设投融资创新机制和浙江、江苏绿色金融改革发展的成功经验，以及安徽生态河道治理“建管结合”等有益实践，在一体化示范区发展基金和平台公司设立过程中，纳入生态环境共保联防联治的投融资需求，加强跨区域生态环境基础设施投融资合作。探索建立利益表达、利益协调和利益补偿机制实现利益平衡，综合利用市场协调、政府协调和社会协调，形成稳定的利益共享合作链，实现长远发展目标，使区域合作利益格局相对公平合理。

10.5.4 聚焦重点领域，推动区域发展合力

以跨界水体污染防治为重点，加快构建区域水污染信息监测共享网络，建立相应的流域数据库和统一且有区别的排放标准并定期发布水质污染信息。通过建立完善的对接体系机制，从流域角度和区域着手，不断增强各省份间的治污一体化进程，破除信息不共享、标准不统一和播报不及时的壁垒。制定区域统一的水污染应急处理处置预案与联防联控对策，深化跨区域的流域定期联合执法巡逻机制和立法的民意支持与监督。配套研究有利于促进区域生态绿色更高质量发展、更深入融合、更长效管理的软实力建设考核机制。例如，在区域发展导向上，研究建立能够科学、客观、综合反映区域环境质量、生态系统服务功能的核算框架，形成体现示范区绿色发展水平的长期跟踪评价体系。在污染防治管控上，研究制定一体化示范区范围内基于环境质量改善目标的污染物总量控制方案，与现行以省市行政区域为边界考核挂钩的总量控制制度剥离，探索突破原有行政区划管理约束，建立区域排污总量控制机制。在区域监管合力打造上，建议在一体化示范区相关地区行政管理考核体系中，明确生态环境质量改善考核奖惩机制，并建立生态环境保护“一票否决”机制，同时鼓励各地探索推进环保设施共建共享、生态环保科技孵化、环保产业发展促进、绿色生产生活方式引导等领域的联席联建联动，在行政管理考核中设置相应的加分项，切实推动形成长三角生态绿色一体化发展的强大合力。

参考文献

[1] ANDERSSON E，TENGÖ M，MCPHEARSON T，et al. Cultural ecosystem services as a gateway forimproving urban sustainability[J]. Ecosystem Services，2015，12：165-168.

[2] BÖRJESSON S，MATUSSEK A，MELIN S，et al. Methicillin-resistant Staphylococcus aureus（MRSA） in municipal wastewater：an uncharted threat[J]. Journal of Applied Microbiology，2010，108（4）：1244-1251.

[3] BOUMANS R，ROMAN J，ALTMAN I，KAUFMAN L. The Multiscale Integrated Model of EcosystemServices（MIMES）：Simulating the interactions of coupled human and natural systems[J]. Ecosystem Services，2015，12：30-41.

[4] BU Q，WANG D，WANG Z. Review of screening systems for prioritizing chemical substances[J]. Critical Reviews in Environmental Science and Technology，2013，43：1011-1041.

[5] CHAOMEI CHEN. CiteSpace Ⅱ：Detecting and visualizing emerging trends and transient patterns in scientific literature[J]. Journal of the American Society for Information Science and Technology，2006，57（3）：359-377.

[6] DING A J，FU C B，YANG X Q，et al. Ozone and fine particle in the western Yangtze River Delta：an overview of 1-yr data at the SORPES station [J]. Atmospheric Chemistry & Physics，2013，13（11）：5813-5830.

[7] FENG Z，HUANG G H，GUO H，et al. Spatio-temporal patterns and source apportionment of coastal water pollution in eastern Hong Kong[J]. Water Research，2007，41（15）：3429-3439.

[8] FIGUEIRA V，SERRA E A，VAZ-MOREIRA I，et al. Comparison of ubiquitous antibiotic-resistant Enterobacteriaceae populations isolated from wastewaters，surface waters and drinking waters[J]. Journal of Water Health，2012，10（1）：1-10.

[9] GREEN O O，GARMESTANI A S，ALBRO S，et al. Adaptive governance to promote

ecosystem services in urban JOHNSON spaces [J]. Urban Ecosystems，2016，19（1)：77-93.

[10] JOHNSON A C，JÜRGENS，MONIKA D，SU C，et al. Which commonly monitored chemical contaminant in the Bohai region，Yangtze and Pearl rivers of China poses the greatest threat to aquatic wildlife [J]. Environmental Toxicology and Chemistry，2018，37（4)：1115-1121.

[11] JOHNSON A C，JIN X，NAKADA N，et al. Learning from the past and considering the future of chemicals in the environment [J]. Science，2020.

[12] LU Z，HUANG F，ZHAO Y，et al. Multi - area transboundary pollution problems under learning by doing in Yangtze River Delta Region，China[J]. Mathematical Methods in the Applied Sciences，2020.

[13] MORRISON S A，BAKER J，ARTS J. EIA follow-up：lessons frompractice：toward successful follow-up[J]. Impact Assessment and Project Apprai，2003，21（1)：43-56.

[14] MURADIAN R，et al. Reconciling theory and practice：An alternative conceptual framework for understanding payments for environmental services [J]. Ecological Economics，2010，69（6)：1202-1208.

[15] ODUM H T，ODUM E P. The energetic basis for valuation of ecosystem services[J]. Ecosystems，2000，3：21-23.

[16] SINGH K P，MALIK A，MOHAN D，et al. Multivariate statistical techniques for the evaluation of spatial and temporal variations in water quality of Gomti River（India）—a case study[J]. Water Research，2004，38（18)：3980-3992.

[17] TANK X Y，LI J L，DONG Z X，et al. Photochemical pollution in Lanzhou，China-A case study[J]. Journal of Environmental Science（China)，1989，58（1)：31-38.

[18] VEDUNG E. Policy Instruments：Typologies and Theories[M]//Carrots，Sticks and Sermons：Policy Instruments & Their Evaluation. 2007.

[19] WANG N，GUO X Y，YAN Z，et al. A comprehensive analysis on spread and distribution characteristic of antibiotic resistance genes in livestock farms of southeastern China[J]. PLoS One，2016，11（7）.

[20] WUNDER S. Revisiting the concept of payments for environmental services [J]. Ecological Economics，2015，117：234-243.

[21] XIAO X W，XIAO W Z，PU X，et al. A high-throughput，computational system to predict if

environmental contaminants can bind to human nuclear receptors [J]. Science of the Total Environment，2017：609-616.

[22] YU Y，XU H，JIANG Y，et al. A modeling study of $PM_{2.5}$ transboundary transport during a winter severe haze episode in southern Yangtze River Delta，China [J]. Atmospheric Research，2020，248：105159.

[23] YUAN Z，GUO F，MENG W，et al. Water quality assessment and source identification of Daliao river basin using multivariate statistical methods[J]. Environmental Monitoring & Assessment，2009，152（1-4）：105-121.

[24] ZHANG X X，ZHANG T，FANG H H. Antibiotic resistance genes in water environment[J]. Applied Microbiology and Biotechnology，2009，82（3）：397-414.

[25] ZHANG Y，SHANG J C，YU X Y. Strategic environment assessment on land-use planning — a case of Changchun economy and technological zone [J]. Chinese Geographical Science，2002（3）：71-76.

[26] 包存宽，尚金城. 建立我国战略环境评价理论与方法体系[J]. 环境导报，1999，5：1-4.

[27] 暴志蕾. 长三角区域饮用水水源地有机污染物特征分析研究[D]. 石家庄：河北师范大学，2016.

[28] 毕军，杨洁，李其亮. 区域环境风险分析和管理[M]. 北京：中国环境科学出版社，2006.

[29] 曹莉萍. 市场主体、绩效分配与环境污染第三方治理方式[J]. 改革，2017，10：95-104.

[30] 曾婧婧，胡锦绣. 中国公众环境参与的影响因子研究——基于中国省级面板数据的实证分析[J]. 中国人口·资源与环境，2015，25（12）：62-69.

[31] 陈晨. 长三角生态绿色一体化发展示范区构建生态治理共同体的路径研究[J]. 中国市场，2021，36：29-32.

[32] 陈建军，陈菁菁，黄洁. 长三角生态绿色一体化发展示范区产业发展研究[J]. 南通大学学报（社会科学版），2020，36（2）：1-9.

[33] 陈敏，徐爱兰. 长江口区域饮用水水源地有机污染特性研究[J]. 环境污染与防治，2011，33（9）：33-37.

[34] 陈锡超，罗茜，宋翰文，等. 北京官厅水库特征污染物筛查及其健康风险评价[J]. 生态毒理学报，2013，8（6）：981-992.

[35] 陈远翔，何燕，杜旭，等. 浙江、上海环境污染第三方治理经验及对云南的启示[J]. 环境

科学导刊，2017，36（1）：33-35.

[36] 程褚平. 上海市工业固体废物的管理对策研究[D]. 上海：上海交通大学，2012.

[37] 崔昊杰，孙建忠. 长三角生态绿色一体化发展示范区水系综合治理——以吴江区为例[J]. 江苏水利，2021，6：69-72.

[38] 戴悦，史梦鸽. 长三角大都市群生态功能区生态补偿机制研究进展综述[J]. 生态经济，2018，34（1）：202-207.

[39] 戴昭鑫，张云芝，胡云峰，等. 基于地面监测数据的 2013—2015 年长三角区域 $PM_{2.5}$ 时空特征[J]. 长江流域资源与环境，2016，25（5）：813-820.

[40] 邓集文. 中国城市环境治理信息型政策工具选择的政治逻辑——政府环境治理能力向度的考察[J]. 中国行政管理，2012，7：116-120.

[41] 董嘉明，范玲，吴洁珍，等. 政府在推进环境污染第三方治理中的作用研究[J]. 环境与可持续发展，2016，41（2）：27-31.

[42] 董宪军. 长江三角洲地区资源开发与环境保护一体化构想与对策[J]. 华东理工大学学报，2005，1（20）：94-99.

[43] 董元华，马毅杰. 长江三角洲地区资源与环境问题及持续发展对策[J]. 科技导报，1996，12：55-57.

[44] 范明明，李文军. 生态补偿理论研究进展及争论——基于生态与社会关系的思考[J]. 中国人口・资源与环境，2017，27（3）：130-137.

[45] 房振南，金科，王雪姣，等. 长三角一体化生态绿色发展示范区主要河湖水质变化趋势分析[J]. 水利水电快报，2021，42（4）：68-74.

[46] 高歌. 环境政策实践的研究回顾与启示[J]. 社会科学家，2019，9：54-59.

[47] 龚惠群，黄超，梅姝娥. 新兴产业原始培育能力的形成机理研究[J]. 经济体制改革，2018，2：93-99.

[48] 顾嘉蕴. 固体废物国内跨行政区域转移的法律规制探析[D]. 上海：上海师范大学，2019.

[49] 顾培，沈仁芳. 长江三角洲地区面源污染及调控对策[J]. 农业环境科学学报，2005，24（5）：1032-1036.

[50] 郭业彬. 水环境中耐药菌污染与危害研究进展[J]. 中国微生态学杂志，2013，25（10）：1232-1235.

[51] 国家计委，国家科委. 中国 21 世纪议程——中国 21 世纪人口、环境与发展白皮书[M].

1994.

[52] 韩博威，马晓燕. 2014—2018 年冬季长三角强霾事件及天气形势影响分析[J]. 环境科学学报，2020，40（7）：13.

[53] 韩冬梅，金书秦. 我国土壤污染分类、政策分析与防治建议[J]. 经济研究参考，2014，43：42-48.

[54] 韩龙飞，许有鹏，杨柳，等. 近 50 年长三角区域水系时空变化及其驱动机制[J]. 地理学报，2015，70（5）：819-827.

[55] 洪银兴，等. 长江三角洲地区经济发展的模式和机制[M]. 北京：清华大学出版社，2003：7-10.

[56] 侯小阁，栾胜基，艾东. 结构性环境问题——我国环境评价遭遇的“结构”困境[J]. 生态环境，2008，2s：429-434.

[57] 胡和林. 加快构建环境风险防控体系[J]. 群众，2013，4：23-24.

[58] 胡凯群，林美霞，斉涛，等. 快速城镇化过程中的城市蔓延与生态保护冲突空间识别与量化评估——以长三角生态绿色一体化发展示范区为例[J]. 生态学报，2022（2）.

[59] 胡瑞山. 中国东部沿海地区生态经济区划研究——以苏浙沪地区为例[D]. 中国科学院大学，2013.

[60] 胡森林，刘红年. 合肥市 $PM_{2.5}$ 对城市辐射和气温的影响[J]. 气象科学，2017，37（1）：78-85.

[61] 胡小飞，邹艳. 我国长江经济带研究的文献计量与可视化分析[J]. 华东经济管理，2017（6）：166-173.

[62] 胡仪元. 生态补偿标准研究综述[J]. 陕西理工大学学报（社会科学版），2019，37（5）：25-30.

[63] 花艳，潘良宝，汤莉莉，等. 南京霾天颗粒物数浓度特征及其受气象条件影响分析[J]. 气象科学，2017，37（3）：385-393.

[64] 黄爱兵，包存宽，蒋大和，等. 环境影响跟踪评价实践与理论研究进展[J]. 四川环境，2010，29（1）：91-96.

[65] 黄剑明. 宁波—舟山港宁波港区化学品码头风险评价研究[D]. 大连：大连海事大学，2009.

[66] 黄宇驰，鄢忠纯，王敏，等. 上海市饮用水水源地生态补偿政策实施情况分析与优化建议[J]. 中国人口·资源与环境，2013，23（S2）：171-173.

[67] 季永兴，韩非非，施震余，等. 长三角一体化示范区水生态环境治理思考[J]. 水资源保护，2021，37（1）：103-109.

[68] 金婷，吴伟光，刘强，等. 林业 CCER 碳汇项目风险评估模型与应用——以安吉竹林经营碳汇项目为例[J]. 世界林业研究，2018，31（4）：91-96.

[69] 孔建华，李敏琪，侯广平. 合肥市环境污染第三方治理模式研究[J]. 市场周刊（理论研究），2016，12：3-4，18.

[70] 李超，贾倩，曹国志，等. 行政区域环境风险评估方法研究——以烟台市为例[J]. 环境保护科学，2015，41（4）：15-19.

[71] 李丹，梁新强，吴嘉平. 水库型饮用水水源地水环境模拟与预测[J]. 浙江大学学报（农业与生命科学版），2018，44（1）：75-88.

[72] 李国志. 森林生态补偿研究进展[J]. 林业经济，2019，41（1）：32-40.

[73] 李宏伟，宁悦. 论建设美丽中国的四个维度[J]. 大庆师范学院学报，2018，1：1-4.

[74] 李杰，陈超美. CiteSpace：科技文本挖掘及可视化[M]. 北京：首都经济贸易大学出版社，2016.

[75] 李怒云，袁金鸿. 林业碳汇自愿交易的中国样本——创建碳汇交易体系实现生态产品货币化[J]. 林业资源管理，2015，5：1-7.

[76] 李舒，吕培辰，毕军，等. 面向联防联控和优先管理的长三角区域环境风险管控对策研究[J]. 中国发展，2017，17（1）：8-14.

[77] 李伟峰. 长三角区域城市化过程及其生态环境效应[M]. 北京：科学出版社，2017.

[78] 李文华，刘某承. 关于中国生态补偿机制建设的几点思考[J]. 资源科学，2010，32（5）：791-796.

[79] 李文佳，邹国平. 规划环境影响跟踪评价研究[J]. 绿色科技，2019，2：85-86.

[80] 李彦武，刘锋，段宁. 环境影响后续评估机制的研究[J]. 环境科学研究，1997，10（1）：52-56.

[81] 李治国，罗毅，洪纲，等. 城市饮用水水源特征污染物筛查及风险评价方法[J]. 河北工业科技，2010，26（1）：57-69.

[82] 林兰. 长三角区域水污染现状评价及治理思路[J]. 环境保护，2016，44（17）：41-45.

[83] 刘璨，张敏新. 森林生态补偿问题研究进展与评述[J]. 南京林业大学学报（自然科学版），2019：1-13.

[84] 刘辉. 长三角区域环境污染联防联治[J]. 中国发展，2019，6：13-15.

[85] 刘菁，唐德善，郝建浩. 基于复合云模型的太湖流域水环境质量风险评价[J]. 长江科学院院报，2018，35（6）：24-29.

[86] 刘灵芝，刘冬古，郭媛媛. 森林生态补偿方式运行实践探讨[J]. 林业经济问题，2011，31（4）：310-313.

[87] 刘新宇，胡静，沈爱萍. 长三角生态绿色一体化发展示范区生态环境管理机制研究[J]. 中国发展，2019，19（6）：1-5.

[88] 刘雅媛，张学良. “长江三角洲”概念的演化与泛化——基于近代以来区域经济格局的研究[J]. 财经研究，2020，46（4）：94-108.

[89] 刘亦文. 基于市场的环境政策工具的认知迭代与中国实践[J]. 湖湘论坛，2019，32（5）：97-103.

[90] 马存利. 流域跨界水污染视野下区域合作行政的法制保障——以长三角为例[J]. 山西农业大学学报（社会科学版），2016，15（3）：177-183.

[91] 马江鸿. 基于区域环境风险评价的产业布局规划优化研究[J]. 资源节约与环保，2016，10：148.

[92] 毛显强，钟瑜，张胜. 生态补偿的理论讨论[J]. 中国人口 • 资源与环境，2002（14）：938-941.

[93] 孟涛. 长三角区域环境保护立法协调问题研究[J]. 社会科学辑刊，2008（4）：71-74.

[94] 宓泽锋，曾刚，周灿，等. 长三角城市群生态文明建设问题及潜力研究——基于5大城市群的比较[J]. 长江流域资源与环境，2018，27（3）：463-472.

[95] 聂国良，张成福. 中国环境治理改革与创新[J]. 公共管理与政策评论，2020，9（1）：44-54.

[96] 彭应登. 区域开发环境影响评价[M]. 北京：中国环境科学出版社，1999.

[97] 齐佳音，李怀祖，陆新元. 环境管理政策的选择分析[J]. 中国人口 • 资源与环境，2002，6：60-62.

[98] 钱嫦萍，陈振楼，刘杰. 长江三角洲河流污染现状及变化趋势[J]. 环境科学研究，2002，15（6）：24-27.

[99] 秦丽云. 长江三角洲地区主要生态环境问题与对策[J]. 灌溉排水学报，2006，3：75-78.

[100] 秦晓楠，卢小丽，武春友. 国内生态安全研究知识图谱——基于CiteSpace的计量分析[J]. 生态学报，2014，34（13）：3693-3703.

[101] 上海市人民政府发展研究中心. 长三角更高质量一体化发展路径研究[M]. 上海：格致出版社，2020.

[102] 尚金城，包存宽. 战略环境评价导论[M]. 北京：科学出版社，2003.

[103] 邵波，刘勇，李鑫，等. 长三角区域土壤中有机氯农药残留量及其分布特征[J]. 环境化学，2018，37（4）：824-835.

[104] 沈满洪，谢慧明，王晋，等. 生态补偿制度建设的“浙江模式”[J]. 中共浙江省委党校学报，2015，31（4）：45-52.

[105] 盛翼，张虎军，王洁尘. 2016 年太湖水质状况的综合评价与分析[J]. 干旱环境监测，2019，33（2）：49-54.

[106] 施从美. 长三角区域环境治理视域下的生态文明建设[J]. 社会科学，2010，5：13-20，187.

[107] 石柳，唐玉华，张捷. 我国林业碳汇市场供需研究——以广东长隆碳汇造林项目为例[J]. 中国环境管理，2017，9（1）：104-110.

[108] 宋国君，等. 环境政策分析[M]. 北京：化学工业出版社，2020.

[109] 宋建波，武春友. 城市化与生态环境协调发展评价研究——以长江三角洲城市群为例[J]. 中国软科学，2010（2）：78-87.

[110] 苏丹，唐大元，刘兰岚，等. 水环境污染源解析研究进展[J]. 生态环境学报，2009，18（2）：355-361.

[111] 孙斌栋，殷为华，汪涛. 德国国家空间规划的最新进展解析与启示[J]. 上海城市规划，2007，3：54-58.

[112] 孙宏亮，巨文慧，杨文杰，等. 中国跨省界流域生态补偿实践进展与思考[J]. 中国环境管理，2020，12（4）：83-88.

[113] 孙伟. 经济发达地区水环境约束分区与产业准入研究——以无锡市区为例[J]. 长江流域资源与环境，2011，20（7）：879-885.

[114] 孙晓菲，韩宝平，陶宏林. 京杭大运河（徐州段）表层沉积物中多氯联苯的来源解析[J]. 安全与环境学报，2013，13（1）：148-151.

[115] 孙志梅，李秀莲，张旭丽. 主体功能区规划视野下民族地区环境规制与环境绩效问题探讨[J]. 财经理论研究，2012，6：17-21.

[116] 唐大为. 潘岳在接受媒体采访时强调：全力防范我国结构性环境风险[J]. 环境保护，2006，34（2B）：22-26.

[117] 唐亚林. 长三角城市政府合作体制反思[J]. 探索与争鸣，2005（1）：35-37.

[118] 田美荣，高吉喜，宋国宝，等. 基于主导生态功能与生态退化程度的生态修复分区研究[J]. 生态与农村环境学报，2017，33（1）：7-14.

[119] 田颖，耿慧志. 英国空间规划体系各层级衔接问题探讨——以大伦敦地区规划实践为例[J]. 国际城市规划，2019，34（2）：86-93.

[120] 万军，张惠远，王金南，等. 中国生态补偿政策评估与框架初探[J]. 环境科学研究，2005，18（2）：1-8.

[121] 王春梅，叶春明. 长三角区域重雾霾污染的溢出效应[J]. 城市环境与城市生态，2016，29（4）：7-11.

[122] 王金南，刘桂环，文一惠. 以横向生态保护补偿促进改善流域水环境质量：《关于加快建立流域上下游横向生态保护补偿机制的指导意见》解读[J]. 环境保护，2017，45（7）：14-18.

[123] 王金南，许开鹏，迟妍妍，等. 我国环境功能评价与区划方案[J]. 生态学报，2014，34（1）：129-135.

[124] 王金南，许开鹏，陆军，等. 国家环境功能区划制度的战略定位与体系框架[J]. 环境保护，2013，41（22）：35-37.

[125] 王金南，万军，张惠远.关于我国生态补偿机制与政策的几点认识[J]. 环境保护，2006，34（19）：24-28.

[126] 王军锋，吴雅晴，姜银萍，等. 基于补偿标准设计的流域生态补偿制度运行机制和补偿模式研究[J]. 环境保护，2017，45（7）：38-43.

[127] 王前进，王希群，陆诗雷，等. 生态补偿的经济学理论基础及中国的实践[J]. 林业经济，2019，41（1）：3-23.

[128] 王清军. 生态补偿主体的法律建构[J]. 中国人口·资源与环境，2009，19（1）：139-145.

[129] 王泰，黄俊，余刚. 海河河口表层沉积物中 PCBs 和 OCPs 的源解析[J]. 中国环境科学，2009，29（7）：722-726.

[130] 王晓元，江飞，徐圣辰，等. 长三角区域大气重污染应急减排效果评估[J]. 环境科学研究，2020，33（4）：783-791.

[131] 王印传，曲占波. 城市与区域关系演变——兼论不同主体功能区城市环境保护政策定位[J]. 城市，2011（11）：10-13.

[132] 王莹. 国外生态治理实践及其经验借鉴[J]. 国家治理，2017（24）：34-48.

[133] 王玉涛，俞华军，王成栋，等. 生态资产核算与生态补偿机制研究[J]. 中国环境管理，2019（3）：31-35.

[134] 王梓懿，张京祥，周子航. 长三角区域一体化视角下生态补偿机制研究[J]. 上海城市规划，2020，4：26-32.

[135] 魏密苏. 环境影响后评价在环境影响评价中的意义和作用[J]. 环境，2007，9：98-99.

[136] 魏瑞斌. 国内知识图谱研究的可视化分析[J]. 图书情报工作，2011，55（8）：126-130.

[137] 吴丹，邹长新，高吉喜. 我国重点生态功能区生态状况变化[J]. 生态与农村环境学报，2016，32（5）：703-707.

[138] 吴丽娜，沈毅，王红瑞，等. 公路建设项目环境影响后评价初探[J]. 交通环保，2004，25（1）：1-5.

[139] 席恺媛，朱虹. 长三角区域生态一体化的实践探索与困境摆脱[J]. 改革，2019，3：87-96.

[140] 夏丹. 累积性环境风险管理中公众交流机制研究[J]. 工程技术（文摘版），2017，9：373.

[141] 夏光. 环境政策创新[M]. 北京：中国环境科学出版社，2002.

[142] 夏洁，苏冠勇，于红霞，等. 环境内分泌干扰物的评价方法及其生物检测技术[J]. 环境保护科学，2013，39（4）：76-81.

[143] 夏勇，胡雅蓓. 经济增长与环境污染脱钩的因果链分解及内外部成因研究——来自中国30个省份的工业 SO_2 排放数据[J]. 产业经济研究，2017，5：100-113.

[144] 肖明，陈嘉勇，李国俊. 基于 CiteSpace 研究科学知识图谱的可视化分析[J]. 图书情报工作，2011，55（6）：91-95.

[145] 谢慧明，俞梦绮，沈满洪. 国内水生态补偿财政资金运作模式研究：资金流向与补偿要素视角[J]. 中国地质大学学报（社会科学版），2016，16（5）：30-41.

[146] 谢元博，李巍，郝芳华. 基于区域环境风险评价的产业布局规划优化研究[J]. 中国环境科学，2013，33（3）：560-568.

[147] 邢立群，郑新梅，刘红玲，等. 中国主要河流中硝基苯生态风险研究[J]. 中国环境科学，2011，31（2）：301-306.

[148] 徐钢，苗万强. 工业布局性环境风险对策探讨[J]. 黑龙江环境通报，2016（4）：51-52.

[149] 徐晋涛，陶然，徐志刚. 退耕还林：成本有效性、结构调整效应与经济可持续性——基于西部三省农户调查的实证分析[J]. 经济学（季刊），2004（4）：139-162.

[150] 徐丽婷，姚士谋，陈爽，等. 高质量发展下的生态城市评价——以长江三角洲城市群为

例[J]. 地理科学，2019，39（8）：1228-1237.

[151] 徐梦佳，刘冬. 城镇化进程中生态环境管治的国际经验与启示[J]. 中国环境管理，2019，11（1）：90-95.

[152] 徐翔. 地域主体功能区规划研究[D]. 苏州：苏州大学，2008.

[153] 徐亚同，张明，谈玲，等. 通过节水减排削减农业生产中的面源污染——以上海市和长三角区域为例[C]. 中国水资源高效利用与节水技术论坛，2018.

[154] 徐祯彩，孙红梅. 上海市环境污染第三方治理研究[J]. 环境科学与管理，2017，42（8）：1-5.

[155] 薛汶轩. 建筑废弃物污染生态补偿法律问题研究[D]. 太原：山西大学，2019.

[156] 严彬，张满成，周扬，等. 长三角水体中典型微污染有机物污染水平研究[J]. 环境科技，2016，147（1）：79-82.

[157] 严翔，成长春，徐长乐，等. 长江经济带研究热点及展望——基于知识图谱计量分析[J]. 经济地理，2018，38（7）：16-25.

[158] 燕守广，林乃峰，沈渭寿. 江苏省生态红线区域划分与保护[J]. 生态与农村环境学报，2014，30（3）：294-299.

[159] 燕守广，邹长新，沈渭寿，等. 重要生态功能区生态补偿研究[J]. 中国人口·资源与环境，2010，20（S1）：1-4.

[160] 杨传明. 进博会视角下长三角城市群生态文明协同治理研究[J]. 苏州科技大学学报（社会科学版），2019，36（2）：43-46.

[161] 杨丁淼，王立武. 新安江流域上下游横向生态补偿试点完成第三轮续约[EB/OL]. 2018-11-06. http：//www.cpppc.org/anhui/997473.jhtml.

[162] 杨光梅，闵庆文，李文华，等. 我国生态补偿研究中的科学问题[J]. 生态学报，2007，27（10）：4289-4300.

[163] 杨敏娜，周芳，孙成. 长江江苏段有毒有机污染物的残留特征及来源分析[J]. 环境化学，2006，25（3）：375-376.

[164] 杨萍，李伟，应晓妮. 建设长三角生态绿色一体化发展示范区[J]. 全球化，2020，6：93-105，136.

[165] 杨新. 关于加大推进长三角生态环境治理与风险防范一体化的建议[EB/OL]. 2019. http：//www.shszx.gov.cn/node2/node5368/node5376/node5388/u1ai103190.html.

[166] 杨兆平，高吉喜，杨孟，等. 区域生态恢复规划及其关键问题[J]. 生态学报，2016，36(17)：5298-5306.

[167] 杨兆平，周可新，郑好，等. 生态恢复评价的研究进展[J]. 生态学杂志，2013，32（9）：2494-2501.

[168] 姚珺. 太湖流域苏锡常地区水环境承载能力研究[D]. 南京：南京农业大学，2013.

[169] 姚尚建. 将制度优势转化为地方治理效能的路径探讨——来自长三角生态绿色一体化发展示范区的启示[J]. 国家治理，2021，C1：20-23.

[170] 姚耀. 我国研究固体废物分类标准及技术[J]. 再生资源与循环经济，2008（6）：10.

[171] 叶文虎，魏斌，仝川. 城市生态补偿能力衡量和应用[J]. 中国环境科学，1998，18（4）：11-14.

[172] 虞锡君. 建立邻域水生态补偿机制的探讨[J]. 环境保护，2007（2）：63-64.

[173] 袁鹏，李文秀，彭剑峰，等. 国内外累积性环境风险评估研究进展[J]. 环境工程技术学报，2015，5（5）：393-400.

[174] 韵晋琦，徐宜雪，陈坤，等. 我国环境污染第三方治理发展探析[J]. 环境保护， 2019，47（20）：51-53.

[175] 张成，张后虎，申秀芳，等. 长江经济带固体废物污染防治和管理研究[J]. 环境保护，2018，46（16）：22-28.

[176] 张锋. 环境污染社会第三方治理研究[J]. 华中农业大学学报（社会科学版），2020，1：118-123，168.

[177] 张颢瀚，等. 长江三角洲一体化进程研究——发展现状、障碍与趋势[M]. 北京：社会科学文献出版社，2007.

[178] 张怀成，董捷，王在峰. 水污染源源解析研究最新进展[J]. 中国环境监测，2009，1：23-27.

[179] 张慧，高吉喜，宫继萍，等. 长三角区域生态环境保护形势、问题与建议[J]. 中国发展，2017，17（2）：3-9.

[180] 张继月. 中国固体废物分类管理研究[D]. 北京：北京化工大学，2009.

[181] 张家敏，彭颖，方文迪，等. 有害结局路径（AOP）框架在水体复合污染监测研究中的应用[J]. 生态毒理学报，2017，12（1）：1-14.

[182] 张乐才. 浙江环境污染第三方治理的市场培育路径[J]. 经济师，2018，12：189-190，192.

[183] 张蕾，陈雯，陈晓，等. 长江三角洲地区环境污染与经济增长的脱钩时空分析[J]. 中国人

口·资源与环境，2011，1：275-279.

[184] 张涛，成金华. 湖北省生态补偿机制建设研究[J]. 中国国土资源经济，2016，29（8）：36-42.

[185] 张纬，郭胜利，申付振，等. 南京地区 $PM_{2.5}$ 和 PM_{10} 浓度分布特征及与相关气象条件的关系[J]. 科学技术与工程，2016，16（4）：124-129.

[186] 张向敏，罗燊，李星明，等. 中国空气质量时空变化特征[J]. 地理科学，2020，40（2）：190-199.

[187] 张妍，尚金城，于相毅. 战略环境评价的计算机模拟研究[J]. 计算机仿真，2003（2）：16-18.

[188] 张妍，尚金城. 规划层次上的环境影响评价[J]. 上海环境科学，2002，21（3）：153-156.

[189] 张长令，马犇，杜玖玉. 市场开放、资金补贴与新兴产业市场演化——以新能源汽车产业为例[J]. 上海经济研究，2016，5：47-57.

[190] 赵广琦. 上海市公益林生态补偿政策评估[J]. 绿色科技，2015，11：272-274.

[191] 赵红梅，孙米强. 长江三角洲环境污染治理的博弈分析[J]. 环境与可持续发展，2006，5：36-38.

[192] 赵静. 长三角经济发展与环境质量关系研究[J]. 科学技术与工程，2011，11（5）：1135-1138.

[193] 赵领娣，徐乐. 基于长三角扩容准自然实验的区域一体化水污染效应研究[J]. 中国人口·资源与环境，2019，29（3）：50-61.

[194] 赵其国，董元华. 长江三角洲地区农业与环境问题及其持续发展对策[J]. 土壤，1996，6：285-289，310.

[195] 赵蓉英，许丽敏. 文献计量学发展演进与研究前沿的知识图谱探析[J]. 中国图书馆学报，2010，5：60-68.

[196] 赵英民. 加快推进生态环境治理体系和治理能力现代化[J]. 中国人大，2019，24：21.

[197] 赵玉山，朱桂香. 国外流域生态补偿的实践模式及对中国的借鉴意义[J]. 世界农业，2008，4：14-17.

[198] 赵玉婷，李亚飞，董林艳，等. 长江经济带典型流域重化产业环境风险及对策[J]. 环境科学研究，2020，268（5）：187-193.

[199] 中国社会科学院工业经济研究所. 中国长江三角洲制造业发展报告 2006[M]. 北京：经济管理出版社，2006.

[200] 周冯琦，胡静. 上海资源环境发展报告（2020）：共建生态绿色长三角[M]. 北京：社会科学文献出版社，2020.

[201] 周海炜，钟尉，唐震. 我国跨界水污染治理的体制矛盾及其协商解决[J]. 华中师范大学学报（自然科学版），2006，40（2）：99-104.

[202] 周世良. 环境影响后评估的目的和内容[J]. 环境科学，1998，19（S1）：99-100.

[203] 周五七. 中国环境污染第三方治理形成逻辑与困境突破[J]. 现代经济探讨，2017，1：33-37.

[204] 周莹雅，沈建伟. 长三角生态绿色一体化发展示范区“联合河长制”经验与思考[J]. 中国水利，2021，10：19-20，42.

[205] 朱新中. 推进长三角环境保护联防联治的现实困境与对策建议[J]. 中国发展，2019，6：10-12.

[206] 朱伊妮，李伟. 长三角一体化发展与水环境治理探讨[J]. 南方农机，2019，50（3）：98.

[207] 邹辉，段学军，赵海霞，等. 长三角区域污染密集型产业空间演变及其对污染排放格局的影响[J]. 中国科学院大学学报，2016，33（5）：703-710.